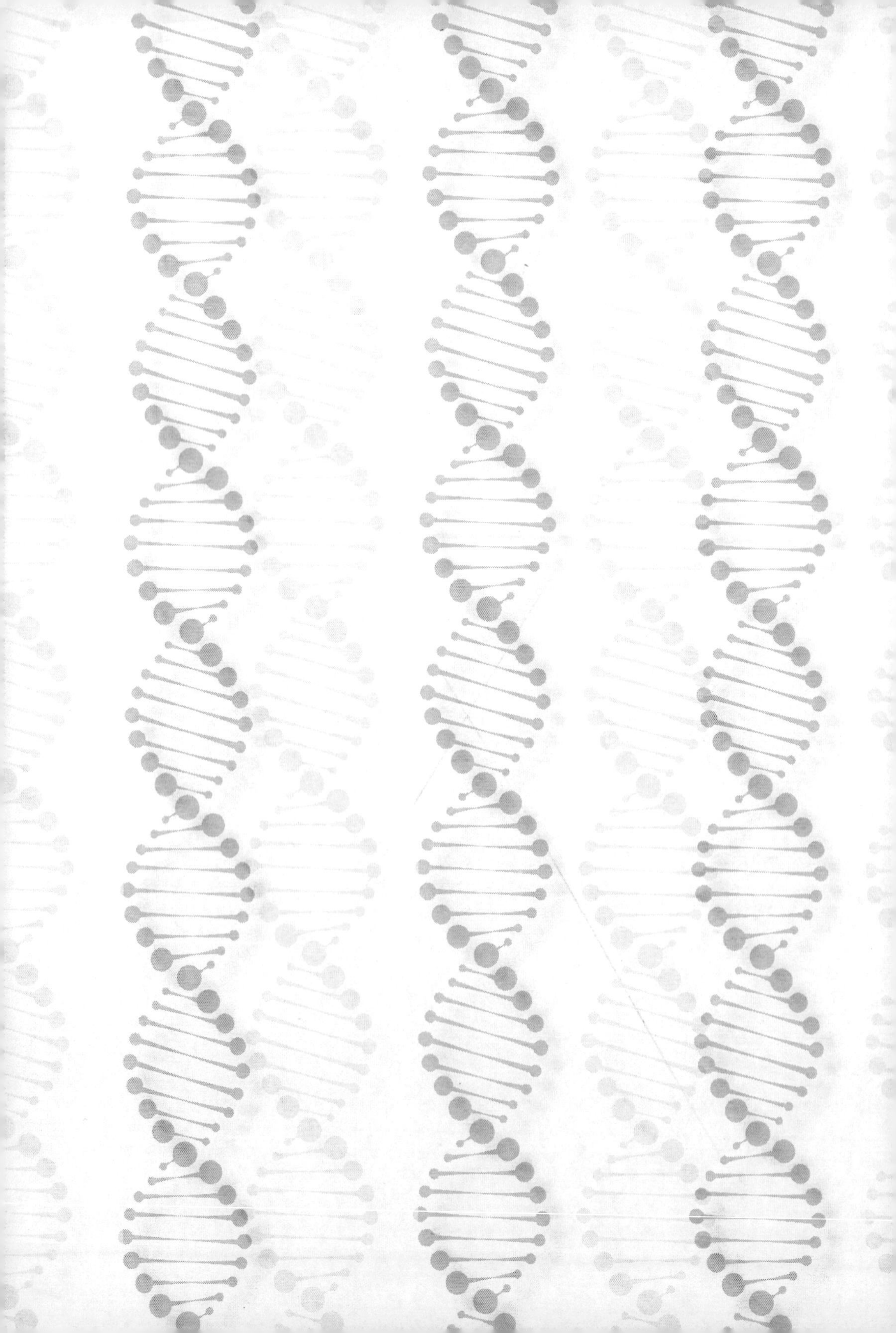

# 遺傳密碼解讀者

開啟上帝視角，從喝奶看人體如何掀起一場無聲的DNA革命

SWALLOW
AND
THE GENOME

Brian Winston Ring（任博文）著
慧君，楊巧 譯

喝酒臉紅是因為基因突變？
乳糖不耐是天生，可以消化牛奶的人才是「變種」？

DNA 密碼 × 奇幻冒險 × 基因科學
深入淺出談基因與人體的奧祕，用小說來講科學！

# 目錄

# CONTENTS

# CONTENTS

# 序

關於命運，有一個迂迴曲折的故事。眾所周知，在美國，傳統的感恩節晚餐是烤火雞。而在感恩節的前一天，報紙上必定會刊載一幅漫畫，漫畫上有兩隻火雞，正在討論每年的這個時候同族不可逆轉的悲慘命運。就連牠們的名字也早就預示了這一悲劇。美國火雞的學名（吐綬雞）源自幾內亞母雞（盔珠雞）。幾內亞母雞的名字又源自古希臘一位名為梅列阿格的王子（譯者注：梅列阿格王子的名字英文為 Meleager，幾內亞母雞的英文為 numida meleagris）。

接下來的故事都圍繞此展開，所以牢記這一點很重要。

梅列阿格王子出生的時候，命運女神造訪了他的母親。對於希臘人而言，命運女神一般指三位女神：克洛托女神，掌管未來和紡織生命之線；拉刻西斯女神，負責維護生命之線；阿特羅波斯女神，負責用可怕的大剪刀剪斷生命之線。克洛托和拉刻西斯預測到梅列阿格生來高貴且勇敢，但是阿特羅波斯則指著火堆中的一根木棍，預言梅列阿格會隨著這根木棍的燃盡而死去。梅列阿格的母親將木棍從火堆中抽出並藏了起來，以此來保護兒子的性命。

後面的故事則深刻闡釋了為什麼介入家庭糾紛會致命。多年之後，梅列阿格組織了一次獵殺野豬的捕獵活動，並把獵物送給了一個名為亞特蘭大的女人，亞特蘭大甚至飲了野豬的第一滴血。這讓一同狩獵的叔叔大為

光火，並試圖從亞特蘭大那裡奪走獵物。而梅列阿格因為心上人的視若無睹而心煩不已，就殺死了自己的兩個叔叔。親兒子謀殺親兄弟的行為讓梅列阿格的母親惱羞成怒，她一氣之下將那根承載著梅列阿格命運的木棍丟進了火堆裡，如阿特羅波斯所預言的那樣，木棍燃盡之時梅列阿格死了。事後，梅列阿格的母親被自己的所作所為給嚇壞了，於是上吊自殺。梅列阿格的姐妹也因為這極度可怕的一天而惶惶不可終日，狩獵女神阿提米絲（她才是一切的源頭，正是因為她釋放了野豬才造成這等禍事）出於憐憫，就把她們變成了幾內亞母雞。因此，幾內亞母雞在希臘被稱為 meleagrids，火雞也才有了「吐綬雞」這個學名。現在讓我們再回到文章的開頭（就是說到火雞年年上餐桌的地方）。

雖然梅列阿格一家人的悲慘命運不會發生在一般人的身上，但是命運仍然是一個很可怕的概念。當然，命運也存在正向的一面，儘管很多承載眾人期望的事情不會發生，但是如果命中注定發生，那麼終將在某一天發生。俗話說，「百年修來同船渡，千載修得共枕眠」。不過，命運仍然是一個人們不太認可的概念，尤其是在西方國家，人們更崇尚「自力更生」、「獨立」和個人主義，很難將命運與這些理念相結合。

基因組學則為我們呈現了一系列新的預言。基因組學是一門闡釋人如何遺傳性狀、如何被基因和 DNA 編碼，幫助確定自我、確定思維方式和外貌並推演人的身體健康在一生中如何變化的科學。它正迅速成為醫療系統中的一個必要工具，而且極有可能成為日常生活中的實用技術。它為醫患雙方打開了一扇門，醫生可以根據患者的個人需求來精準的制定治療方案，降低副作用，提高康復進度。基因組學可以預測疾病的發生，有助於我們提早發現或者預防疾病。更籠統的說，基因組學可以幫助我們理解基因如何以及為何成就了現在的我們。

這顯然是極好的。我們被賦予了一種新的工具，使得我們可以以前所未有的方式操控自己的人生。然而，它也催生了新的克洛托、拉刻西斯和阿特羅波斯來督管人類，分別負責編織、維護和剪斷人的生命線。我們會處在哪一個階段呢？為了更好的使用這一工具，我們還必須明白一點，即基因組學也揭示了大量人類不可更改的部分。由於有深厚的業力哲學背景，亞洲文明在這方面比西方文化更為擅長，但是對我們所有人而言，這都是一股新的活力。

希臘人利用神話和哲學為世界帶來了秩序和邏輯。毫無疑問，他們可能會創造一個新的基因之神，而且他與命運女神的邂逅肯定會是一段十分精彩的故事。根據希臘神話的一般情節發展，有人會墜入愛河，有人則會慘敗而歸。無論好壞，我們都可以自由發揮，去譜寫這個故事，而且每個人的故事可能都會不一樣。對大多數人而言，為自己寫一個完美的故事肯定比寫一個希臘人愛聽的故事要好得多。

# Note. 1　開篇的懺悔

7 月 31 日，我剛重溫了自己從春天開始寫的所有日誌，覺得有必要為這本日誌寫一篇引言，萬一我以後還要看呢。日誌可以附引言嗎？日誌本來的意義不就是為了記錄特別的時刻嗎？如果附了回顧性的引言，日誌是不是就會失去即時性？當然，如果我堅持這樣做，也沒人能攔得住我。不過，還是煩請各位讀者不要把本篇當做一篇引言，這更像是一篇被放在開頭的總結，能夠幫助各位整理所有日誌的脈絡。

可能把它當做總結也不妥當。

或許這就像史丹利的基因事業。一個發起人？啟動細胞機器來修改人的基因？算了，技術成分太高了，而且我完全不清楚發起人是做什麼的。一年之後，基因於我可能會變得越來越陌生，發起人在我看來也只不過是銷售部的一個年輕男子。除非史丹利的個人基因服務事業真正做起來了，這樣我們才可能會經常聊到基因的問題。幾乎可以想像到他會說出這樣的話：「莉莉，妳的多態性真是太明顯了，好愛妳的顯性性狀啊！」其實我不喜歡這樣的對話，太不正經了。

「前奏」聽起來怎麼樣？藝術氣息濃厚，絕對上得了台面。那麼這就是一個前奏了。

這個詞應該用在什麼地方呢？對了，我應該在一開始就說清楚寫日誌的初衷。7 月的此時此刻，前幾個月發生的事情還歷歷在目，所以當我寫下這些日誌的時候，我很清楚自己經歷了什麼。一兩年之後，如果一切還是原來的模樣，再來讀這本日誌，我可能會燒掉它，也可能把它撕個粉碎。

我剛剛查了「前奏」的意思，應該是預示將要發生的事情，或者為了營造氣氛。自打成年之後，我就不在乎情緒、氣氛這些東西了，而且這也絕對不是要預示接下來將要發生什麼事情的意思。我討厭預示，自從大學英語課結束之後，我就沒有預示過什麼了。其實我寫這篇前奏的目的很簡單，只是想確保以後讀這本日誌的時候不至於看不懂。

懺悔？聽著很文藝，既不會顯得過於浮誇，也不會顯得過分謙遜。我還是選「懺悔」吧。

## 7月 31 日　陳莉莉的懺悔

這些日誌是伯特建議我寫的。伯特是一個和藹親切、睿智的老者，但是也很古怪。舉個例子，我一直不明白為什麼他的辦公室裡會堆那麼多的時尚雜誌。他也快到耄耋之年了，顯得十分有威嚴，華人很看重這一點。所以，莉莉，妳要記住寫這些日誌不是妳的錯。只是伯特給出了這個建議，妳照著做而已。其實這也不是什麼餿主意，我也一直在堅持。但是，這絕對、完全是伯特的主意。

好吧，不能就這樣把責任都推給伯特，不然就不像是在懺悔了，而我是誠心想懺悔的。溫馨提示，這篇日誌是寫給我自己的，這是日誌內容的一大重要轉折點。妳會發現，我春天寫的所有日誌都是給上帝的。我並不想抱怨上帝作為一個聽眾有多麼的不善解人意，只是想強調一點，我現在開始慢慢意識到自我的聆聽也很重要。上帝是無所不知、無所不在的存在，所以他想做什麼就會去做什麼，至於看不看這些日誌，也不是我說了算。在家裡，家人不會關注我。工作上，肯定也沒人會聽我的，只有到了最後一團糟的時候才會有人想起我。但我會努力去傾聽，而不是被傾聽，就像伯特的詩中所說的那樣。雖然難免落入俗套，但還是有道理的。所以這篇日誌只能是寫給我自己的。如果上帝喜歡，當然也可以聽，我們之間向來很隨意。

妳也會發現我這人很喜歡發牢騷。說發牢騷可能有點消極，應該是抒發自己的感慨，這樣顯得比較有學問。我感慨頗多。不管怎樣，未來的我，請記住現在發生的一切，這樣妳就不會過於求全責備了。即使是在寫日誌的時候，我也表現得很浮躁，但那並不是真正的我。與筆下的我相比，真實的我沒有那麼油腔滑調。幽默有時候只是一種保護自己的方式。未來再讀這篇日誌的時候，妳肯定變得更加穩重時髦了。等哪天有錢了，我和艾瑪會在週末的時候去新加坡血拼，去萊福士喝下午茶，讓馬克和基普待在家裡看電視、拌嘴，做一些男人才會做的無聊事。那些冥想課最終讓我受到啟發，不過我還是覺得不應該過分沉迷於冥想，姑且把它稱為「超凡脫俗」的啟示好了。說不定我會學著像奧黛麗·赫本一樣戴帽子，像印第安納·瓊斯也可以，我不挑。

但這只是當下的情景，妳的當下，不是我的。我當下所面臨的是：我舉家到北京追求自我，但是這份努力卻面臨分崩離析的危險。感慨（抱怨）中夾雜著內疚，我對自己都做了些什麼，我對自己的家人又做了些什麼。一開始，我以為把一家人都遷過來就可以找到自己的根，就可以在金融界呼風喚雨，就可以買到非常便宜的凡賽斯，現在，我寫這些日誌的時候，這些幻想都已經成了過眼雲煙。

不過，我還真知道在哪裡可以買到便宜的凡賽斯。真材實料的好東西，可不是絲綢市場的冒牌貨。

感慨（抱怨）只是當下生活的一小部分，並不能代表我自己。溫馨提示：不要忘了那首詩。

懇求萬能的主！

使我不要求人安慰我，但願我能安慰人；

不要求人了解我，但願我能了解人；

不要求人憐愛我，但願我能憐愛人；

因為我們是在貢獻裡獲得收穫，

在饒恕中得蒙饒恕。

這是我憑記憶寫下來的，是的，我省略了最後一句，因為我到現在也沒能想起來。所以，未來的我，請記住，下次讀這本日誌之前，要確保這首詩已經爛熟於心。與現在寫日誌的我相比，妳應當更博學。如果妳覺得我被生活折磨成了一個小怨婦，別忘了這一點。

今年春天之後，史丹利的基因事業對我們的（這個「我們」指妳、指我、也指日誌中提到的所有人）自我認知產生了深遠的影響。而且在我寫了這些之後，誰知道他又會有什麼新的進展呢？好吧，聽他的口氣，應該不會有多大的進展。科學發展本來就比較慢，但是誰知道未來會怎樣呢？雖然他整合的東西不多，但也還是很有意義。伯特的程度有限，可能無法把遺傳學與形而上學聯繫起來，但不可否認的是，遺傳學促使我們重新思考「我是誰」的問題。透過對遺傳學的了解，我發現了自己對北京以及在北京的工作所持有的不當要求和期待。

我承認，我至今也沒弄懂自己到底是誰。但我非常確定答案肯定比我想像的要簡單。換句話說，我雖然還不確定如何描述自己，但是起碼找到重點了。

那就足夠了。以上就是陳莉莉的懺悔。我要把它列印出來，放在日誌的開篇，希望你們以後讀的時候不會覺得混亂。祝你們好運，我提前向你們道歉了。

# Note. 2 開門

開門的方式有三種。

第一種，要是事先知道門沒鎖，那就只管走到門前，毫不猶豫的轉動把手就可以了。不鎖門表示你充分信任你的鄰居，而且心態也十分豁達。

第二種，在快到家的時候就把鑰匙準備好，這樣就不用在門口等太久了。而且也不會被別人看到，不然可能還得客套一下，請他來家裡喝杯茶。雖然背後的心理活動完全不同，但是兩種方法都很快捷方便。

就在門口所花的時間長短而言，第三種方法的確與前兩種方法大不相同。你可以毫無準備的出現在門前，一臉迷茫的盯著門把手，彷彿眼前的是一個路障。接下來就是地毯式搜尋鑰匙，拍拍左右兩個口袋，在錢包裡找找，抖一抖手提包，把左手的東西換到右手。這是最常見的方法了，一舉一動都展現了思維的活躍和自信。就像吉卜林故事中的那隻貓一樣，經常自己四處晃晃，所有地方在牠看來都差不多，都十分合適。

然而，對一些人來說，在門口逗留可能意味著一種深思熟慮，思考著如何從工作模式切換回居家模式。魔鬼不可怕，可怕的是未知的風險。雖然你了解自己的家，也了解自己，但是仍然會存在祕密，一些難以解開的祕密。不管怎樣，人總不可能在門口站一輩子，面對未知是在所難免的。不管在床上賴到什麼時候，午夜 12 點的鐘聲總是預示著第二天的到來。

莉莉今天就是這樣開門的：站在門口，手裡握著鑰匙，卻沒有開門。

有時候，人背負的包袱會過於沉重，需要足夠努力才能卸下。她還在想她跟愛德華的交戰，她反駁得及時、簡潔、有文采，給了愛德華膨脹的自我致命的一擊，起碼莉莉自我感覺是這樣的。忘記這件事真是太難了。所以她選擇在公寓狹窄但安靜的走廊裡站著，一動也不動的站著。夕陽泛黃，倒映在滿是灰塵的窗戶上，絲毫沒有影響到她的心情。

電梯到達的微弱聲響從遠處傳來，將她的思緒帶回門前。門口掛著紅紙金字的新年對聯，真是有意思。對聯上布滿摺痕，紙邊微微捲起，金箔和紅紙漸漸褪去了色彩，上面濃縮了春節過後三個月的光景。現在很難買到的磁帶也失去了其價值，被丟棄在一個角落裡。她不止一次想過把對聯撕下來，門上掛著的節日裝飾品讓她內心略感煎熬。有些人覺得與過去決裂、跟隨時間的腳步往前走很簡單，這些人會在節日後的一週內去掉節日的裝飾，他們會定時更新證件照，也不奢求自己能年輕一輩子。莉莉則完全相反，寧願保留磨損的對聯也不願意面對時間的流逝。與愛德華的爭論會成為一個轉折點，但不是今天。

她的魂不守舍可以理解。從今天開始，莉莉不再思考未來。倒不是說她最終明確了自己的未來，她已經 42 歲了，早就過了追求那個答案的年紀。從今天開始，她第一次對自己的未來產生了懷疑。她的生活不是一幅伴著音樂慢慢展開的畫卷，也沒有那麼重大的意義。然而她現在開始懷疑，她的生活與她一直以來的設想並不相符。40 歲，莉莉一直到 40 歲才有了這種覺悟。與很多年輕人一樣，她想像中的未來猶如黑暗中一道明亮的光，蘊藏著無限潛能和可能性。在人生的某個階段，大多數人的人生道路漸漸清晰可見，更為具體，這條道路可能崎嶇不平，但是前人的經驗總會指引我們不斷前進。我們能做的就只有祈禱，祈禱一切能夠按計畫完成。一生中，我們總會弄混現實與理想、有界和無界。但是人有時候也會對看到的美好春色感到厭煩，更希望好好享受寒冬的清冷和灰茫茫，不同的人產生這種心理的年齡層不同。我們應當銘記故事中的英雄人物，就在今天，大概下午 2 點半。

莉莉最後還是把鑰匙插進了黃銅般的鎖孔裡，開鎖。公寓厚重的大門緩緩打開，走廊上暖如日光的煙霧和汽車尾氣緩緩浮動，莉莉進了屋。其實這只是一間普通公寓，但是莉莉和馬克還是把這裡當成自己的家。公寓內空氣清新，摻雜著家具漆和晚餐的氣味。跟家差不多，暫且稱之為家吧。

皮質的大手提包被扔在門口的地板上，她問了一個問題，宣示自己的歸來：「如果我用愛德華的板球棒打死他，去掉指紋，再把球棒放回他自己手裡，你覺得警察會相信他是自殺嗎？只有英國人才打板球，對吧？板球是英國的國球，沒有球棒怎麼玩？頭上受重傷，手裡拿著板球棒，還有英國護照，都暗示他是自殺，對吧？」

雖然描述的那一幕戲劇化十足，她的語氣也還是那麼平淡，那麼無聊。雖然沒有可靠的證據，她還是早就認定了愛德華是個沒有情感的冷血動物，所以才會想到用板球棒謀殺他這樣一個冷血的計畫。「『血淋淋』的板球棒，」她強調道，「那做作的混蛋肯定會這樣說。」

此時她已經注意到了坐在扶手椅裡的馬克，但還是朝著公寓門口高大的木製鞋櫃說了這麼一句話。在她脫下平底工作鞋換上拖鞋的空檔，她看了一下桌面，上面有一個薄薄的信封，裡面可能是帳單，不過是用中文寫的。看了信可能就得對帳單負責，還是不看吧。馬克肯定也是這樣做的。她順勢倒在了綠色的布面沙發上，不去想那封信，還優雅的拍了拍沙發上的灰塵，灰塵融入了將客廳一分為二的微弱夕陽中，莉莉注視著在空中盤旋的塵埃，但是好像什麼都沒看到。

這就是莉莉，42 歲，身高近 167 公分，體重 61.2 公斤，中長的黑髮。她喜歡穿印著搞笑文字的襯衫，她丈夫說那是一種建築風格，她則告訴他那代表一種好品味。她是第五代美國華裔，也就是所謂的 ABC，最近作為 Pantheon 投資專案代表來到北京。北京的 Pantheon 分公司比較小，只有兩個人。她和丈夫還有兩個孩子住在北京安定路的藍湖園公寓，儘管他們的經濟能力有限，但是他們還是保留了曼徹斯特的房子，這既讓莉莉有所慰藉，也讓莉莉覺得非常焦慮。

馬克早就到家了，但是她並沒有認真跟他打招呼，也不期待他做出任何回應。她坐在沙發上，視線飄出窗外。窗戶正對著北京奧林匹克公園，公園裡景色很不錯，但是她今天並沒有什麼閒情逸致。

「哎，親愛的，妳回來了。如果我沒有記錯的話，印度人和巴基斯坦人好像也打板球。在打死愛德華之前，妳可能還得調查一下這裡的警察了不了解各個國家的體育愛好。」馬克笑著說。

這就是馬克，43 歲，200 多公分的身高，86 公斤，短短的淺棕色頭髮，總是拿到什麼衣服就穿什麼衣服。莉莉說他就像一個邋遢的肯尼。他是一個美國人，卻有不明的歐洲血統，現在在北京城市國際學院擔任指導老師一職。他的中文比莉莉好，不過也好不了多少。跟莉莉不一樣，他沒有對日復一日的中文課感到厭煩，但是學習的進度也不快。有時候莉莉會覺得很憂鬱，心情不好的時候還會覺得這是老天在故意諷刺她，畢竟她才是流淌著華人血液的那個人。

莉莉是典型的刀子嘴豆腐心，她神情緊張，站姿也有點奇怪，馬克知道，今天不是開她玩笑的好日子。如果東方也有復仇女神的話，大概就是莉莉這樣的吧：凌亂的秀髮，嬌小的臉蛋時而優雅，時而嚴厲，銳利的眼光中夾雜著一絲絲同情。發現她身上穿著新買的夾克之後，他又補充了一點，還是個穿著得體的復仇女神。莉莉呈八字形躺在長沙發上，沐浴在傍晚柔軟的夕陽下，盯著公園發呆，臉上的失意神色漸漸退去。實際上，他覺得把她比喻為復仇女神可能有點過分了。忙碌的女神可能更合適莉莉。是希臘黑帝斯嗎？那不是哈比？馬克非常確定不能把莉莉比喻成一個哈比，尤其是今天。

莉莉進門的時候，馬克就起身了，放下手中的書向前門走去，在她對著窗外發呆的時候默默注視著她。雖然她不算好看，但很耐看，是那種見到之後就會想去深入了解的人。馬克將視線從莉莉身上移開，開始翻保母留下的今日菜單，不是為了熟悉家務事，只是為了練習中文。他頓了一下，想了想她最開始說的那句話，然後接著看菜單，心想：愛德華的辦公室裡真的有板球棒嗎？

他們談論的對象愛德華，39 歲，身高 200 多公分，體重 84 公斤，棕色捲髮，愛穿昂貴的休閒服。愛德華總想讓人覺得他上過昂貴的英國公立學校，其實並沒有。他常年留著中分的髮型，這種髮型大概只在 BBC（英國廣播公司）1920 年代歷史劇中才能看到吧。莉莉討厭他。他的中文很好，但是他還是覺得不滿意。愛德華對很多事情都不滿意。

「什麼？」莉莉猶豫了一下，似乎在努力回憶這段對話，「他太……」她支支吾吾，揮手打斷了馬克的提問。「我確定附近有。」莉莉盯著飛翔在公園廣場上空的一個風箏。一年到頭，公園裡總有人放風箏，大部分是退休的老年人，春天來了之後，放風箏的人會更多。

「啊！他今天又做什麼了？」馬克問道，並把半懂不懂的菜單扔回茶几上，走過去，指了指莉莉的手提包，想知道裡面有沒有什麼好玩的東西。他不知道為什麼板球棒會成為愛德華的一部分，但是如果每天都跟他共事，可能就會明白了。

「沒什麼。」她說，「他只是……」

馬克覺得，在悲觀者對生活的定義中，即使一個人只犯了一項罪行，譴責他也是無可厚非的，不過今天不能聊這個話題。這個時候提起卡繆（Camus）和卡夫卡（Kafka）的文學典故好像也不合適，莉莉似乎沒那個心情。「嗯，也對。但是就憑妳的一面之詞是無法為謀殺罪辯護的。」說這話的時候，馬克正在把玩莉莉新買的 USB 安全加密器，把它放回去之前，馬克非常仔細的研究了一番。「我聽說，當地的公安局可不太喜歡外國人搞大屠殺。」

「但是公安局好像一點都不介意我們老外自相殘殺。反正，那只是自殺，不是謀殺。如果他們審問你的話，一定要保證我們說的話能對上。」莉莉說著，在沙發中陷得更深了。「孩子呢？」她語氣輕快的追問道，她終於開始意識到她周圍的人和事物了。

「基普和那個祕魯孩子在樓下，小金正看著他們呢。艾瑪在自己的房間，妳聽。」艾瑪和小馬玩偶之間的對話漸漸傳入客廳。艾瑪扮演了她話劇裡的所有角色，每一個都熱情滿滿，至少對一個 5 歲的孩子和一群閃閃發亮的粉色小馬而言是這樣的。「我去叫小金把基普帶上來，然後讓她回家。這裡我來看著就好。」

「不，還是我去叫她吧。」莉莉說著從沙發上站起來，嘆了一口氣，「今天就讓我證明一下自己吧。然後我就去陪艾瑪玩，我又要扮演被拯救的惡魔小馬了。」

「妳沒有發現這個角色有點奇怪嗎？妳的中文越來越好了，就不想挑戰一下自己嗎？工作上愛德華沒有幫妳一下？」馬克問道，然後走向廚房，去加熱保母早就準備好的晚餐。愛德華多麼多麼樂於助人，這種話他聽得多了。

「還是跟之前一樣。我去一家投資公司拿報告，之前跟我打交道的祕書會說英語，但是她那天不在。愛德華聽到我講中文，還主動幫我解了圍。」

「他並沒有做錯，對吧？」

她從包裡掏出手機，抬頭瞪了馬克一眼，又細又黑的眉毛皺起，帶著些許不滿的說：「公司馬上要開闢歐洲市場了，所以他要我登他的帳號，不然他就搶我的手機、掛我的電話，但是我肯定不知道他的 USB 鑰匙在哪裡啊，所以他跟祕書聊完天之前我就只好傻站著。我敢打賭，他只是在重述昨天晚上的新聞，他非要等到說完之後才去登自己的帳號，這樣才有理由發飆。」

「所以我們就要用板球棒謀殺他？」

「我的天吶，閉嘴吧！當然可以啊。」莉莉邊說邊找保母的電話號碼，還皺了皺眉頭。她朝馬克伸出了一隻手，掌心向著馬克說：「不要再說了，我需要思考。」撥通電話後，在說出她臨時編造的對話之前，她清了清嗓子：「小金，這是基普的媽媽。請他送家嗎？」莉莉聽著保母的回答，眉頭漸漸舒展。「噢，好，謝謝！」莉莉把手機扔在沙發上，又躺下了，「說得怎麼樣？」

「好吧，」馬克在餐廳說道，往桌上放了一個盤子，「妳剛剛只是禮貌的要求基普送一件東西到家裡來，不過她肯定懂了。」

莉莉翻了翻白眼：「太棒了。那第一句怎麼樣，就是我介紹自己的那一句？」

「那句話真是一流。完美！用愛德華的話來說就是『完全正確』。」

「天啊！你知道嗎，他真的會說那句話的。」莉莉邊回答邊俯身從手提包裡掏出了自己的筆記型電腦，放在大腿上，翻開電腦螢幕。「我覺得愛德華挺好的。」莉莉突然說了一句，電腦正在開機。然後又補充道：「不對，我還是覺得他很可怕。但是我和辦公室的人這樣嫌棄他好像也不好。有時候，他真的讓人很火大。雖然我沒有想過讓他得絕症，但是如果可以的話，還是讓他消失吧。」

「妳在一台電腦前憂鬱了一天，回到家的第一件事居然還是玩電腦。」馬克從餐廳走過來的時候說，「不對，是好幾台電腦。我見過妳工作的樣子了。妳的桌子跟北美防空司令部指揮中心有得一比。不管怎樣，小馬需要妳，還有妳腹黑的想像力。」他放下了最後一個水杯。「晚餐快好了。」他說。

「這不一樣，」莉莉頭也不抬的回答道，「我一整天都坐在三台監視器前面，有時候是在監測客戶交易，有時候是在寫市場總結週報。我只有現在才能看我的個人郵件，看看新聞。公司的電腦只能上幾個網站，所以上班的時候根本看不了這些。吃完晚飯，我會去演小馬的。基普也可以帶著他的太空機器人武士跟我們一起玩，每次我們扮演迪士尼公主故事的時候，他們就會搗亂，把我們拉回現實。」

「他們可不是太空機器人武士，」馬克糾正道，一副很了解的口吻，「是機甲，他們的故事背景很複雜，很好玩。我還是不要對牛彈琴了，簡直是對機甲神話的侮辱——妳的郵件裡有什麼好玩的嗎？」

「嗯，沒……好吧，有一封史丹利發的長郵件。上次感恩節之後，我就沒有聽到他的任何消息了。」

「史丹利，妳叔叔，對吧？」

他們所說的史丹利，51 歲，身高 190 公分，體重約 75 公斤，黑髮，鬢角發灰，一年中有 10 個月都穿著毛衣，毛衣算是他個人形象不可或缺的元素之一了。另外兩個月裡，他就忍著，等到天氣夠冷的時候，就可以穿上自己最喜歡的衣服了。在他父親這邊，他是第五代 ABC，在他母親那邊，他是第二代 ABC。考慮到他基本上沒離開過美國，所以他的中文算不錯了。他一直未婚，也從未表露出想結婚的意向，多半是受他母親婚姻不幸的影響。莉莉覺得他根本不知道女人的存在。

「他是我堂哥，只是看起來像叔叔。頭髮灰白，還帶著『富豪叔叔』的光環，但那都是前幾年他做管理時賺到的錢了。他在學校待得太久了，銀行存款大概比我們還少，也是有意思。不對，應該是沒意思。」莉莉看著郵件，「不過他可能也存了一點錢，因為他說他要開始做基因檢測事業了，他都提好多次了。我們都是他的小白鼠。」

「基因檢測？」

莉莉看著馬克，準備開口回答，卻又搖了搖頭，把視線轉回電腦螢幕上。「你真的不記得了？」她一邊看郵件一邊說，「這還是你告訴我的呢。上次感恩節我們去看我爸媽，你跟他聊了很久。」

馬克一邊笑，一邊把阿姨準備的最後一道菜擺上了桌。前兩盤菜對馬克而言就是謎一樣的存在，五顏六色，還有很多小小的顆粒。「我總是選擇性的記住一些東西。你知道的，我要好好保護我的記憶力，免得得老年痴呆。」

「有時候你搞得好像在演習一樣。」

「可能吧，還是讓艾瑪來當裁判吧。第一個得痴呆的可以得艾瑪的一顆星。我現在想起來了，他當時的確對這個很興奮。但我也只是一個中學的指導老師，拚死拚活考了 400 分，後來才發現 SAT（學術水準測驗考試，類似臺灣的學測或指考）考 400 分一點都不高，所以我都勸學生不要去 MIT（麻省理工學院）或者清華。我記得史丹利說過，我們可以透過基因更好的認識自己，還有每個人的基因都是不一樣的，還有……我覺得妳媽媽做的馬鈴薯派太好吃了，好吃得讓我忘了他說的第三點是什麼。我吃了那麼多中國人做的馬鈴薯派，那可能是最好吃的了。好吧，其實那是我第一次見到馬鈴薯派，上菜之後我才發現真的有馬鈴薯派這種食物，我一直以為只有藍調音樂和《波吉與貝絲》[1] 裡才有馬鈴薯派。」

「我們家在美國生活的時間更長，跟我們一比，你才像是新來的。還有你就不要努力岔開話題了，我肯定會把史丹利的郵件轉發給你的。」

「費用，是費用。」

「什麼？」

「史丹利說的第三件事，是費用。他說他們最近研發出了一種新的定序（sequencing）技術，大大減少了 DNA 的檢測費用，可能會推動新行業的產生，而且他們還負責解釋檢測結果。我記得他還講了很多 DNA 檢測方法，我連細節都沒弄懂，更別說記住它們了，可能我也不想記住吧。但是他肯定說過這可以區分 DNA 的科學研究價值和商業價值。」

「太晚了，我都已經告訴你了。」

馬克停下了手中擺盤的工作，遠眺了一會兒，說：「『小白鼠』？妳說過我們當小白鼠的事？」

「郵件是這樣說的，你自己看看吧。」莉莉回答。

基普和保母進來時發出一陣聲響，討論到此為止了。7 歲的基普手中拿著一個那個年齡層的孩子必備的玩具，穿著一件同款 T 恤，氣喘吁吁的說著他朋友的故事。保母替基普脫下鞋子和外套，繼續往客廳走，雖然順序沒變，但是步速卻給馬克一種她急著回家的感覺。

「我現在可以回家嗎？沒有其他事了吧？」她問莉莉。

這就是小金保母。莉莉忘了她的全名，就像她忘了自己的年齡一樣，

[1] 《波吉與貝絲》（Porgy and Bess）：又譯《乞丐與蕩婦》，歌劇，1935 年 8 月 30 日，在波士頓首次公演。

大概 30 歲。她的履歷很詳細，但都是中文的，莉莉從沒認真看過。小金保母的身高差不多 172 公分，在女人裡面算是很高的了。她喜歡看歐美的職場情景劇，雖然她平常只替莉莉和馬克做中國菜，但其實她最愛吃的是義式寬麵條，這些事情沒人知道，也沒人問過。她有一個女兒在安徽和外公外婆生活。莉莉和馬克從沒見過她女兒，甚至不知道她女兒的存在。

莉莉睜大了雙眼，飛快的瞥了一眼馬克。「行，可以。」直到馬克點頭，莉莉才敢答應。保母離開了，她問：「為什麼她只跟我說話，她明明知道你的中文比我好啊？」

「也好不了多少。妳看起來比我更像中國人。雖然你們家很早就移民美國了，但是在她看來，妳才是中國人，我只是個外國人。還有妳要求比較多。她知道我不喜歡任何人洗我的內衣，但妳不是。」

「嗯。」莉莉回答。艾瑪正在房間裡努力把她的一匹小馬藏起來，不然基普就會用玩具打它。莉莉保護著艾瑪和她手裡的小馬，讓她們免受太空機器人武士的襲擊。「不管了，開飯吧！」

# Note. 3 DNA 大夫

收件人：馬克·索恩
發送時間：5 月 18 日下午 5：00
主題：轉發：DNA 大夫，一步一步來
------- 原始郵件 -------
發件人：史丹利·陳（cstanley@dnadaifu.com）
發送時間：星期二，5 月 18 日上午 2：29
收件人：陳莉莉
主題：DNA 大夫，一步一步來

親愛的莉莉：

我是史丹利。你們一家人在北京的新房子裡住得還開心吧。現在算來也住一年了，對吧？艾瑪今年上學了嗎？

我現在還在 Tatcham Financials 公司，負責管理他們的生物技術 IP 以及投資事務，主要是把大學合作者的 PPT 展示文稿翻譯成法律文件。雖然有趣，但是我並不打算長期做下去。

所以我現在開始認真打探基因公司的相關情況，我們上次聊過這個的。首先，請記下我的新信箱。以妳現在的中文程度，讀這個應該沒問題了，DNA 大夫，就是 DNA 大夫。之前的那個信箱也還可以用。我準備在中國創立一家提供基因檢測服務的公司，客戶提供 DNA 樣本（就是往試管裡吐口水）給我們，我們做測驗，然後他們就可以在 DNA 大夫網站上查看他們的基因檢測結果。美國有一些公司已經嘗試過了，可能賺不了多少錢，但是畢竟挖掘到了大量的基因資料。中國和美國的市場行情很不一樣，我個人覺得中國是個不錯的市場。

我已經開始搭建網站了。雖然現在還無法提供任何服務，但是我的想法是先建立一個 Wiki 網站，所有使用者都可以對上面的內容進行自主編輯。我們與自身基因之間存在什麼關聯？這個答案不應該由醫生來告訴我們，這是個人的私事，個人應該享有足夠的自主權。這也是 Wiki 網站的初衷：給 DNA 大夫的使用者基因的自主權。雖然我在把這種想法寫下來的時候覺得有點烏托邦，但是 Wiki 網站最終會成為使用者獲取資訊的一條管道，公開且自由。這裡就需要你們的支持和幫助了。我覺得建立一個基因服務社區非常重要，這樣就可以鼓勵人們分享自己的基因資訊，幫助其他人了解基因。

為了討投資者歡心，我應該反覆使用在 Tatcham 學到的商務談判技巧。我們會透過提高資訊粒度來留住客戶，這句話聽起來不錯吧？我還得想想在哪裡加上「利用網站保留客戶的能力賺錢」這句話，這樣商業模型就完成了。雖然聽起來很傻，但是金融界的那些人就喜歡聽這樣的話。

話說回來，我是不是只跟馬克提過這件事？我想了想，妳當時好像在廚房幫忙。妳可能不太理解我說的話，沒關係，去問問馬克吧，他肯定可以告訴妳細節。或者去網站上看看。雖然現在 Wiki 還有點簡略（而且不允許他人編輯，可能還不算 Wiki），但是輸入「DNA」，還是可以查到基因、基因類型和 SNP（單核苷酸多態性）等內容的。

我寫信就是為了告訴妳，妳最喜歡的堂哥（沒錯，就是我啦）最近都在做些什麼。我已經選擇妳和馬克做我的第一批客戶了，更準確的說，因為是免費的，所以你們是我的第一批研究對象，也就是小白鼠。這樣我才能告訴投資者我們正在對一群中國人進行抽樣檢測。我已經自作主張寄了 DNA 取樣試紙給你們，這週就會寄到北京。你們一人一個口腔拭子

（swab）和一個唾液收集器。用起來都很方便，我希望對兩者都進行檢測。你們用完拭子之後把它寄給我，我會對樣本進行檢測，並把你們的檢測結果上傳到網站上。我現在還在研究基因分型（genotyping）的最佳方案，所以可能需要花一段時間，萬事起頭難嘛。

祝我好運吧，謝謝你們的幫忙！

史丹利

## 基因組學

基因組學（genomics）是一門對生物體體內所有遺傳資訊進行研究的學科。這種資訊的載體主要是 DNA，儘管更準確的說，一些病毒往往會透過 RNA 而不是 DNA 進行傳播。DNA 和 RNA 都是複雜的分子結構，它們可以形成令人難以置信的長鏈；如果將人類染色體（一束 DNA，人體內的每個細胞都會包含 23 對染色體）伸展開來，平均長度可以達到 2 英寸[2] 長（約 5.08 公分）。看似不長，但是考慮到人體正常的皮膚細胞直徑只有 0.0001 英寸（約 0.000254 公分），如果沒有能夠摺疊 DNA 的蛋白，那麼一個正常的細胞是很難容納那麼多對 DNA 的。

基因組學與遺傳學不同，遺傳學主要研究個別基因的結構和功能。與之相反，基因組學的研究對象是生物體內的所有基因，包括基因之間的 DNA，以及它們如何共同賦予生物體生命的。在科學家看來，遺傳學是一種「動手做」的科學，需要在實驗室、診所和田間進行實驗，然後慢慢分解單一基因的結構原理。基因組學的範圍則更為廣闊，即使沒有實驗室和譜

[2] 1 英寸 =2.54 公分。

系圖，還是可以大致分析所有基因的作用原理。換句話說，遺傳學主要是常規科學家的實驗研究工作，基因組學則是一個偏理論的研究領域，會涉及高通量定序中心、電腦和統計學等知識。

基因組學同時也是一門將一個人的 DNA 與另一個人的 DNA、一個物種與另一個物種進行對比的科學。儘管每個人都是不一樣的存在，但是一個人體內的大多數 DNA 與地球上其他人體內的一樣，只是在每 100 個鹼基對中會出現一個突變位點。

這種相似性不僅僅存在於有親緣關係的人之間，而是對所有人而言，我們的相似度都超過了 99.9%（一般而言）。因此人類與大猩猩之間大概只有 2% 的基因是不一樣的。差別主要取決於單鹼基突變，有時候也簡稱 SNP（單核苷酸多態性）。染色體中存在大量的 DNA 重置現象，數量多少因物種而異。這種重置現象並不會對 DNA 定序產生影響，但是的確會阻礙不同物種之間的交配。

基因組學是一門相對較新的科學，對整個基因組進行定序的機會只有一次。1970 年代晚期，弗雷德·桑格[3] 在定序方面取得了重大突破，也推動了基因組定序技術的產生，目前存在若干種高效率、低成本對基因樣本進行定序的方法。對人類基因組進行大規模的定序工作始於 1990 年代，並於 2007 年宣告完成。

在全球大量學術組織和政府專案的支持下，對人類基因組的定序得以有條不紊的展開。首先，必須描繪一幅基因在染色體上的分布簡圖。其次，要為所獲取的序列資訊創建標準化的儲存機制和組織機制，便於彙總不同實驗室取得的成果。最後，還要透過定序確定人類染色體中的每一個鹼基對，從而完善基因分布圖。

這項龐大的公共專案由詹姆斯·華生（James Watson）領導，在長島的冷泉港實驗室進行。1950 年代晚期，詹姆斯·華生與弗朗西斯·克里克（Francis

[3] 弗雷德·桑格：全名 Frederick Sanger，弗雷德里克·桑格，（1918 年 8 月 13 日 -2013 年 11 月 19 日），英國生物化學家，曾經在 1958 年及 1980 年兩度獲得諾貝爾化學獎，是第四位兩度獲得諾貝爾獎，以及唯一獲得兩次化學獎的人。

Crick）和羅莎琳·富蘭克林（Rosalind Franklin）一起發現了 DNA 結構。一直以來，這個專案都朝著一個偉大的目標逐步推進，也沒有定下具體的截止日期，許多國際會議和研討會都對此寄予厚望。然後在 1990 年代晚期，一家由克萊格·凡特（Craig Venter）創建的私人公司——塞雷拉基因組公司（Celera Genomics），進入了該領域，並且宣稱他們可以更加獨立（且更快）的完成人類基因組定序。面對一家持有大量人類基因組專利的對手的威脅和克萊格·凡特更快更好的工作能力的刺激，專案組只好更加努力。最後雙方差不多在同一時間完成了人類基因組定序工作。塞雷拉基因組公司表示他們得到的是對克萊格·凡特進行定序的結果，這在當時還引發了不少的爭議。與之相反，公共專案組則使用了大量匿名捐贈者的 DNA。後來，公共專案組也對詹姆斯·華生進行了定序，兩個人的定序結果也都被公之於眾。但是外界並不欣賞在個人自尊驅使下所取得的科學進步。

透過複製 DNA 生成一條 RNA，然後可能會被翻譯成蛋白質，會導致 DNA 鏈小部分片段的消失。

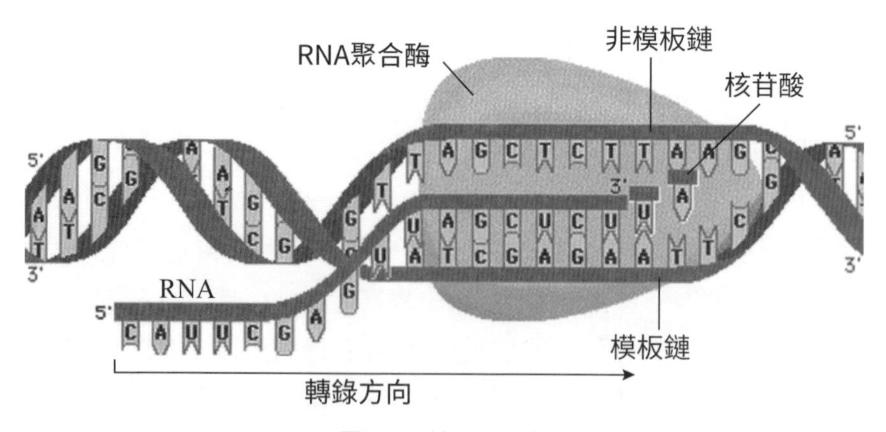


圖 3-1　基因的轉錄

# 基因

基因是儲存遺傳資訊的單位。人類遺傳資訊主要以基因為組織形式，大量資訊以長條編碼的形式分布於基因中。雖然「基因」這個術語在大眾文獻和科技文獻中頻繁出現，但是至今還沒有統一的定義。學界也開始逐漸意識到似乎不可能給出一個簡單的基因定義。儘管如此，基因的一般定義還是通俗易懂的：基因是具有編碼功能的 DNA 分子片段。有時候可以翻譯成蛋白質，有時候可以反轉錄成 RNA。有時候會對蛋白進行編碼，有時候會對 RNA 分子進行編碼。對組成 DNA 的四個鹼基（腺嘌呤 adenine、胞嘧啶 cytosine、鳥嘌呤 guanine 和胸腺嘧啶 thymine，通常簡寫為 A、C、G、T）進行定序就可以定義基因編碼了。

基因的典型結構呈線性。線的一端是啟動子（promoter），這是一個有助於啟動轉錄因子、識別 DNA 的基因區域。它透過融合 DNA 的兩個化學鏈來識別基因，這兩條化學鏈互相結合、纏繞，形成了 DNA 典型的雙螺旋結構，互為鏡像。透過打開螺旋上升的轉錄因子可以為讀取基因資訊創造更大的空間。將 DNA 片段複製到 RNA 化學鏈上，即意味著讀取基因資訊的開始，一般情況下，這個 RNA 化學鏈緊接著就會被轉換成蛋白質。一旦開始 DNA 複製，轉錄機械作用就會貫穿整個基因。一個基因可能包含幾十個鹼基，甚至數千萬個。通常情況下，基因的末端是一系列「結束」的標誌，這種結束標誌可以放緩轉錄的速度並最終從基因脫落。基因末端的起止點不明確且跨越了大量 DNA 片段，這也是基因難以定義的部分原因。更令人困惑的是，一個基因片段有時候會對多個疊加的轉錄產物進行編碼。在被轉化成蛋白質之前，由 DNA 轉錄生成的 RNA 鏈都會經過多次處理。大部分 RNA 被轉化成蛋白質之前會被剪斷，而且這些 RNA 鏈經常被切割和組合，或者以多種方式「拼接」，拼接方式不同，產物也就不一樣。

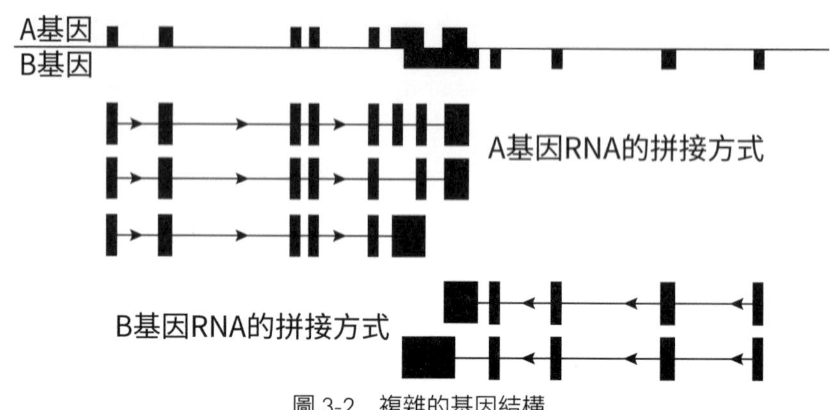


圖 3-2　複雜的基因結構

許多不同的 RNA 可以被染色體的某一片段編碼，從而生成若干種不同的蛋白質。DNA 上被實際轉化為蛋白質的區域表現為 DNA 和 RNA 化學鏈上的一部分序列。

請注意，每個性染色體都只有一個拷貝，父親貢獻 Y 染色體，母親貢獻 X 染色體。

此外，上述啟動子是一個複雜的片段，被其他所謂的「強化子（enhancer）」或者「阻遏物（repressor）」的 DNA 片段強化，對是否轉錄基因以及轉錄到何種程度起決定性的作用。這些調控區域可以覆蓋大面積的範圍，甚至幾個基因，還可以在基因之間實現共享。

通常情況下，每個蛋白質都對應著一個基因。但是因為父母雙方都會給子女一個拷貝的染色體，所以我們就有了兩套互補的基因，父母雙方各貢獻一套。染色體是一個 DNA 單鏈的聚合物，其中包含大量基因。人體內的每個細胞中都包含了 46 個染色體，其中 23 個來自母親，另外 23 個來自父親。因此一般而言，每個基因都有兩個拷貝。但是性染色體上的基因是個例外。性染色體即 X 染色體（來自母親或者父親）和 Y 染色體（只可能來自父親）。女性體內都包含兩個拷貝的 X 染色體，男性體內則包含一個拷貝的 X 染色體和一個拷貝的 Y 染色體。所以如果是 X 染色體上的基因，那麼男性就只會有一個拷貝的該基因；如果是 Y 染色體上的基因，也只有一個拷貝的該基因。因為女性只有兩個拷貝的 X 染色體，沒有 Y 染色體，所有如果是 X 染色體上的基因，那麼每個基因就都會存在兩個拷貝。

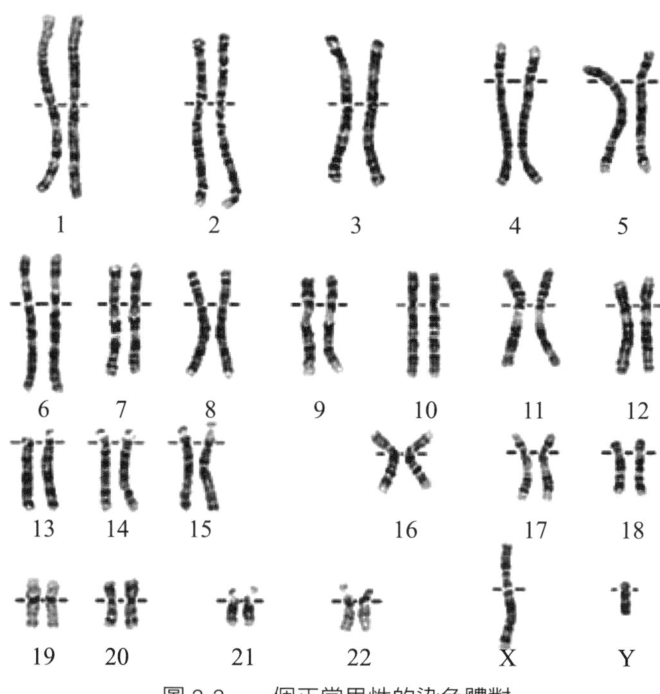


圖 3-3　一個正常男性的染色體對

正是因為成對基因的存在，我們才可以辨別孩子的性狀是遺傳自父親還是遺傳自母親。當我們說「她和她父親眼睛一樣」時，我們表達的意思是遺傳自父親的基因拷貝決定了她眼睛的顏色，相比之下，母親的基因拷貝影響要小得多。舉一個簡單實際的例子，雀斑的存在就常常被解釋為單一基因（黑皮素受體，MC1R）的常見突變。假設孩子有一個拷貝的正常基因以及一個拷貝的突變基因，而且這個突變基因占據了優勢，那麼他可能就會長雀斑。如果他有兩個拷貝的突變基因，那麼他可能會長很多雀斑，而且髮色偏紅。所以父母一方，這裡假定是父親，頭髮是紅色的，而母親的頭髮是黑色的，長有雀斑，由此可知父親可能會有兩個拷貝的 MC1R 基因，母親只有一個拷貝的 MCIR 基因。他們的孩子總會從紅頭髮爸爸那裡遺傳到一個拷貝的突變 MC1R 基因，從母親那裡遺傳到一個拷貝的可能正常、可能突變的MC1R基因。所以只有個別孩子會長紅頭髮，而所有的孩子都會長雀斑。為了更深入的討論，請看下面的性狀遺傳。

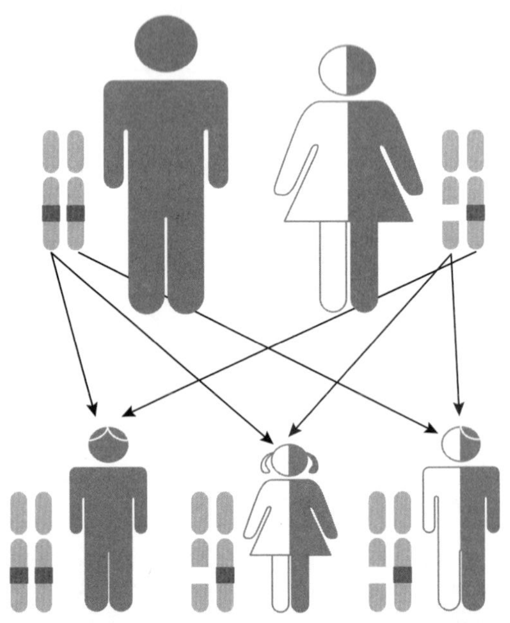

圖3-4　單一基因的遺傳突變可以解釋某些人長紅頭髮或雀斑的原因

發送自：愛德華·龍

5月18日下午6：33

嗨，莉莉。我今天幫了妳的忙，明天吃午飯的時候妳也得幫幫我的忙啊。財富律師事務所讓我去大東吃午飯。在北京還拿烤鴨當午餐也太俗氣了，但是為了兩家公司的合作，我還是得去。謝謝啦！

發送自：陳莉莉

5月18日下午6：36

你沒發現我看不懂中文嗎？還是說你就想表現得像個不折不扣的王八單？

發送自：愛德華·龍

5月18日下午6：40

妳想說的是王八蛋，不是王八單吧。妳會的中文越來越多了，不錯啊。相比我這個真正的外鬼，妳的中國血統會幫妳大忙的。

發送自：愛德華·龍

5 月 1 日下午 6：52

對於明天的安排，我有個好主意。財富律師事務所的那群人貌似有點傳統，我覺得他們會喝白酒，但是我一喝白酒就頭痛。千萬不要是二鍋頭啊！ 3：00 之前請幫我觀察一下。就像我教妳的那樣登入、盯著市場行情直到我回來就可以了。

發送自：愛德華·龍

5 月 1 日下午 6：55

最後一點。不要忘了我下午 2：30 跟王氏資本的人開會。他們可能會說英語。

發送自：陳莉莉

5 月 18 日下午 6：55

愛德華，我還有自己的工作要做呢。自己去開你的狗屁會吧！

發送自：愛德華·龍

5 月 18 日下午 6：55

既然妳引用了美國最好的電視劇之一《螢火蟲》裡的台詞，那我就不讓妳幫我開電話會議了。我還以為我幫了妳的大忙之後妳會對我好一點呢。唉，好像並沒有啊。

# Note. 4 初次見面

老師善意的提醒道：「剛開始上課就急著看手錶，這可不是什麼好兆頭啊。」

他就是伯特·尚老師，70 歲，約 168 公分，66 公斤左右，頭髮很短，灰白色。他喜歡穿有點磨舊的粗花呢夾克，一副現在已不多見的大學教授模樣。雖然在中國出生，但他卻生活在臺灣。他國語說得很標準，英語也說得不錯。雖然他身形瘦削，但是他的姿勢暗示他曾在部隊待過。這跟辦公室裡成堆的中文版《國際大都會》形成了強烈的反差。這些雜誌是他的、是他姪女的，還是研究資料，可能他自己都不記得了吧。

莉莉的臉上閃過一絲不安，隨即笑了笑，將錶釦解開，錶帶順著手腕滑進了手提包中。「不好意思，因為有一個同事請我幫他代班，其實我跟他的關係普通。我只是想刺激他一下，並不想理他。」

「不過，」莉莉一邊環顧這間老舊的辦公室一邊說道，此時一束陽光照在布滿灰塵的直角稜鏡上，閃閃發亮，鏡子又將光線投射到房間的其他地方，她決定把手提包放在椅子上，而不是地板上。「我們真的要從今天開始冥想嗎？我還以為您要先替我介紹一下冥想呢，哦，然後慢慢……推進。」轉念一想，她又補充道：「不得不說這個地方跟我想像中的不太一樣呀，不是應該有個道場嗎？」

眼前這間辦公室和這位老師都跟她想像中的中國冥想大師形象有些許

出入。這個房間讓她想起了大學時代與一位文學院教授共處一間辦公室的日子，到處都是論文、書籍和用過的紙杯。觀察了一會兒之後，莉莉發現這些杯子裡裝的都是隔夜的茶水，而不是咖啡，雖然有一些英文書籍，但大多數都是中文的，從標題來看，有幾本書應該是用希臘拉丁文寫的，幸好不是梵文。這些書籍讓伯特在她心目中的形象又提升了幾分。他戴著線框眼鏡，散發出一種舊時代的學者氣質，現在大概只有在黑白電影中才能看到這種形象，這大概就是現在的年輕人所追尋的懷舊感吧。即便如此，他還是不符合她心目中的冥想大師形象。他很老，這一點是肯定的，但是他看上去很健康。看上去好像不到 60 歲，但是據莉莉所知，他至少有 70 歲了。白髮與黑髮混雜，白髮比黑髮更多，就像雪地上的木灰。他有莉莉所謂的「老人的大耳朵」，曾經與身體維持著合適的比例，但是當他身體縮水的時候，耳朵還是維持了同樣的大小。莉莉覺得他的鬍子才是最糟糕的。被修剪得又短又整齊，活像第二次世界大戰電影中的日本將軍。她很了解中國文化，所以她非常清楚跟他說這種話有多可怕，因為害怕一不小心說出不該說的大實話，莉莉有點緊張。

「道場？沒有，妳可能功夫片看太多了。忍者才有道場，冥想導師可沒有，如果他沒有出現在電影裡，那應該就是沒有道場的。」他語速很快，但是口齒清晰，說話好像在練習口語。「我覺得這個辦公室挺好的。這是妳的座位，妳走了之後我會把它收起來。我在這裡堆滿文件，等哪天我忘了為什麼留著它們，我就會把它們挪到地板上去。北京城裡，這些 1950 年代的舊房子牆壁都很厚實，夏天屋裡也很涼快，就是混凝土比較差，看上去總是髒髒的。灰塵應該不會很多吧。」他一邊揮舞著手臂，空氣中的灰塵開始翩翩起舞，一邊補充說，「也沒有電梯。」

「我發現了。」莉莉說。她在爬最後一段樓梯之前在四樓歇了好一會兒，以免被別人發現她爬完五樓之後氣喘吁吁的窘樣。

「妳並不是唯一質疑我辦公室的人。我覺得教會的很多人來我這裡都是為了獲得更多更道地的中國式體驗。」

「至少得點幾根香吧？」莉莉建議。

「太對了！」他大笑，用一根細長的手指指了指莉莉。莉莉被嚇了一跳，往座位裡縮了縮，這才第一次上課，她並不希望老師這麼快就表揚自己。「很好，或許我應該點幾根香。」他繼續說道，「或者弄一架鑼鼓？不行，有點過了。但是說實話，我自己也沒有受過專業的冥想訓練。我在北大教比較宗教學。最近剛退休，年紀大了。我有時候會弄場研討會，東城社區教會的那幫人很喜歡，就讓我開設私人課程。但是有時候我也會擔心，擔心他們這麼說只是為了日後跟朋友炫耀自己在與尚大師相處的過程中體驗到了道地的中國式風情。我以前在加州神學院上過學，所以不會向他們傳播任何歪門邪道，妳看我頭髮全白了，不會是個騙人的老頭，而且我收費不高。要是我的鬍子再長點，說不定我會教得更好，妳說呢？」

莉莉自顧自的笑了笑。「可能一不小心就從受人尊敬變成了譁眾取寵啊！哦，怎麼稱呼您？」莉莉說道。

聽到這句話之後，他皺了皺眉頭，似乎在認真思考什麼。「有可能。妳以後叫我伯特就好了，我不太喜歡別人叫我尚大師。叫我尚老師也行。妳知道尚老師的意思吧？」他補充道，因為他在莉莉的臉上看到了些許不安。

「我懂，我懂，」莉莉說，「每次聽別人講中文，就算是很簡單的中文，我還是會很緊張。誰知道他們什麼時候會丟過來一個從沒有聽過的漢字，那就尷尬了。那我以後還是叫您伯特好了。我可以問問這個名字的來歷嗎？」

「我自己取的，」他開心的說。「美國動畫片《芝麻街》裡面有一個叫伯特（Bert）的玩偶，我的名字就是這麼來的。那是我在舊金山的神學院讀書的時候，至今也還沒有畢業，」他帶著懺悔的口吻說道，「經常看《芝麻街》。這部動畫片對研究哲學與信仰很有幫助。愛發牢騷的奧斯卡就是第歐根尼，餅乾怪獸是伊比鳩魯，伯特則是老子。伯特是真的有想法的。怎麼了？」

「第歐根尼？」

「沒錯，我覺得這樣形容他們是在向偉大的哲學家致敬。我自己接受了伯特的觀點，所有就用了他的名字。這是尊敬老師的一種方式。」

「因為您信道教嗎？」莉莉問道，盡量跟上對話的思路。上週，莉莉告訴伯特想去辦公室拜訪他的時候就有了這種想法，後來這種感覺越來越強烈。

「不，我是基督教徒。我是因為伯特的樂觀才喜歡他的。不過他真的讓我想起了老子……好吧，實際上，」他頓了一會兒，似乎在回憶什麼，聲音也慢慢變小，莉莉開始懷疑他是不是在說謊，「他更像莊子，妳可能沒有聽過莊子，所以就不說了。」

「莊子？」

「我發現妳經常重複我的話。這是好事，說明妳是個好學生。沒錯，就是莊子。他教導我們只有放棄對權力的貪念才能過上有意義的生活，有點像上帝的口氣，對吧？他還經常這樣勸那些當權的人。妳知道伯特他們分餅乾的故事嗎？」

「我早就忘了，尚老師，不，伯特。」

「那個故事很有教育意義。伯特和另一個玩偶都有一些餅乾，想分著吃。另一個玩偶堅持說自己可以平分這些餅乾，然後就一塊一塊分，非常仔細，分到最後還多了一塊餅乾。怎麼辦呢？伯特真的很有想法，他把最後那塊餅乾吃掉了，然後兩個人的餅乾就一樣多了。這樣說能聽懂嗎？」

「哦，應該是懂了。」莉莉回答。伯特講完之後，莉莉想起了那個故事，只是有點不確定這到底算是哲學故事還是一個笑話，看樣子冥想課比她想像的更高深。

「不懂沒關係，今天是第一次上課，我講這個只是為了讓妳領略一些『東方的智慧』。顧客就是上帝，對吧？在繼續上課之前，我先簡單介紹一下自己。等妳對我有了一定的了解之後，哪天我要是胡說八道了，妳就知道應該在什麼時候忽視我了，妳也可以隨便走來走去，萬一我真的想到了什麼呢。中日戰爭的時候，我在上海出生，沒過多久我父母就去了臺灣。他們在上海的時候就已經是基督教徒了，上海當時也有很多基督教徒。當時基督教可算是現代、進步和走向繁榮的象徵。後來的人再也不談論繁榮了，這句話是寇特·馮內果（Kurt Vonnegut）說的。妳知道這個人嗎？」

莉莉點點頭。

「他跟第歐根尼很像。是的，現在很少用『繁榮』這個詞了，但是在戰前，繁榮就是上海的新希望。現在的人談錢談得多。之前看到不少廣告裡都出現了『財富管理』、『個人銀行』之類的詞，但是錢跟繁榮是不一樣的。財富管理是沒有希望的繁榮。」伯特頓了一下，「我說到哪裡了？」

「上海。」莉莉說。

「對，上海，只是簡單提一下。戰爭快結束的時候，我家就去了臺灣。我在那裡上大學，研究醫學，不過這都是為了我父母，我父親去世之後，我就去了舊金山的神學院。但是我的神學跟醫學學得一樣糟糕。一個合格的牧師應該主動幫助他們的教友，但是我更喜歡坐下來思考他們為什麼要做那些事情。可能他們比我更懂，可能我想錯了，總之我應該向他們學習。反正最後在很多人的幫助下，也有可能他們就是想讓我走，透過『學分轉移』，我在史丹佛大學得到了宗教研究的學位，然後回到了臺灣，在那裡的一所大學教書。1995 年，我獲得了一個回中國教書的機會，就回了北京，一直待到現在。」

「您的英語講得很好啊。在教堂裡跟您說話的時候，我還以為您在美國待了大半輩子呢。您真的只在那裡待了幾年嗎？」

「妳說笑了。不過我之前認真學過。我的父親會說一些英語，就要求我和我母親都說英語。我小時候讀過很多科幻小說，在臺灣時有個鄰居有很多當時很流行的科幻小說雜誌。小說的標題盡是『神奇』、『驚人』之類的詞。不知道妳有沒有發現，科幻小說跟基督教學說很像，都想找到希望。我在北京也教英語。但是因為我已經 70 歲了，學校也沒有分配多少教學任務給我，我就輔導幾個學生，都是外國人。我之前一直以為北京大學的某個院長會請我去教書，有點像在做白日夢，我想他們不相信我能教出什麼。其實我也這樣覺得。也是因為這樣，我現在才有時間跟朋友說這些東西。」

「一個小時收 100 元人民幣。」莉莉補了一句，說完馬上就後悔了。

「是的，我得付房租啊。」伯特說著，揮了揮手，似乎在指這間辦公室，「不管是在臺灣還是在北京，教比較宗教學都不賺錢。不過，我們上課的時間不會很長。一般情況下，我只會給妳提示一下，安排一些家庭作業。當時我們的朋友皮爾特堅持要收費，他覺得不然那些人是不會認真聽的。」

「不好意思，」莉莉說，她想忽略「作業」一詞，聽起來實在有點嚇人。「我只是有點沮喪，想著我為什麼要耽誤您的時間。可能就像您說的，我只是想學習東方的智慧。我和我丈夫也去教堂，但都是為了跟熟悉的事物保持聯絡，畢竟我們現在在中國，當然也是為了確保我們的孩子不會丟掉信仰。說實話，我從來沒有完全相信過上帝的存在。」莉莉停頓了一下，「我覺得我非常相信某種東西，但是又不確定到底是什麼。有時候我也會擔心，擔心我想太多了就會發現我其實並不相信我以為自己相信的東西。」莉莉又停頓了一下，「我非常確定最後一句話是有意義的。」

「妳說妳去教堂只是為了維持某種聯絡。去掉『只』字，那麼妳說的話可能還值得好好思考。要不試試看？」伯特對著她笑了笑，在桌上敲了敲，嚇得莉莉又往座位裡縮了縮。「現在，妳已經可以做到不看手錶、不發簡訊了，所以妳可以早點走。今天的課程不收費，那 100 塊還是妳的。不過考慮到妳來找我的原因，恐怕我們今天完成的任務太少了。我聽皮爾特說，是他建議妳來找我練習冥想的，因為妳曾經跟他提過妳過得有點焦慮。我們第一次聊天的時候，妳跟我說妳已經『翻船』了。我承認，我查了之後才知道那是什麼意思，一開始以為妳的意思是妳已經逃離了荒野，覺得挺浪漫的。後來才發現妳是把自己比喻成一艘船，在海上漂泊的船。還是很浪漫。但是大多數人並不喜歡在海上漂泊。如果妳是這種狀態的話，那冥想可以算是個不錯的方法了。但是，基督教的冥想跟中國哲學上的冥想並不一樣，看我辦公室的樣子妳應該也可以看出來。基督教中的冥想可能本質上與後一種很相似，只是少了點浪漫。如果妳是一個浪漫的人，就會用逃離荒野來表示自己很沮喪。對基督教徒來說，冥想是日常禱告的延伸和補充。妳之前可能聽說過沉思祈禱，跟這個差不多，只是更形象一點。晚點我們再詳細聊這個。首先，尚老師要指派作業給妳了……妳可能會有點反感。」他現在看著莉莉的時候臉沒有了笑容，莉莉心裡漸生疑惑。「我希望妳從現在開始堅持寫日誌。」他最後說道。

「日誌？」莉莉重複道。

「是的，我知道寫日誌一點都不浪漫。但是冥想也不是讓妳光腳站在竹蓆上，點著香，聽著 iPod 上放的佛教音樂。而是讓妳坐下來用一支筆，妳喜歡的話也可以用自己的筆記型電腦，然後記下妳每天的感受。」

「寫日誌對冥想有幫助嗎？」莉莉發問。

「希望有一天我們能夠發現冥想和祈禱一樣具有多重涵義。先試試看吧，妳得相信我啊。現在妳可以走了，妳要是因為我上班遲到了，肯定會非常討厭我的。」

伯特早就站起來了，從一堆雜誌邊繞了過去。莉莉注意到中文版《國際大都會》旁邊還放著一堆差不多數量的神學研究雜誌。莉莉迅速從椅子上起身，抓緊自己的手提包，緊跟伯特的步伐。

「星期四見！」他開心的說，「下週的這個時候妳會再過來的，對吧？看到老氣的老師和灰撲撲的辦公室之後，不會覺得很失望吧？」

莉莉盯著他看了一會兒，努力回想她上課的時候是不是太多嘴了，但隨後又想，自己又不是唯一質疑他的人。「嗯，好的，下週四見。我覺得挺好的。雖然不那麼浪漫，但說不定是個好方法，寫日誌應該也挺有趣的。」她出門的時候停了一下，「我還有一個問題。」

「什麼問題？」伯特站在老舊的門邊問道。

「《芝麻街》裡的格羅弗怎麼樣？我小時候最喜歡他了。他代表什麼呢？」

伯特笑了：「很簡單。格羅弗就只是一個身份，所以他說話的時候從來不用縮略詞。慢走不送！」說完伯特就關上了門。

莉莉停下來搖了搖頭。這樣有助於思考，莉莉離開的時候還在想這個問題呢。

# Note. 5 導火線

發送至：史丹利·陳
發送時間：5月26日上午3：00
主題：回覆：收到DNA測試試劑盒了嗎？

親愛的史丹利：

你好！

我已經收到你寄過來的DNA測試試劑盒了。馬克覺得吐唾液很「噁心」（如果我不在，他肯定不會管孩子的尿布，還總說沉甸甸的尿布具有「治癒力量」，沒錯，他就是這樣的一個人），所以讓他做測試大概有點難，我你就不用擔心了，完全沒問題。我會盡快把我的試劑盒寄給你的，希望海關不要打開看。

還有謝謝你跟我講解第歐根尼。冥想老師第一次幫我上課的時候就提到了第歐根尼，真的是出乎我的意料，但是到目前為止冥想課還是挺有趣的。

期待收到我們的測試結果！

莉莉

----- 原始郵件 -----

發件人：史丹利・陳 [cstanley@dnadaifu.com]
發送時間：5 月 26 日上午 2：29
發送至：陳莉莉
主題：DNA 測試試劑盒收到了嗎？

親愛的莉莉：

妳好！

你們最近都還好吧？上次發郵件的時候，我提到了 DNA 測試試劑盒今明兩天應該就會到北京，所以我想寫封郵件確認一下你們有沒有收到。我還特地寫了一份使用說明，參考了 DNA 大夫網站上的一個影片，現在網站上還看不到這個影片，所以我把簡單的流程表附在郵件後面了。謝謝你們的支持！

還有謝謝妳登入了我的網站，網站的分析器顯示有來自北京的人訪問過，我想應該就是妳或者馬克了。妳在 WikiHealth 輸入了一個搜尋關鍵字，令我印象深刻：第歐根尼。我一開始以為妳在跟我開玩笑，但是後來轉念一想，這不正是我所希望的嗎？我的網站不應該只是基因組術語的集合，還應該為使用者提供跟他們的健康和生活息息相關的資訊。

至於第歐根尼，我知道他是一個希臘哲學家，有點憤世嫉俗，認為人的社會屬性與幸福互不相容，幸福的生活就意味著回歸最單純的本質。我搜過他，他曾說過這樣一句話：「人類已經將神賜予的一切天賦都複雜化了。」他成天抱著一隻羔羊到處閒晃，如果路人問他在做什麼，他只會回答「找一個老實人」，然後就繼續趕路了。仔細想想，他的回答很有深意，但是也很沒有禮貌。還有一次，他躺在公共廣場上，亞歷山大大帝來拜訪他，問他需要什麼，「我希望你閃到一邊去，不要遮住我的陽光。」現代社會，我們需要的就是他這樣的人啊。

再次表示感謝！

史丹利

## 如何自助完成 DNA 取樣

首先，漱一下口，建議取樣前半個小時內不要吃東西，不過就算吃了也不會有太大的影響。口腔拭子套件中有一個小棉籤（也就是拭子）和一個放拭子的試管。用拭子去擦拭臉頰內側，左右各 10 下，然後把拭子放進試管裡。在收集唾液的時候，一定要確保唾液達到瓶身側面的刻度處，然後蓋上試管，扭緊瓶蓋，上下搖幾下，讓裡面的物質充分融合，取樣就完成了。雖然收集唾液比用拭子擦臉頰內側噁心得多，但是唾液中 DNA 更豐富。這都是我檢測的對象。如果對於操作還有什麼疑問的話，請及時聯絡我，在我的公司真正成立之前，我希望你們能夠幫我發現其中的問題。

DNA，也叫去氧核糖核酸，是一種很長的分子，其中包含了地球上大多數生物體的基因編碼資訊。DNA 由多個核苷酸聚合而成，核苷酸可以連接到長鏈中。人類最長的染色體就由 3 億個核苷酸組成，也就是一個 DNA 分子。一個核苷酸由一個單位的 DNA 鏈主幹和一個單位的磷酸基組成。透過鹼基對之間的聯繫，兩個 DNA 鏈可以形成二重態。這個屬性也生成了 DNA 雙螺旋的重要特徵。一個 DNA 分子通常由兩條相互纏繞的 DNA 鏈組成，借助鹼基對之間的聯繫形成一個雙螺旋的結構。DNA 鏈中存在四種鹼基，分別是胸腺嘧啶、腺嘌呤、鳥嘌呤、胞嘧啶。胸腺嘧啶和腺嘌呤可以形成一個鹼基對，鳥嘌呤和胞嘧啶也可以形成一個鹼基對。除此之外不存在其他的組合。這意味著這兩個相互交織的鏈也是彼此互補的。

DNA 可能比其他所有化學物質都更難以描述，雖然複雜，但是這些細節很重要，可以解答人類歷史上的許多困惑。欲知更多，請見性狀遺傳。

# 性狀遺傳

我們到底是怎麼遺傳到父母的性狀和特徵的呢？亞里斯多德認為這與生理無關，他推測父母的血液中包含了父母的典型性狀，而這些典型性狀在子女的體內混合，從而確定了子女的特徵。這與真實的生理特徵由父母（或者父母一方，通常認為只是父親遺傳）遺傳給孩子的觀點正好相反。亞里斯多德之後，過了幾百年，安東尼·范·雷文霍克[4]出現了，他選擇將最接近兒童身體結構的侏儒作為研究對象，對上述遺傳觀點進行更為詳細的補充。

兩千多年的時間裡，關於遺傳的觀點如雨後春筍，各不相同，不過歸根到柢都是在亞里斯多德透過血液遺傳的觀點上形成的。然而在 19 世紀中期，有一個叫格雷高爾·孟德爾[5]的奧地利僧侶，大概是寺廟生活太無聊了，就開始潛心種豌豆，僧侶（所有人）一般是不會關注這個的。透過雜交種植綠豌豆和黃豌豆的豆苗，以及表面發皺的豌豆和表面光滑的豌豆的豆苗，他發現豌豆性狀的遺傳過程中存在簡單的規律。他將區分遺傳資訊的單位命名為等位基因（allele，至今還在使用這一術語），等位基因由父母遺傳給後代，父母雙方各提供一個拷貝的等位基因。因此一個孩子，在他的案例中則是一顆豌豆，每個性狀對應兩個等位基因，孩子（豌豆）的外表就取決於這些等位基因之間的相互作用。一個等位基因可能會取代另一個（即遺傳學家所說的「主導」），也可能出現兩者融合的情況。例如，父母雙方，一個是深色眼睛，另一個是藍眼睛，生出來的孩子可能是深色眼睛的，那麼深色眼睛就是占主導的那一方。不過如果父母雙方都是深色的眼睛，假定是棕色和褐色的，那麼他們孩子的眼睛可能會是這兩種顏色的混合。

---

[4] 安東尼·范·雷文霍克：Antonie van. Leeuwenhoek（1632 年 10 月 24 日 -1723 年 8 月 28 日），荷蘭顯微鏡學家，微生物學的開拓者。

[5] 格雷高爾·孟德爾：Gregor Johann Mendel（1822 年 7 月 20 日 -1884 年 1 月 6 日），是遺傳學的奠基人，被譽為現代遺傳學之父。他透過豌豆實驗，發現了遺傳學三大基本規律中的兩個，分別為分離規律和自由組合規律。

孟德爾提出的等位基因本質上就是遺傳物質，一直到 20 世紀早期之前這都是一個謎。20 世紀早期，一系列的生物化學和分子生物學試驗證明那是一種被稱為 DNA 的化學物質。DNA 存在幾乎所有細胞的核心位置（細胞核）中。DNA 跟遺傳有關，但是不能代表基因的全部。在很多人看來，結構相對更複雜的蛋白質更像是遺傳物質，DNA 只是作為蛋白質結構的一個支架。然而在 1930 年代和 1940 年代，奧斯瓦爾德·埃弗里[6]和他在洛克斐勒醫學研究所[7]的同事一起發現了重要的證據，證明了 DNA 才是遺傳物質，蛋白質並不是。但是至於 DNA 如何成為生物基因遺傳物質這一問題，答案尚且不明瞭。

細胞中包含了一整套的遺傳物質，在細胞分裂出遺傳物質之前，不管是什麼都會被備份。眾所周知，人類的基因中包含著數千種不同的蛋白質，那麼 DNA 可以自我複製並對構成人體的物質進行編碼嗎？

1950 年代早期，吉姆·華生、羅莎琳·富蘭克林和弗朗西斯·克里克共同努力確定了 DNA 的雙螺旋結構。這個結構為解釋 DNA 如何實現遺傳提供了若干線索，也解答了遺傳物質如何複製的問題。連接 DNA 螺旋線的鹼基對形成了兩條化學鏈，互為鏡像。胸腺嘧啶和腺嘌呤核苷酸可以形成一種鹼基對，鳥嘌呤和胞嘧啶形成另一個。當一個 DNA 的兩條化學鏈融合時，這四個核苷酸就會去彌補每條化學鏈上缺失的那半部分，從而使 DNA 的一條化學鏈始終存在兩個鹼基，互為精確的配對。

基因為什麼可以容納如此多的人類資訊呢？ DNA 的結構對此也做出了解釋。DNA 化學鏈上的鹼基對的組成形式就是一個代碼。「二戰」剛結束

[6] 奧斯瓦爾德·埃弗里：Oswald Theodore Avery，即奧斯瓦爾德·西奧多·埃弗里，加拿大裔美國籍細菌學家。曾就讀於柯蓋德大學和哥倫比亞大學內外科醫學學院。埃弗里後來進入紐約洛克斐勒研究所醫院（亦譯作洛克斐勒醫學研究所）工作，並在那裡發現了遺傳物質的轉化現象，即細菌發生變化並將變化傳給細胞後代的過程。

[7] 克菲勒醫學研究所：1901 年在紐約成立，即洛克斐勒大學前身。洛克斐勒大學是一所世界著名的生物醫學教育研究中心，由美國石油大王洛克斐勒建立。成立於 1901 年的洛克斐勒醫學研究所，擁有 75 個獨立的實驗室，為科學家提供一個獨特的合作環境。洛克斐勒醫學研究院引導患者導向學習，是美國唯一的完全用於臨床研究的私人醫療設施機構。

的時候，密碼破譯非常盛行，當時如何破譯這個定義生命的代碼也引起了許多不同領域科學家的關注，而且很快就得到了答案。1960 年代，科學家發現存在於大多數生物體內的蛋白質由 21 種不同的胺基酸組成。DNA 上三個鹼基的特定序列為胺基酸編碼，同樣的三個鹼基編碼確定編碼序列的終端。關於遺傳物質是如何傳承的爭議持續了幾千年，DNA 雙螺旋結構出現之後，這個問題也就有了答案。

表 5-1　組成蛋白質的胺基酸 DNA 編碼示例

| 胺基酸 | 鹼基編碼 |
|---|---|
| 異白胺酸 | ATT, ATC, ATA |
| 白胺酸 | CTT, CTC, CTA, CTG, TTA, TTG |
| 纈胺酸 | CTT, CTC, CTA, CTG, TTA, TTG |
| 苯丙胺酸 | GTT, GTC, GTA, GTG |
| 蛋胺酸 | TTT, TTC |
| 其他 16 種胺基酸 | |
| 終止密碼子 | TAA, TAG, TGA |

發送自：愛德華·龍

5 月 26 日下午 6：55

聽說妳明天要跟中國證監會的人討論 A 股的國外投資變化。妳需要翻譯嗎？ A 股可是以人民幣進行交易的。

發送自：陳莉莉

5 月 26 日下午 6：55

我當然知道 A 股是什麼！

發送至：陳莉莉

發送時間：5 月 26 日下午 7：00

抄送：斯圖爾特·羅恩，CEO；阿西伯納爾·羅恩，CFO

主題：明天的會議要幫忙嗎？

親愛的莉莉：

妳好！

我不太明白妳回我的簡訊，所以我想我還是發封郵件給妳好了。明天，中國證券監督管理委員會（CSRC）主席尚福林會過來開會，可能會談到 A 股中關於國外投資的變動。A 股用人民幣交易，B 股用美元交易。妳需要我跟妳一起去，幫妳翻譯嗎？

祝好！

愛德華
愛德華·E·龍

投資分析師，印度
Pantheon 投資有限公司
中國北京市光華路 8 號
135-004-8868

發送自：陳莉莉
5 月 26 日下午 7：05

愛德華，我知道證監會是幹嘛的，我也知道明天要開會，還有，我當然知道 A 股是什麼！你明明知道我平常都會看電子金融雜誌和《人民日報》，還會定期彙總重大新聞。不要讓我在老總面前難堪！

發送自：愛德華·龍
5 月 26 日下午 7：15

如果我越界的話，那對不起。我只是想確保一切事都到位了。妳是我在當地唯一的同事，我從沒想過讓妳難堪。

# Note. 6　第一篇日誌

## 5月26日第一篇日誌

日誌聽起來比日記更合適。一說到日記，就會讓人腦海中浮現粉紅少女心的筆記本，記的都是一些做作的日常瑣事。日誌更符合知識分子的形象，隨便拿來一張紙，親手寫下一字一句，可能是在朝聖的途中寫下的，也可能是在發呆時寫的。不過，我並不打算手寫，我也不確定菩提樹是否真實存在。菩提樹可能只是一個比喻，所有人都知道，只有我不知道，所以我拒絕跟任何人談論菩提樹。反正一般聊天也不會提到菩提樹。總之，我知道自己知識有限，不想在精美的紙張下親手寫下一篇篇日誌，我還是用筆記型電腦寫吧。

我沒有問伯特老師應該在日誌裡寫些什麼，也就只好想到什麼寫什麼了。我一直都很希望冥想課上有香燭、榻榻米，還有時不時響起的鐘，但是伯特卻以為我在跟他開玩笑。寫下自己的想法似乎太……怎麼說呢。西方化？現代化？如果寫日誌可以讓我有所啟發的話，那些部落客簡直都可以升天了。是不是只有當一個人思想境界特別高的時候，才會覺得寫日誌不算是自戀呢？我覺得自己有點像白雪公主裡的皇后，死盯著自己的魔鏡，命令它說出誰才是全天下最美麗的女人，答案可想而知。我會堅持寫日誌，不聽到「我的女王大人，您才是全天下最美麗的女人」這個答案，我是不會善罷甘休的。

不知道為什麼，拼寫檢查器總是自動糾正我的拼寫錯誤。我從沒遇到過這種情況，現在搞得好像自己作弊被抓包了。我曾經幻想在透過窗戶眺望遠方潺潺河流的時候親手寫下一篇篇的日誌，每次 Word 糾正我的時候，我都有一種幻想破滅的感覺。我敢肯定，它不會糾正維吉尼亞·吳爾芙（Virginia Woolf）的錯誤。Word 抹去了部分真實的自我。在一些國家的文化中，人們認為拍照會帶走人的靈魂。我覺得拼寫檢查器也把我的靈魂拐走了。

好了，開始寫吧。我的想法：咳……

一片空白。

再試試。我的第一個想法是，伯特會不會看我的日誌？我都忘了問他這個問題。我有沒有不可告人的小祕密？天啊，我更希望自己能有點小祕密，不然就太可悲了。我從來沒有什麼小祕密，不過我覺得接下來它們會慢慢出現的。我可不希望自己的內心世界和外表一樣蒼白。

第二個想法是，如果一個美國人在中國境內謀殺了一個英國人，會不會被起訴？今天，愛德華故意讓我在兩位老總面前難堪。其實他故意損我已經不是一次兩次了，我都開始習慣了，但是他以前還沒有這麼卑鄙，不會當著別人的面說我壞話，起碼不會當著我的面說。那個混蛋肯定早就在背後捅我刀子了。

最糟糕的是，我居然覺得他說的也沒錯（Word 又糾正了我的拼寫錯誤，真是丟人）。我以為來中國會重燃對工作的熱情，我的確需要打點雞血了，而且因為我有中國血統，在中國我可以享有在美國所沒有的待遇。投資行業就是男人的世界，一個個跟發情的大猩猩似的。我只喜歡數字，找數字之間的公式和關聯性。只要給我一個金融資料庫、SPSS 軟體和一個正當的理由，我就可以開心過好每一天了。但是我現在的工作完全不是這樣的，我只是在糊弄別人，讓他們相信我更了解市場，說實話，我一點也不喜歡這種假會。

還有什麼想法呢？最近這段時間，我把家裡所有事情都丟給了馬克和保母，對此我覺得很內疚。我精力有限，不能給基普和艾瑪應有的母愛。馬克倒是不介意這種安排，因為他的工作也開始慢慢步入正軌了。謝天謝地，幸虧馬克是學校的教職員，所以他們的學費才那麼便宜，不然交學費可就成了大問題。

這一切都像是陷阱。我不喜歡也不擅長現在的工作，為了說服別人我可以幫助他們，我花了大量的時間和精力，以至於真正花在工作上的時間少之又少。

難道寫日誌是為了讓我自我反思？貌似有點用，但還是跟冥想不一樣。佛祖難道是因為工作不充實（佛祖在成為佛祖之前有工作嗎）才整天坐在蒲團上、全身閃著金光的嗎？我可不這麼覺得。

第一次寫日誌，還可以寫點什麼呢？寫寫我們全家來中國的過程怎麼樣？我一直以為來中國就像一次浪漫的冒險。伯特肯定是因為感覺到我散發出來的浪漫氣息，才一直強調自己不夠浪漫的。過分浪漫可能是我們外國人的通病，不過也沒人會說什麼。遊歷東方，尋祖求根，成為金融界的著名分析師，這聽上去分明就是一場探險啊。然而，現實是：早上起床，吃早餐（我沒有時間，也擔心發胖，所以早餐還是算了吧），上班，下班回家，逗孩子開心，看看馬克學生交的作業（他管的那班學生中談戀愛的現象太嚴重了），然後去睡覺，一天就這樣過去了。一週內最令人興奮的事情應該就是在家裡叫外送披薩了。不過仔細想想，我們在美國的時候，叫披薩外送也是最令人興奮的事情。哪有什麼探險？

還有語言上的障礙。雖然我祖上很早就移民美國了，但是我骨子裡還是流著中國人的血啊，本以為這點血脈關係可以幫上什麼忙呢！到現在，我們來這裡都快兩年了，我還是聽不懂別人在說些什麼。有一次，我們在大街上找一家書店，我問一個男的「熟店在娜爾？」我知道我說的是對的，因為我在書上學過這句話，但他居然沒聽懂。基普童言童語的把我的問題重複了一遍，那個男的立刻就懂了，也回答了他的問題。馬克說問題在於我的語調不對，讓人聽起來像在說廢話或者自言自語。其實他也好不到哪裡去。我不再奢望說一口流利的中文了，真的，我只希望說的……準確？起碼能夠讓愛德華別那麼囂張。

天啊，我真像個怨婦，滿口怨言。抱怨一點都不好，下次寫日誌不能這樣了。我母親過去總對我說：「莉莉，要積極樂觀一點。」如果可以的話，她現在也還是會這樣說。唉，史丹利做的那些事多激動人心啊。起碼他很激動啊。一直以來，史丹利都給人一種嚴肅呆板的印象，但是去年感恩節的時候他居然表現得特別健談，我甚至覺得他寫的部落格還挺幽默的。不過，這項基因組事業讓他離自閉症不遠了。一想到他很快就會看到我們的 DNA 了，我就覺得怪怪的。我讀了他寫的遺傳學文章，但是我並不清楚它對我而言意味著什麼。他會比我們更早看到檢測結果，我是不是應該擔心這個問題，但是誰知道他會如何檢測那些 DNA 呢？他是不是說過只檢測組成 DNA 的鹼基對？結果會是怎樣的呢？那些結果對我而言又意味著什麼呢？

或許這樣問更好：對我而言，它應該有什麼意義呢？我有「聰明」的基因嗎？「同性戀」基因呢？乳癌基因呢？如果因為不了解自己的基因就誤入了歧途，我該怎麼辦呢？美國人都有點個人主義，總說些「盡你所能」、「自由做自己」之類的話。如果我命中注定是個傻子。我應不應該知道呢？還是說我一開始就入錯了行，選錯了生活方式？現在的基因學有沒有這麼先進，讓人活得像個機器人，按照基因檢測報告中給出的建議活下去？自由意志是不是死了，人類是不是又得成為命運的信徒了？

我不知道，我以前從沒想過這些問題。不過這些問題都很有內涵，把它們記在日誌中讓我自我感覺良好。目前，我對基因學還不太了解，還存在很多疑問。我能修改自己的基因嗎？基因可以改變嗎？我想應該不能變吧，人一輩子多多少少都會有些變化，我只是不明白這些改變跟基因有什麼關係。往試管裡吐唾液，用拭子擦臉頰內側，這樣才能把我們的 DNA 提供給史丹利。萬一我的大腦基因跟臉頰部位的基因發育程度不一致呢？我經常喝酒，會不會損害臉部基因呢？我會不會因為這個就變傻了呢？史丹利應該提取我的大腦基因啊，我那麼聰明。不過，從大腦取樣也挺嚇人的，還是不要了。

好了，伯特，我的作業寫完了（我做過我的作業，我這週的國語作業中有這句話，因為我剛剛弄清楚了如何用電腦輸出漢字，所以我想把這句話打出來，如果愛德華可以打出中文的話，我肯定也可以的）。我還是不明白這跟冥想有什麼關係，如果下次上課您無法給我一個解釋的話，我絕對會取消課程的。

# Note. 7 越洋電話

馬克蹲在家裡的那台小音響前，在替他的小 MP3 播放器設置一個新的播放列表。馬克定了一個在家不用戴耳機的規矩。他宣稱這個規矩的目的在於「倡導團體精神，緩解新興媒體帶來的社會性的衰退」，莉莉覺得，這完全是在強迫她聽他的音樂，她私下將這些歌歸為「折中乏味」的一類。很早的時候，她試著去聽那些歌，分享他對音樂的喜好。畢竟現在要是談論翻拍《星際大爭霸》的話題，她也能給出一些有用且由衷的看法了。她知道，唯一出乎意料的就是自己無條件的接受了馬克對科幻小說的品味。但是他的音樂並沒有打動她的心。然而有時候愛情就像一頭奇怪且任性的野獸。總之，她每次打電話的時候就會讓馬克戴上耳機聽歌，現在，她正準備打電話。

「如果只是為了方便手機上網，那為什麼要裝 VoIP 連接性能好的寬頻呢？」莉莉問道。

「什麼跟什麼呀。」馬克說，還在弄他的 MP3。「記住我只是一個輔導員，妳才是真正懂技術的那個人。」他頭也不抬的繼續說，「不過，現在有一個更重要的問題，我應該把邁爾士·戴維斯（Miles Davis）和約翰尼·阿利代（Johnny Hallyday）放在一起，還是把他跟愛迪·琵雅芙（Édith Piaf）放在一起呢？當我看這堆大學申請書的時候，我就想到要創建一個『有著法式優雅的冷酷爵士樂』風格的歌單。這些申請書總是可怕的相似，所以看的時候必須聽點合適的音樂。」

莉莉忽略了他的話，繼續看著自己的手機。她早就練就了盡量避免與馬克談論音樂的本領。「我想打電話給史丹利問問我們的 DNA 檢測怎麼樣了，而且我也想試試這個網路電話好不好用。這可比燒錢打越洋電話和抱著筆記型電腦打電話強多了。」

「但是妳總跟筆記型電腦綁在一起。妳愛妳的筆記型電腦。它現在不就在妳的腿上放著嗎？」

莉莉嘆了一口氣。「那不就是重點嗎？如果電腦知道我依賴它，誰知道它接下來會對我做些什麼？我必須自力更生。不然，要是我跟它說『你又不是我的老闆！』，它肯定會回我一句『沒錯，我就是』。我只是不想把一個月 50GB 的流量都浪費在一通 10 分鐘的電話上。」

馬克沒有回答，莉莉也不想繼續了，數字並不是馬克的強項。從邁爾士·戴維斯到愛迪·琵雅芙的《玫瑰人生》，她在思考到底是哪一首歌。莉莉在通訊錄裡找到了史丹利的名字，撥通了電話，鈴聲響起的時候她才想起來忘了算時差，她很少會因為私事打電話去美國。鈴聲響第二遍的時候，她已經算出來了，普吉特海灣現在是早上 7 點，因為現在北京時間是晚上 10 點。鈴聲響第七遍的時候，她還在想史丹利是不是一個早起的人，當他接通電話的時候，莉莉心中已經有了結論：他顯然不是早起的人。

「嗨，史丹利，我是莉莉。現在打電話給你是不是不太合適？我是不是吵醒你了？」

「莉莉？接到妳的電話真是太開心了！妳要回美國探親了嗎？其實我現在在外面，根本聽不清電話裡的聲音。」

「好吧，我忘了那邊現在是早上。不，我們現在在北京，我打電話給你是為了打聲招呼，然後問一下 DNA 檢測的進展。我還有一些問題想問你。」

「那太好了，我也很想跟妳聊聊這個。我想知道大家希望從自己的 DNA 上了解些什麼、以何種方式了解等問題。這有利於塑造產品。打越洋電話是不是很貴？要不換我打給妳吧？」

「不用擔心，基本上不花錢，不過如果訊號不好的話，聲音聽起來會有點嘈雜。」

「好的，我現在還戴著園藝手套呢，我去收拾一下，馬上回來。」

在等史丹利的空檔，她用另一隻手點開了電腦上的一個網頁，突然想起馬克剛剛說的話，就把電腦關上了，安靜的等史丹利回來。莉莉絞盡腦汁想像著史丹利在花園裡忙碌的樣子，但是最後還是放棄了。她突然想起來，史丹利並沒有說他在花園裡工作，只是說他戴著園藝手套。誰知道他大清早在幹嘛。

不幸的是，在她有趣的白日夢裡，史丹利犯的最嚴重的罪行就是在餵鳥器中放的不是瓜子，而是小米。其實他連這種事情都不可能做得出來。

「嗨，我回來了，」他終於來了，「不好意思讓妳等了那麼久。我也把筆記型電腦拿來了，我想再看看妳昨晚發過來的郵件，不對，在妳那邊算今天。妳提的問題真是太棒了，我在想怎麼把它們放在我的網站上去，所以到現在還沒有回郵件給妳。」

他開始邊打電話邊玩電腦。莉莉心想，老天，我可沒這樣對你啊。

「好，我找到了，」他繼續說，「讓我看看，妳主要有兩個問題。第一個真是太棒了，現在的基因學是否達到了這樣的先進程度：人可以像機器人一樣的活著，只要遵循基因檢測報告中給出的建議就可以活下去？自由意志是不是死了，人類是不是又得成為命運的信徒了？如果我命中注定是個傻子。我還有必要知道這些事情嗎？或者我早就入錯了行，選錯了生活方式？」

沒錯，她是從日誌上摘錄了幾句話放到郵件中，但是聽到史丹利把日誌的內容唸出來，莉莉還是覺得有點吃驚。雖然因為網速不佳，史丹利聽起來有點像卡通片裡的可愛小松鼠，但是史丹利唸她日誌這件事還是讓莉莉覺得不舒服。

「幸好我沒有提什麼很蠢的問題。」莉莉回答，「說實話，我本來有點不開心，但是聽到你說它們是很不錯的哲學問題，我覺得挺高興的。」

「這是個好問題，不，應該說是一系列的好問題，」史丹利繼續說道，「當然也沒有一成不變的答案。我只能說，基因學包含的資訊超乎妳想像。就像妳說的，我們美國人總是特別執著於發掘個人的潛能。但是，基因學往往是不確定的，並沒有固定的發展流程。妳看到結果的時候，就會明白我的意思了。當然，前提是我們能夠得出結果。別忘了妳只是一隻小白鼠哦。」

莉莉打斷他的話，「之前高中上生物課的時候也有小白鼠。那些小白鼠整天只知道吃和睡，除了胖之外，我已經不太記得牠還有什麼其他特徵了。我可以做一個『初步的可行性分析』嗎？或者『過程與市場潛力評估』？在履歷上寫我做過小白鼠可能會幫倒忙。」

史丹利說：「我覺得妳的想法很棒啊，替我的招商 PPT 增加了不少新的內容。不管怎樣，基因學及雙胞胎研究到底有什麼意義，就算是最出色的研究也很難以給出一個可量化的答案。在基因學上，同卵雙胞胎就像精美的複製品，透過研究同卵雙胞胎，我們就可以發現遺傳基因特定的影響，然後把它跟環境和教育的影響進行對比分析。妳可能聽說過同卵雙胞胎出生時被分開，雖然後來的生活環境差異很大，但是生活方式卻非常相似。幸好我們不用研究這些罕見的案例，但是把同卵雙胞胎與異卵雙胞胎進行對比，就可以知道遺傳因素和環境因素中哪一種影響更大。有時候也叫『先天與後天』的影響。一般來說，得到的結論是兩種因素的影響各占 50%，不過，請注意這是簡化過後的結果。」

「什麼各占 50% ？」莉莉問道。

電話好長時間沒有聲音，莉莉擔心是不是訊號斷了。「在嗎？」她問。

「不好意思，我只是在思考。」史丹利回答，「我知道怎麼用資料回答這個問題，但是不太確定能不能用『真實的』形式來表達。合適的說法應該是『我們對有疑問的體徵進行衡量的時候，比如說智力測驗，用到的所有方法中有 50% 跟基因學有關』。但是在日常生活中，這個數字好像意義不大。智商的 50% 到底是什麼呢？」

「我猜只有 30% ～ 40%。」莉莉回答。

「哈哈，妳太好笑了，妳的智商肯定不止這麼點。我想說的是，在不借助統計學的前提下，說一個人 50% 的智力是由基因決定的，這到底是什麼意思呢？我們談論一個人的時候，如果無法大致描述基因學的作用，那麼所謂的資料就是沒有意義的。可能用基本術語來說才是最好的：也就是說，基因學可以給出大量的解釋，但還是無法解釋全部。如果妳體內的基因基本『正常』，用專業的基因學術語來說就是，如果妳沒有攜帶任何讓人變聰明或變笨的突變基因，那麼妳就是基因學意義上的正常人。妳的智力高於或者低於正常水準，取決於妳怎麼接受教育，取決於妳小時候是否吸收了足夠的營養，取決於妳生活的環境是否有利於發揮自己的聰明才智，可能還有很多我不知道的影響因素。智力是人體非常複雜的一個體徵，雖然智力很難檢測，但是如果能夠觀察到具體實例的話，相對就會淺顯得多。」

「所以你的意思是，基因學也不會告訴我全部的資訊。你確定你要做這個行業嗎？」

「其實 50% 已經算是一個相當大的數字了。也就是說，一方面，如果妳體內的基因突變決定了妳就是個傻子，那麼不管妳怎麼學習、怎麼看《小小愛因斯坦》的光碟，妳也無法成為一個天才。另一方面，就算妳跟天才都有很多相同的突變基因，但是如果妳小時候長期營養不良、受教育程度不高或者不想發揮自己的聰明才智，那麼妳在智力測試中也無法拿高分。實際上，基因對智力的影響程度應該略高於 50%，在成年人身上這一點特別明顯，兒童的智力更多是受到環境的影響。我覺得討論基因學和生活的關鍵點就在於，妳的基因可能會為妳畫定邊界，但是邊界的形狀怎麼樣還得靠自己的努力。如果妳的基因注定了妳是個聰明的人，然後成長的過程中沒有出現營養不良和生病的情況，那妳就會是個聰明人。至於妳會不會成為博學的成功人士，這就是另外一個故事了。」

「你說的話我大概可以理解，就是我的基因構成設定了一些局限，怎麼塑造這些局限完全取決於我自己。」莉莉複述了一遍史丹利的意思，「但是我的問題怎麼辦，你還沒回答我呢。如果我的基因注定我是個傻子，我會想要知道這一點嗎？聽你的意思，我可能注定就是一個笨蛋。」

「好吧，可能我太囉唆了。『囉唆』這個詞不錯，妳應該記下。順便說一句，我奶奶總是這樣說我爺爺。我去中國的次數很少，但是在我的印象裡，跟商店老闆討價還價的時候，這一招很有用。總之，說了那麼多只是想讓妳了解基因學的基本知識，這樣妳就可以回答自己的問題了，『我想不想了解基因揭示的自己？』顯然，我不能替妳回答這個問題。」

「你不能嗎？為什麼呢？你應該是這方面的專家啊。」

「好吧，是的，我應該是這方面的專家，但我的意思是，妳想了解自己的哪些方面由妳個人決定。既然答案就在基因組裡，我想大多數人還是想知道的，而不是假裝答案不存在。特別是當基因學漸漸普遍之後。當然，也可能只有我是這樣想的，可能我把自己的好奇心強加給其他人。現在的人普遍都受到了資訊爆炸的困擾，如果資訊無法給出明確的行動指令，無法告訴人們『應該做這個』或者『不應該做那個』，我覺得大多數人是不會理的。這好像也很合理。」史丹利笑了笑，「那些沒有在浴室裡放台體重計的人，可能只是不想知道自己的體重。」

「哇，就像把頭埋在沙裡的鴕鳥一樣。不過說的可能就是我。」

「雖然我們現在相隔 6,000 英里（約 9,600 多公里），我還是感受到妳的諷刺了。但是我相信，只要人們接受這種資訊就存在於人體內這個事實，肯定就會有很多人想要去了解它的意義。就好比別人給了妳一個密封的信封，還告訴妳裡面裝的是一份個人祕密的清單。誰會不想打開信封呢？」

難道不能選擇燒掉那個信封嗎？

「還有妳提的具體例子，智力。」史丹利繼續說道，「其實我們早就對自己的智力有了比較清楚的了解。每次我們強迫自己或者被迫打破現狀的時候，我們也就知道了自己的局限。人的無知是不好好學習的後果，但我們還是可以發現每個人的無知是有差異的，每個人智力上的局限也是不一樣的。後者可能跟基因有關，但是前者跟基因就沒有關係了。我們努力想記住什麼卻怎麼都記不住的時候，我們完全聽不懂別人的解釋的時候，這就是智力局限的表現。這些局限可能會令人沮喪，但也見怪不怪了。如果想要打破這些局限，就必須清楚它們與基因存在部分關聯。所以其實我們早就知道怎麼處理這種資訊了，不是什麼新鮮事。」

「好吧，既然你馬上就要把那個密封的信封寄給我了，還擔保我早就準備好面對那種資訊了，我就姑且信了吧。不過，我替你的公司想了一個比較樂觀的宣傳口號：『你早就意識到自己智力程度低下了，在擔心自己會遭遇生存危機，對嗎？不妨試試我們的基因檢測吧，好好感受激動人心的那一刻！』不過，得讓我問完最後一個問題，我的 DNA 可以改變嗎？因為我喝了太多酒，以至於我臉頰部位的基因沒有大腦基因好，我可不想你拿到結果之後建議我去找個不費腦子的工作呢。」

「這個問題很有意思，而且比之前的簡單很多。從理論上講，人活一輩子，基因都不會發生改變。當然，如果妳得了癌症，腫瘤中的基因就會被攪亂，不過那是特殊的情況。雖然單一細胞並不需要基因中儲存的全部資訊，但是人體內每個細胞還是包含了同樣的 DNA，很神奇吧。一個大腦細胞、腳趾上的一個皮膚細胞、介於兩者之間的肝細胞，它們包含的是完全相同的 DNA。所以妳完全不用擔心，就算透過採集臉頰部位的細胞來檢測妳的智力，我們也可以得到一個精確的結果。」

「好吧，那就好。也就是說，不管你檢測的是哪個部位的基因，最後的檢測結果都是——從基因學上來看，我的智力程度正常。」

「莉莉，幸好妳的智力是正常的，不然這個世界都會不美麗了。不過，妳現在有時間嗎？我想跟妳聊聊妳提的第一個問題。妳發的郵件裡有句話說得特別棒，讓我找找。噢，找到了，『自由意志死了嗎，我們又得成為命運的信徒了嗎？』這個問題真的涉及基因學中非常有趣的部分。」

莉莉笑了笑。「我很榮幸給了你如此大的啟發，但是這邊已經很晚了，下次再聊怎麼樣？或者你把這個寫成一篇文章放在你的 Wiki 網頁上，就放在你解釋生命意義的那篇文章後面？」

「嗯，當然可以啦，是個好主意。」史丹利停頓了一會兒，當莉莉正準備打破沉默的時候，史丹利繼續說道，「妳在開玩笑，對吧？」

「誰知道呢。你只要把 DNA 檢測的結果發給我們就可以了，好嗎？」

「等著吧，」史丹利回答道，「快弄好了。」

# Note. 8 祈禱

莉莉用手指撫摸著活頁夾上粗糙的米色布料。雖然在電腦上寫日誌效率很高，但似乎總是缺點感情色彩。正是因為聽了史丹利讀郵件中的內容，她才意識到這一點。電腦上的字詞都太虛了，脆弱得像個玻璃杯，一旦墜落就會摔個粉碎，整篇文檔也會跟電腦上的一字一詞一樣輕易消失。但是如果一筆一畫的寫日誌，未免也太慘了。萬一寫到手抽筋，還談什麼浪漫和文藝情懷？所以她就去文具店買了一個有布製固件的活頁夾，這樣她就可以把自己的日誌列印出來夾在裡面了。昨天，莉莉還覺得這是一個把日誌收集成冊的好辦法，今天看來卻像極了一個少女才會想到的主意。不知道為什麼，這個時候她想起了自己 9 歲時對神力女超人的迷戀，大概因為神力女超人是唯一看起來比較像亞洲人的超級女英雄。

帶著些許遲疑，她還是把活頁夾放進了自己的皮製大手提包裡，準備離創辦公室去上冥想課，此時電腦上閃爍的郵件標誌讓她不得不又坐了回去。

「糟糕！」老闆發了封郵件給她，沒有正文，只有一個「打電話給我！」的主題。這可不妙。

莉莉的老闆叫斯圖爾特·羅恩，55 歲，211 公分，約 86 公斤，頭髮剪得很短，髮色除了淺之外看不出別的顏色。他穿的外套都很貴，但是他穿那些衣服並不是為了炫耀，他的口頭禪是「這個時候應該幹點正事了！」每次說這話的時候都會隨手把外套扔在一邊。他是英國人，根據他的短髮來判斷，莉莉確信他曾經在空軍特種部隊待過，也有可能他只是想給別人這種錯覺。他說剪短髮只是為了讓腦袋保持冷靜，這樣才能有最高的效率。他很睿智，莉莉也很喜歡他，不過她倒一點也不介意他此刻正在千里之外。

她真的很討厭打電話給羅恩，每次都不先說要談些什麼，都無法提前準備。只有一個主題。她發現了，這就是一種被男人主導的遊戲。除了資本之外，還能有什麼呢？做這行的可都是些有錢人。

她嘆了口氣，把耳機插到電腦上，確認兩台監視器都顯示中國三大證交所交易量現呈上升的趨勢，檢查了電腦螢幕右下角的國際時刻表，加州現在是晚上 10：30，於是她在 VoIP 軟體上按下了「撥打手機」的按鈕。

「羅恩，晚上好！」他上線的時候莉莉說道，「我剛收到郵件，您有什麼事嗎？」

「莉莉，謝謝妳回覆得這麼準時。妳知道的，我不喜歡在妳忙的時候打擾妳，但是我很想跟妳聊聊。我不能說太久，我現在在家，伊芙琳不喜歡我在孩子睡覺之後還工作。」

「她更希望您在孩子醒著的時候工作？」莉莉覺得很疑惑，羅恩一直在為維持「工作生活」的平衡而掙扎，聽到這種熟悉的對話，莉莉覺得很好玩。

「對啊，好吧，其實她也不怎麼喜歡那樣子。」

跟羅恩講電話其實也沒那麼糟糕，莉莉的焦慮瞬間少了。有時候，他還挺人性化的，並沒有那麼壞。而且跟他保持距離對自己的工作一點好處都沒有。突然一絲怨念從她腦海閃過，不對，他是故意的，他故意讓她因為逃避他這件事感到內疚，但是隨即又開始懊悔。此時她意識到自己沒有聽清羅恩說的上一句話。「不好意思，您說的是？」

「我問妳人民幣的近況如何？」他重複了一遍。

貨幣啊，他怎麼會想起這東西的？「哦，並沒有太多的新動態，」她支支吾吾，「人民銀行那邊有點意見⋯⋯」

「愛德華昨天打電話跟我說人民幣在貶值，他覺得我應該知道，所以就打了電話給我。莉莉，中國市場是妳負責的領域，妳我都不希望愛德華代妳完成妳的工作，對吧？」羅恩插了一句。

愛德華真的是太可惡了。他昨天發來的都是些什麼，「我可不想讓我的同事難堪」？那個混帳，簡直該殺。

「羅恩，我認為是愛德華擅自越界了。人民銀行一直都是根據市場決定價來管理人民幣對美元的匯率的，從來沒有出現過大的浮動。匯率已經維持了一段時間的穩定，他們可能會大幅度的調節人民幣對美元的匯率，但是相比可以彼此轉移的自由流通貨幣，這種可能性很小。總之，雖然那些人存在分歧，但是他們也不太可能會放任人民幣隨意漲跌，所以它並沒有足夠大的浮動空間。與其跟您講子虛烏有的謠言，我寧願等官方的公告。總之中央銀行還沒有真正宣布在準備什麼新的條例法案，也沒有宣布採取了什麼舉措。可能還得耐心等上幾個星期，才能弄明白中央政府採取了什麼措施。愛德華可能不太了解整個事情的來龍去脈。」你這個嚴肅呆板的混蛋接招吧。

「他大概也是這麼說的。我明白我們現在處在資訊真空的狀態下，但是我們也不能放任妳去追求完美，萬一失敗了呢？在我們最終了解詳情之前，市場就會考慮貨幣的預期變化了，我們必須做好準備。在這一點上愛德華表現得比較好。」

哼，還把我當個實習生一樣，跟我講基本的市場理論知識，這可是我的金飯碗啊。莉莉試圖抹去聲音中的諷刺意味，「嗯，我很清楚這些，但是沒有任何進展啊。我現在就盯著市場行情呢，沒有任何變化。」

「愛德華說要看總量。」

這是怎麼回事，難道他們整天都泡在一起討論貨幣嗎？「好吧，是的，總量有點高，但是……」

「好了，防備心理不要那麼重，我相信妳只是在做自己覺得正確的事情。我知道我們現在的中國市占率不大，但還是有一些潛在的客戶，所以我們要力往一處使。愛德華也說了一些關於 A 股和 B 股規定的趣事。妳知道的，A 股用人民幣交易，B 股……」

簡直不可理喻。「羅恩，我知道 A 股是什麼。您難道還不清楚嗎？至於那些變化，我昨天發給您的報告中都寫了。這幫我們打開了部分上海市場。都在那份報告裡。」

「太好了。妳可以也抄送一份給愛德華嗎？我想聽聽他的想法。」

莉莉搖搖頭，緊緊閉上了眼睛。「當然可以。」她回答，努力抑制著自己對愛德華、羅恩甚至所有男人的憤怒。

「好的，希望妳不要覺得我這個人太嚴厲了，但是我們都不希望愛德華成為全局的掌控者，不是嗎？如果北京的辦公室裡只有一個人做事，那也太搞笑了。」

「而且客戶也會覺得很失望。」莉莉表示同意。

「是的。雖然我們的客戶主要在這裡，但也正是因為這樣，他們才需要我們去開闢國外市場，這就是投資行業的準則。好了，我該掛了。跟妳聊天很開心，記得等下抄送一份分析報告給愛德華。晚安！」

莉莉摘下耳機，將耳機扔在桌子上。她想念用真正的電話打電話的感覺，這樣她就可以砸掉話筒了。一種又大又重的黑色膠木電話，大到可以作為作戰的武器，她的祖父母家就有這種電話。

我被困在了一間辦公室裡，另一個人正在努力讓我被炒魷魚，而且我覺得他快要成功了。我需要現在就把我寫的分析報告都發給他嗎？他看了之後只會找我的麻煩，而且他說的每一句狗屁話羅恩都相信。下次做展示的時候，我要是在 PPT 裡放一張愛德華穿泳裝的半裸照，羅恩說不定會偷偷把照片列印出來，然後藏在枕頭下。

看了一眼螢幕下方的時鐘標誌，莉莉長吁了口氣，抓起手機和鑰匙，扔進手提包裡。冥想課要遲到了，伯特老師不會罰我大聲朗讀自己的日誌吧。

---

莉莉現在滿腦子都是那些糟糕的對話，因為與愛德華的對話而覺得煎熬，還有羅恩的電話，還有，晚上要怎麼跟馬克講這件事呢？所有的一切都攪和在了一起。但是當她走出辦公室大廳，來到沉醉在正午太陽照射下的街道時，刺眼的陽光和四周的嘈雜令她心曠神怡。五月末初夏的熱浪，用中文對話時的尷尬，街上汽車和行人無視交通規定，過馬路的時候注意力必須特別集中，此刻她的心頭被這一切占據著。去伯特辦公室的路線早已爛熟於心，因為跟去日壇公園的路線部分重合。日壇公園正對著太陽的方向，莉莉經常在這裡吃午餐，享受宰牲亭的陰涼，之所以被稱為宰牲亭，就是因為這裡之前宰殺過大量的動物。她覺得這個典故真的很噁心，但是現在看來，這只不過是一個陰涼、通風、帶著陳舊木材氣味的亭子，厚厚的灰塵下還殘留著明亮的油漆。

莉莉喜歡北京熟悉的一切。實際上，她十分珍惜這種熟悉的感覺，這是一種在家裡不會有的感覺。在北京，這種熟悉的感覺才慢慢累積，這在她的日常生活中很少見。小時候她喜歡收集貝殼和漫畫書，現在則喜歡收藏那種熟悉感，方式一樣。她不喜歡獨自去探索新的街道，所以當她一個人在城市裡遊走時，她只會去幾條廣為人知的街道。這條街道她已經走過很多次了，而且她總想著帶初次來華的美國朋友漫步這些街頭，光是想想就覺得很開心。她也許會跟街角買水果的小商販討價還價，在她的朋友面前炫耀自己的中文實力，但是到目前為止，她從來沒有跟那些商販說過話。她可能會給乞討的孩子一張 10 元的紙幣，經過的時候故意弄亂自己的頭髮，繼續與友人交談。不過她平常都會裝出一副匆匆忙忙的樣子來躲避那些乞討者，更沒有跟任何一個乞討者說過話。她提醒自己，下次經過的時候一定要仔細看看他們的頭髮是不是故意弄亂的。滿心想著自己是一個道地的中國人，根本不用害怕什麼，所以這條路對她來說很好走，周邊的騷動吵鬧壓根嚇不到她。

莉莉走下階梯，來到建國路陰涼的地下通道，享受著沒有陽光和噪音的片刻時光。這條路為她帶來了極大的自信，莉莉差點就給了路邊拉二胡的老人 10 塊錢，不過最終還是算了。他也算是這裡的常客了，有時候他會拿著一個空可樂瓶當做麥克風，通道裡迴蕩著他一股香菸味的男中音，有時候也會裝模作樣的在那里拉二胡，熱情高於實力。如往常一樣，莉莉看到他的時候選擇了繞道走。在她的印象中，他是一個古怪的人，形單影隻，應該是快「瘋」了。來到街道的北側，她再次被髮白的陽光包圍，購物中心前有個人纏著她，讓她買男士襪子，莉莉匆匆忙忙的走了，來到了伯特公寓所在的胡同，一切突然恢復了平靜。

莉莉踏上暗灰色、破舊的混凝土樓梯，來到伯特的辦公室，敲了敲辦公室的門，將頭探進去。「您好老師，我倒玩了嗎（我到晚了嗎）？」他的公寓裡散發著茶葉和樟腦丸的味道。她記得以前只有茶葉的味道，樟腦丸的味道是今天才有的。難道他的關節受傷了？

「沒有，妳很準時。顯然妳會是一個好學生的，我還記得上次上課的時候，妳總是重複我的話，也懂得尊敬別人。」伯特回答，言語中帶著愉悅輕快的語調。他停頓了一下，皺了皺眉，莉莉注意到，雖然他的鬍子和頭髮基本已經白了，但是他的眉毛還是黑色的，「妳做作業了嗎？」

莉莉在僅有的一張空位上坐下，她上次放包的椅子上現在堆了一大堆雜誌，大部分都是中文版的《國際大都會》。她真的很想問問他為什麼會有那麼多中文版的《國際大都會》。她從手提包裡找出了自己的日誌，咬了咬下唇，沒有說話，只是把日誌遞給了伯特。

伯特小心接過莉莉的日誌，用手輕撫表面粗糙的布料。「嗯，我很喜歡。」他說，「給人一種它很重要的感覺，對吧？這不同於把一疊 A4 紙訂在一起，我很喜歡這樣。」他把日誌在手中多放了幾分鐘，似乎在掂量它的份量，然後就把日誌遞還給莉莉，並沒有打開看。

「您不用看看嗎？」莉莉問道，好像很希望他看一樣。

「不用，我只看封面就知道妳對這個很用心了。」

他肯定發現了莉莉臉上的疑惑，繼續說道：「妳努力把記日誌作為妳生活中重要的一部分，我很欣慰。日誌是為妳自己寫的，不是為我寫的。」

莉莉覺得難以置信。「實際上，伯特，尚老師，我對這份日誌有一些不確定的地方。寫日誌當然很好，但是我只想透過冥想讓自己冷靜下來，能控制一些事物。記日誌好像有點……」

「妳所謂的工作只是為了讓自己忙起來嗎？」

「我想您指的是『沒事找事做』或者『忙碌的工作』，我並不是這個意思，我只是覺得記日誌有點……好吧，是的，可能會給人一種沒事找事做的感覺。毫無意義。每次我寫日誌時，一些讓我無法平靜的念頭總是揮之不去。這跟我們上課的目的相反，不是嗎？」

「啊！」伯特說著，差點從座位上跳了起來，「是的！太好了，妳已經悟到了。沒錯，這就是我希望妳做的事情。或許妳可以大致講講是什麼念頭讓妳無法平靜，不用說特別私人的事情。」

莉莉思考著自己的日誌中有什麼可說的，同時環顧了一下辦公室。他是不是也住在這裡，這看起來像一棟宿舍，但是只有一個房間，他能睡在哪裡呢，除非每次睡覺之前都把隱藏在一堆紙張和書籍下的沙發清理出來。他應該只是把這裡當做一間辦公室吧。「我覺得也沒有什麼大事，」莉莉最後回答道，「就是工作上的胡思亂想和對同事的嫌棄。我堂哥正在替我和我丈夫做基因檢測，也讓我有了一些奇怪的想法，了解自己的遺傳命運到底有沒有意義，我能不能掌控自己的命運。」

伯特將注意力從她臉上轉移開來，他本想保持長時間的眼神交流的，但是他現在坐在椅子上來回晃動，似乎陷入了沉思。他撫摸著自己的短鬍鬚，似乎在重現「德高望重的沉思者」，莉莉努力忍住不笑。「最後一點跟我們的目標已經非常接近了，」他最後說道，「如果一個人想去相信命運，那肯定就不只是一個巧合。告訴我，」他放低聲音繼續說，「妳有沒有想過，祈禱其實也是沒有意義的？」

「我……什麼？」莉莉說。她試圖在腦海中把對話再回顧一遍。他認為我所說的基因學和命運跟課程目的有關，然後他還問了我祈禱有沒有什麼意義？他是想把我討厭愛德華這件事和祈禱聯繫在一起嗎，還是說我提到基因學這件事？還是說他只是想換個話題？「祈禱是沒有意義的？說實話，我祈禱的次數用 10 根指頭就可以數清，說不定根本沒有正式祈禱過，但是我覺得祈禱應該是有意義的。難道就是因為這個，他們才把您趕出了神學院？」

「不是，那個沒什麼好說的。這是一個真正的問題。我們說上帝知道一切，是無所不知的，而且是無所不能的，所以為個人的問題而祈禱有什麼意義呢？我指的是請願類型的祈禱，讚美的祈禱當然是沒有問題的。對上帝表示感謝不存在任何邏輯問題。但是向一個比妳更了解宇宙的人請願？怎麼可能？怎麼可能會成功呢？我想起了足球賽，比賽的雙方都會向上帝祈禱勝利。上帝會選擇站在哪一邊呢？我個人比較喜歡牛仔隊，但是別人總說我這個不太適合做選擇。1970 年代的時候，牛仔隊可是不少人的心頭好，但是現在，除了德州的人之外，沒有人喜歡牛仔隊。」

「我剛剛說過了，我並不怎麼祈禱，伯特。我從小就沒有祈禱過，」停頓了一會兒之後她補充道，「而且我也不太懂足球。」

「沒關係，沒有問題。但是從現在開始妳要學習祈禱了。基督教中的冥想就是祈禱。這樣說可以幫妳區分基督教的冥想和中日兩國的冥想。中日兩國的冥想提倡讓人脫離自身和世界，從而獲得啟蒙。對我們基督教徒來說，冥想就等同於祈禱自己喜歡的足球隊拿冠軍。雖然大多數都不知道自己為什麼要這樣祈禱。」

「應該就是為了讓足球隊拿冠軍吧？如果不是這個目的，還能有什麼其他的目的呢？」莉莉指出。

「哈哈，這個問題應該是我問妳啊！這個就留著當『學生的作業』吧！」伯特帶著輕快的語調繼續說道，「但是我還是不忍心把這個問題就這樣丟給妳。這個問題很深奧，肯定不止一個答案。《聖經》反覆強調，任何祈禱都是有意義的。別人也經常說，如果想得到自己想要的東西，那就得祈禱，但是這並不意味著我們可以指揮上帝。這樣也太瘋狂了，如果上帝答應了我們的祈禱，那麼這個世界就會變得更加瘋狂。比賽的時候，所有球隊都會拿冠軍，每個人都會長生不死。這根本就沒有意義。祈禱只是我們與上帝交流的方式。在教會裡，我們稱為與神相交。這就是聖靈的恩典，但是我們不談論這個，太複雜了。我們所談論的是，就算有些事情是我們無法決策的，透過祈禱，我們還是可以參與到決策的過程中。」

他停頓的時候似乎是在思考自己所說的話。「我祈禱的時候，我神交的時候，會對世界產生什麼影響嗎？」他繼續說道，「我不知道……就算有，應該也是微不足道的影響吧？也可能沒有任何影響。妳來這裡，妳踏上樓梯，然後妳出現在我的辦公室裡，所以妳會以為上樓梯是妳靠近伯特老師的一種方式。上帝會讓世人的祈禱產生影響嗎？如果上帝也祈禱的話，這個問題可能就是錯的。」

伯特沉默了一會兒，眼睛不知道是盯著自己的辦公桌，還是盯著自己的手，莉莉也捉摸不透，然後他繼續說道：「這個內容太深奧了，我沒打算今天說的，但是等下我們會回到前一個話題上去。現在，我要提問了，這跟妳對遺傳學的疑問怎麼會是一樣的呢？我在史丹佛的時候也學過一點點遺傳學。我在研究比較宗教的時候，遺傳學被作為人類學中的一個新章節。」

莉莉猶豫了一下，思考的時候再次環顧了四周。如果老師連深奧的問題都問不出來，那還算什麼老師呢？「佛陀的狗」本質是什麼？禪宗公案又是什麼？但是她覺得自己更像是回到了學生時代，被老師點名回答問題。今天的對話似乎有點緊張匆忙，不斷切換話題，以至於她都不確定問題是什麼了。祈禱和遺傳學？她說話的聲音中帶著一絲遲疑。「呃，您說我們祈禱不是為了控制局面，只是為了參與到解決問題的決策過程中。同樣的，我們了解自己的遺傳歷史不是為了控制未來，而是……為了與我們的身體神交？」

「說得很好，」伯特說，「妳也可以說是為了『更好的了解自己』。這樣聽著比較……可靠？妳努力參與自己的命運，而不是袖手旁觀。妳讓我覺得很多美國人都有這方面的問題，可能這也是妳和妳同事之間出現問題的部分原因，妳覺得呢？」

「噢，我的同事……不好意思，您說什麼？」

「不好意思，我不小心說了中文。妳跟妳同事之間的問題是不是跟這很像，也跟控制有關？」

「實際上，是的。雖然他可能真的缺少尊敬和同情別人的基因，但是我不覺得這跟遺傳學有什麼關係。」

「不，不完全是遺傳學。但是我們正在談論控制，我們的失控。我覺得美國人就是喜歡控制一切。我知道這樣評價別人不好，不能說中國人這樣、美國人那樣。但事實就是這樣的，妳不覺得嗎？妳知道命運吧？我聽說美國人可不太喜歡命運。」

「我想是這樣的。我們喜歡自己掌控命運。您知道嗎，命運有點過時了。」

「什麼意思？」伯特問道。

「嗯，就是老套、過時的意思。」

「是的，我想起來了，謝謝。過時了，這個詞用得很好。華人文化中的大部分內容都是在鼓勵人們去探索這個世界，我覺得很受用。而且有時候的確是正確的。如果我們忽略命運的真實存在，如果我們不祈禱，問題就會出現。」發現莉莉臉上滿是疑惑，伯特繼續說道，「撇開祈禱不說，我們可以這樣說，如果我們沒有意識到自己的局限，如果我們自認為擁有掌控權，那就肯定會出問題。我們都是凡人，肯定都存在局限，比如說我們的金錢和時間都是有限的。假裝這些都不存在也太可笑了，也會產生問題。與之相反，如果我們自認為沒有掌控權、處處都有局限，卻沒有做點什麼來改變的話，那麼我們就只剩下絕望了。祈禱是一種工具，可以幫助我們深入發現生活，幫助我們承認和面對人生的局限，幫助我們跟上帝結成更強大的聯盟。」

「我好像懂了。」

「寫日誌跟祈禱很相似，都是一種工具，也許這種祈禱會幫助妳解決工作中的問題。至於會不會讓妳的同事改過自新，更好的完成他們的工作？誰知道呢？反正我不抱這種期望。但是我確信它會幫妳解決問題。某種程度上，遺傳學也是一樣的，只不過更⋯⋯怎麼表示『意義不大』呢？不是，不是不重要，只是⋯⋯」

「呃，膚淺？淺顯？還是物質？」

「更集中吧。」伯特繼續說，「我做遺傳學研究還是在 30 年之前，我相信遺傳學也可以幫助我們認清到底是什麼控制著我們，這樣我們就不會繼續假裝自己的生活是沒有任何局限的。」

「什麼事情到了您嘴裡就都被上升到精神的高度，真的是！」莉莉插了一句。

「是的！」伯特大呼，帶著微笑。「還記得妳為什麼會來這裡嗎？我應該指導妳冥想的。在基督教徒看來，冥想就是讓我們跟世界和上帝建立深入的聯繫，從而更好造福社會的一種方式。如果妳想把自己的冥想變成跟別人的交流，那麼發現生活中萬事萬物的精神內涵很重要。」

「但是我到目前為止還沒有冥想過呢。」莉莉抱怨道。

「沒有嗎？其實我們剛剛已經做過一些『回顧性的冥想』了，這個詞是我自己瞎編的。」伯特說完又開始在自己的座位上來回晃動了。「我們討論了妳寫日誌時的一些小想法，讓這些想法更有意義了，不是嗎？」

莉莉嚴重懷疑這句話的真實性，但出於禮貌還是點了點頭。

伯特繼續說：「當然，當妳質疑人類有沒有自由意志的時候，妳就開始了另一場討論，這會影響我們對待上帝的方式。」

「我有嗎？」她問。心想這可能不是什麼好事，然後就往椅子裡面縮了縮，隨後又意識到這一招在上學的時候就沒有什麼作用，現在房間裡除了伯特就只有她一個人了，這一招也就更沒用了。

「當然，可以一直追溯到古希臘和老子生活的年代，我總記不住誰在前誰在後。但是在我看來，現在的討論應該從史賓諾沙開始，以齊克果結束。妳聽說過史賓諾沙了嗎？」

「是不是那個鼻子很大、想跟羅克珊結婚的人？」莉莉大膽直言。

伯特頓住了。「可能吧，我倒沒有聽說過這些。史賓諾沙是歐洲某個地方的一位哲學家，時間我不太記得了，可能是清朝早期？我有沒有告訴過妳，我在美國讀書的時候去倫敦開過一次會？我沒有見到披頭四，但是我後來聽說當時他們正在錄製『Hey Jude』這首歌，我很喜歡這首歌。總之，史賓諾沙也是歐洲的。荷蘭的，我忘了英語怎麼表述了。」

「荷蘭，我覺得是 Holland。還是 Netherlands ？」

「可能吧，當時荷蘭是個很強大的國家。總之，史賓諾沙曾經說過，人類的意志和身體之間並沒有那麼大的差異。其他哲學家也說過類似的話，意志和身體是由相同的物質構成的。實際上，萬事萬物都是同一事物的一部分，也就是上帝。」

「包括愛德華嗎？還有 7 樓說我胖的那個女孩嗎？難道我們要崇拜愛德華？真是見鬼。」

「他們只是上帝的很小一部分，但是沒錯，這就是史賓諾沙的觀點。我並不是很贊同史賓諾沙的說法，但是他的邏輯沒有問題。史賓諾沙對命運發表過這樣的觀點，說如果萬事萬物都只是上帝的某個部分，那麼萬事萬物就不可能擁有自由意志，所以我們都是被制約的。不，『制約』這個詞太簡單了。被克制呢？」

「被約束？」莉莉說道。

「是的，很好，受到上帝意志的約束。人類獲得自由的唯一方式就是按上帝的意志來做事。」

「哼！」莉莉說。

「我也這麼覺得。雖然這不太自由，但是宇宙可能跟我們想像的不一樣。還有一位哲學家也說過，人類的自由是有限的。他好像是個英國人吧，比史賓諾沙晚一點出現。他還說人類的未來早就被設定了。他喜歡同樣是英國人的牛頓，把宇宙視為一個時鐘，滴答滴答，一時一刻只是時鐘運轉的方式。」

「我想起來了，我看過這個。我記得，啟蒙運動的時候這種比喻很流行。上帝把這個時鐘掛起來之後就不管了，大概是喝咖啡去了吧。最起碼，史賓諾沙還把人類看成上帝意志的一部分，在休謨眼裡，人類不過是時鐘上的一個個小齒輪。說實話，我覺得休謨的說法很糟糕。」莉莉補充道。

「現在，我只是在列舉一些哲學家對自由意志的看法。說到齊克果的時候，我保證會把他跟今天的對話聯繫起來的。」伯特停頓了一下。「如果我忘了記得提醒我，」他補充道。「休謨說人類的確有自由意志，因為人類的行為跟人類的意志相聯繫。但是人類的行為還是被設定的，人類只會做出那幾種可能的選擇。這樣的話，意志能有多自由呢？我記不住史賓諾沙和休謨叫什麼名字了，但是我記得康德的名字是伊曼努爾，意思是『上帝與我們同在』。」

讓莉莉吃驚的是伯特居然開始唱起了『來啊，來啊，伊曼努爾來啊』，他唱歌的聲音比說話的聲音小，她在教堂聽過他唱歌，但是當時並沒有意識到他在唱歌。他唱歌的時候聲音比較平滑，比較連貫。難道是因為節奏比較自由？以前上的音樂課莉莉早就忘了。突然他又開始用正常的語調說話，對話並沒有中斷。「在休謨後不久，康德就出現了，差不多是在中國的乾隆皇帝當政時期，我忘了是在什麼地方了，好像就在歐洲、德國？他跟妳一樣，認為休謨的自由不是完全的自由。康德教導我們要學會區分事物的表象和本質。」

「我記得我們大學的時候學過。」莉莉補充道，「我覺得康德跟柏拉圖很像，都覺得我們眼睛看到的都只是事物的表象？」

「是的，柏拉圖，他說人類看不到事物真實的一面，看不到理想世界。康德的觀點就很不一樣了。他認為並不存在兩個世界，一個物質世界，一個柏拉圖的理想世界。他說因為人類感官上有局限，所以人類才看不到事物的本質。所以他跟休謨都認為我們見到的世界是固定不變的，事情一件接著一件發生，但是人類的思想創造了一個肉眼觀察不到的新層次，也就是說存在一種打破事物發生規律和順序的能力。」

「『我們就具備這種能力！』下次要是發動革命，一定要把這個當成口號，肯定可以鼓勵很多人！」莉莉大呼，揮動著自己的拳頭。伯特帶著微笑和吃驚的表情看著莉莉，眼睛瞪得老大，讓莉莉覺得很不好意思。「不好意思，每次提到哲學，我都會覺得很激動，所以我不得不放棄哲學。」

伯特點點頭，繼續說：「是的，我發現了。」這話在莉莉聽來則是「我也不知道，所以還是繼續吧」。她用中文跟別人對話的時候，也經常自己腦補這種聲音。「是的，根據康德的說法，人類擁有真實的自由意志。但是，在他的絕對命令中，自由意志也是有限的。」

「我記得那個！」莉莉突然說道。看到伯特期待的眼神之後她繼續補充：「雖然我記不得全部的內容，但是我記得那句話。當時我正在卡內基梅隆大學學習二階橢圓形偏微分方程式、金融建模以及其他課程，為了擴展知識面，就選了哲學課。」伯特的表情保持不變，眉頭緊鎖，似乎對此滿懷希望。「算了，還是不說了。」她用絕望的口氣說道。

「好吧。」他猶豫了一下才開口，「在康德看來，絕對命令是一種道德準則，對所有人一視同仁。所以康德說，雖然人類有自由意志，但是人類的行為還是有高尚惡劣之分的，這已經超出我們討論的範圍了。齊克果的說法跟他的不一樣，齊克果是丹麥人，我不知道丹麥用英文怎麼說，也是在歐洲。」

「我記得齊克果，一點點。他是丹麥人。『信仰的跳躍』是不是他說的？」

「是的，很好。『信仰的跳躍』，我本來已經忘了英文怎麼說了，現在看來我可以不用承認這一點了。他說人是完全自由的，沒有什麼絕對命令。齊克果說每個人都要為自己做出正確的決定，我覺得他是受到了康德的影響。我們只能憑藉感官去認識事物，或者用齊克果的話說，我們只能憑藉經驗去認知事物，所以我們無法認知客觀事實，我們無法知道客觀的真相，只能了解眼睛所見到的事物。齊克果也承認，這對人來說可不容易。他說這就好比站在高樓樓頂俯視地面，不可能在樓頂站一輩子，必須得做點什麼，不管做出什麼選擇，都會帶來相應的機遇和風險。」

伯特又停了一下，然後繼續說：「我不喜歡站在高樓樓頂，那樣我會覺得焦慮，『萬一我跳下去了怎麼辦？』其實我並不想跳，但還是跳了。不管做出什麼選擇，面對的都是前所未有的事物，都沒有對錯之分。我們有自由意志，但是需要付出代價。」

「現在什麼都是有代價的。」莉莉補充說道，「他提出『信仰的跳躍』，就是因為他意識到既然我們不能客觀認知上帝的真理，就只好用跳躍的方式來跨越這道鴻溝，這就是信仰，對嗎？」

「是的，他說疑惑和信仰不能分離。既然不能確定，我們就需要用信仰來跟上帝建立聯繫。我們無法獲得上帝的客觀真理，只有『主觀的』？個人的？」

「這好像就是我記得的部分。」

「很好，然後⋯⋯我為什麼會談到這些外國的哲學家？對了，妳提到了命運、祈禱和妳堂哥的基因事業！」莉莉疑惑的用手指著自己，搖搖頭，但是伯特還在繼續。「在西方思想中，人類的行為是固定的，可能是因為一件事必然導致另一件事的發生，所以我們可以找到一條通往未來世界的道路。雖然我們生活在不同的地方，但還是可以靠真理維持生存。現在妳的堂哥就提到了基因學，還有基因學對命運的解讀。」

「難道這就是進步？命運已經有點過時了，而且還帶有約束性，但是您卻把西方哲學家的廢話當成是對社會的貢獻。」

伯特突然開始鼓掌，嚇得莉莉彈回了自己的座位裡。「好了，」伯特繼續說道。「今天差不多了，妳的作業是繼續寫妳的日誌，可能有點無聊，也算不上什麼浪漫的冥想，但是它可以讓妳主導自己的意志。把妳的想法寫下來，這樣妳就會更清楚自己想從上帝那裡得到什麼幫助了，這就好比為妳和上帝列了一份待完成事項的清單。還有，繼續跟妳堂哥學習基因學吧，妳會發現它也是一條通往同一個目的地的道路。最後，我希望妳能讀一讀這篇簡短的禱文，思考一下，把妳的想法寫在日誌裡，當然也可以不寫，完全取決於妳自己。這是一篇禱文的一個片段，有人說這是阿西尼城的聖弗朗西斯寫的，誰知道是不是真的呢。先不管他，關注文字就好。現在先朗讀一下吧，可能要多讀幾次才能讀懂。不妨多思考幾分鐘，在妳離開之前看有沒有什麼問題。」

莉莉接過那張紙，上面印著一小段文字，明顯是用那種沒有對齊的列印機列印的。她突然想起她至少有十年沒有見過那種不是用點陣列印機列印的東西了，但是她還是盡量保持專注。

懇求萬能的主！

使我不要求人安慰我，但願我能安慰人；

不要求人了解我，但願我能了解人；

不要求人憐愛我，但願我能憐愛人；

因為我們是在貢獻裡獲得收穫，

在饒恕中得蒙饒恕，

藉著喪失生命，得到永生的幸福！

阿門。

「寫得不錯，雖然最後一句話寫得有點刻薄。」等過了差不多合適的思考時間之後，莉莉如此評價。

「刻薄？」伯特問道，「是不溫柔的意思嗎？」

「嗯，差不多。就是說在這句話之前的部分都很美，很不錯。」

「是的，很好。這一次妳又要面對命運的難題了，下次我們再多講一點。妳記得把這篇禱文多讀幾遍，認真想想。可以在寫完妳的日誌之後再讀。這可算是妳第一次真正意義上的冥想，是不是很激動？可能我很快就會讓妳去修道院待上一段時間，晨起敲鐘做禱告。」

「如果我的同事不會在那裡跟方丈打小報告的話，應該還是很不錯的。」

# Note. 9 第一份結果

發送至：陳莉莉
發送時間：5 月 28 日 1：20
主題：回覆：基因學和生命的意義

莉莉：

妳好！

我喜歡妳替郵件取的標題，而且我有好消息要告訴妳，我已經用妳的基因資料寫了兩篇文章了。雖然一切才剛開始，但是我終於做完了真正的測試，那種感覺太好了。

但是首先，我非常想跟妳的冥想導師聊聊。如果他幾十年前在史丹佛學習人類學和遺傳學的話，那一定是在路易吉・路卡・卡瓦利 - 斯福扎 [8] 的門下，當時他第一次提出了在人類學領域中使用遺傳學的觀點，根據妳說的時間，那個時候他應該已經進行到研究的後期了。卡瓦利 - 斯福扎因為這個研究名揚四海，所以妳的導師當時能夠為他做事，如果不是非常幸運，就是很有先見之明。

至於他把祈禱與遺傳學聯繫在一起這件事，我承認我以前從沒有這樣想過。祈禱從來都不是我生活的一部分，但是我覺得我明白他的說法。如

---

[8] 路易吉・路卡・卡瓦利 - 斯福扎（Luigi Luca Cavalli-Sforza）：1922 年 1 月 25 日 -2018 年 8 月 31 日，義大利群體遺傳學家，曾為史丹佛大學名譽教授，20 世紀最著名的遺傳學家之一。

果妳跟大多數人一樣以為上帝會選擇陣營，那麼祈禱就不可能成為一種掌控世界的方式。所以我覺得他可能是想說祈禱是使人們參與其中的方式，所以掌控世界根本不是關鍵的問題。就算它真的是個問題，也是個可以輕鬆解決的問題。同樣的，了解自己的基因並不會改變妳自己，它只是把妳變成了一個觀察者。所以他是對的，他們的目標是一致的，都是為了更好的認識自己，為了更好的與自己神交。但是不知道投資者會不會希望聽到「友誼」這個詞。根據我對他們的了解，他們只有到了週末才會想起朋友，平常才不會呢。

雖然祈禱和宗教的力量不可輕視，但是基因學的力量更強大。一旦我們了解自己的基因，就可以以各種方式來利用這些資訊。我們無法改變基因，但是如果遺傳資訊能夠揭示患某種疾病的機率，能夠讓我們意識到身體健康的重要性，那麼我們就可以利用遺傳學的知識來降低風險，改變自己的生活方式。這樣說來，它的確強化了我們的控制權，當然不是對基因編碼的控制權，而是在面對一系列不可變因素的時候對自己生活的控制。

認真想想，基因學跟祈禱應該也沒有那麼大的差異。但是我也不知道有哪些差異，我一般不敢想得那麼深入，況且我只是一個科學家。不對，我也是一個「企業家」，之前有一個投資者說我的思維方式太像一個科學家了，完全不像一個生意人。我覺得他應該是在誇我，但是沒有告訴他，我應該告訴他的。

總之，既然他提到了命運和自由意志，我想也可以換一種說法。我一直在想我是不是應該在 Wiki 上放一些相關的內容，但是我至今還沒有得出好的結論。跟我相比，妳現在的境界要高得多。他說得沒錯，大多數美國人都不喜歡命運，我們是獨立的人，至少電視廣告是這樣說的。我從來沒有嘗試過從這種市場行銷的角度來看問題，這個問題涉及如何讓客戶對產品感興趣，並且在某種程度上接受命運的觀點以及宇宙是固定的觀點。即便不是真正意義上的命運，至少得接受生活的某些方面超出了能力所及的事實。人類的自由意志適用於基因學嗎？

問題在於我們經常把「命運」等同於「失控」。其實我覺得這個說法更微妙。古希臘似乎早就提到了這個概念，至少用了部分概念，來幫助他們緩解對未來的焦慮。如果他們命中注定在某一天死去，那麼他們就應該在那一天死去。如果他們當時在戰場上，那麼他們的死就重於泰山，但是如果他們當時躲在床底下，那麼他們的死就輕如鴻毛。所以對於命運的解讀讓他們重點關注生活中可控的部分，放下那些不可控的部分。

我記得我在大學期間去過一次中國，也是我第一次去中國。當時我和我的父母一起去了一個偏遠的小鎮，那裡住著一些遠方親戚。我怎麼都無法理解那種親緣關係，但是我媽媽卻可以叫出所有人的名字，就跟基普可以背出精靈寶可夢裡所有人物的名稱一樣。我不確定開車載我們過去的是一個朋友還是一個親戚，只記得當時坐的是一輛破舊的卡車。風雨將山路上的灰塵沖刷得乾乾淨淨，在經過路況很糟糕的路段時，司機總是快速駛過，大塊的泥土隨之翻滾進底下的河流裡。我都不敢想起那個場面，也不敢讓他停車，只是安靜接受了命運的安排。是在恐懼中度過這段旅程，還是好好欣賞沿途的好風光？然後我就做出了自己的決定，安靜的坐著。自從我明白了這一點，整個旅途也就變得美好多了，不過旅途結束的時候我還是有點暗自慶幸。

我想說的就是基因學也能揭示人體固定的一些部分，這是最基本的「我們」，是我們無法改變的。但是，了解這些能夠讓我們更強大，因為這樣我們就可以集中精力思考如何讓生活更豐富多彩、更愉悅。

妳老師的觀點橫貫中西，他引入康德和齊克果的做法也很機智。我對齊克果不是很了解，但是我對沙特略有所聞，他們都是存在主義者，不過也有些許差異。他們都認為只有我們的經驗才能決定我們是誰，而不是別人給我們貼標籤。我思考基因學的方式可能跟休謨有點像，也就是說，我認為基因學的世界也是比較固定的，但是在那個框架之內仍然可以享有自由，至少，看上去是這樣的。換句話說，基因為人類建立了一個生活的框架，但是我們的決定仍然有意義。這像不像休謨說的？我還是多少年前學過這個呢。然而引入康德和齊克果之後，我不禁想問，可不可能在不確定的情況下研究基因學呢？是否存在基因學上的存在主義？

看完妳的郵件之後，我去搜尋了一下康德，發現我對他真的不是很了解。我查到他認為休謨是個詭辯者，在休謨努力聲稱宇宙是確定的、人類擁有自由意志的時候混淆視聽，還想跟他分一杯羹。康德說人類做出決定、決定該做什麼而不是單純接受現實的能力早就已經超越了休謨的決定論。在我看來，他的表述也超越了我對人類與遺傳命運關係的認識。這可不簡單，「我得肺癌的風險高，所以我不應該抽菸，因為這樣才能降低風險。」他說人類的理性選擇可以促進新事物的產生，而且不是在已有現實的基礎上產生的。換句話說，「儘管我的基因顯示我可能會得肺癌，但是我不應該得肺癌，所以我會這樣那樣做。」他主要談論的是道德和形而上學，我把他的理論擴展到基因學領域，實在有點大膽。我嘗試著區分休謨式的遺傳學理論和康德式的遺傳學理論，我想妳會明白其中的差異，休謨式的遺傳學理論說的可能是「我們的基因無法改變，但是我們還是可以利用大部分的基因」，而康德式的遺傳學理論則會更大膽的認為：「我了解基因，而且那是確定我是誰的唯一方法。我以後會怎麼樣由我作主！」

雖然不確定存在主義遺傳學是不是真的，但是它可能成為一次更大的轉折。沙特認為在定義我們是誰及我們的意義何在上並不存在什麼客觀的依據，我們必須自己做出決定。他稱之為「我們的責難」，絕對的自由既是我們的恩賜，也是我們的負擔。然而，遺傳學在我看來是人類存在不可否認的一部分。真的可以忽略自由、按照相反的方式來定義自己嗎？我不確定我能理解這一點，我得好好考慮一下。

天吶，這封郵件可真夠長的，我本來只想簡單說一下妳的首次檢測結果，沒想到扯了這麼多有的沒的。我準備另外再寫一封郵件解釋檢查結果，我要把與妳通信作為培養創業思維的一種方式，不過讓一封郵件同時包含存在主義和酒精耐受性基因檢測結果真是太難了。

史丹利

----- 原郵件 -----
寄信人：陳莉莉 [lchen@pantheon-inv.com]
發送時間：星期二，5 月 27 日 22：23
發送至：史丹利·陳
主題：基因學與生命的意義

史丹利：

你好！

我剛剛發了一份筆記給你，是我今天跟「基督教冥想」老師詭異對話的內容。我之前提到過，我對於遺傳學的一些發現感到焦慮，然後他就把這個與今天的課程結合起來了。總之，他好像是想把遺傳學比喻為祈禱，他說兩者都不是想要努力控制什麼，只是為了更好的跟自己或上帝溝通（他用的是「神交」這個詞，除了在教堂，在其他地方我從沒有聽說過這個詞）。

他還說我們美國人應該接受命運的觀念，說這是生命真實的一部分。然後他就一直在講哲學的東西，從史賓諾沙講到休謨、康德，然後講到齊克果。我對最後一部分不是很確定，但是看到一個 70 歲（左右）的老人如此自信的談論遺傳學，我覺得挺有趣的。他說他以前在史丹佛學習人類學的時候接觸過遺傳學，我推測應該是在 1960 年代末期了。你應該會喜歡跟他聊天的。

靜候我們的結果！

莉莉

----------------------------------------------------------
發送至：陳莉莉
發送時間：5 月 28 日 2：09
主題：第一個結果

莉莉：

妳好！

好吧，這才是我本來準備發給妳的郵件，我看了妳那封關於命運和遺傳學的精彩郵件之後，這封郵件就暫時被擱置了。我根據妳的樣本已經檢測出了第一個結果，還只是冰山一角，主要是檢測 DNA 樣本是否狀態良好。做真正的基因檢測時，我們會一次性對所有重要的基因突變進行檢查，但是在具備完整的工作線和技術設備之前，我們只能逐一檢查。這些結果是利用聚合酶鏈反應得到的。在我繼續說之前，我想我得先向妳解釋一下那是什麼意思。

目前有三種檢查基因突變的常見方法：聚合酶鏈反應、DNA 晶片和定序。下面對每種方法都做了一個簡短的總結，其實我只是截取了這封信中的一個片段，寫了一篇名叫「基因分型技術」的文章放在 WikiHealth 上。點擊這封信中的連結，就可以跳轉到這篇文章的頁面了。如果妳對我如何檢查妳的基因感興趣的話，請看看這篇文章吧。

到目前為止，我已經為妳和馬克做了三項檢測。一個是飲酒能力，另一個是乳糖耐受力測試（即妳是否能喝牛奶），最後一個是肺癌風險測試。為了不讓妳瞎擔心自己會不會得肺癌，我得提醒妳檢驗還沒有做完，我也還沒有看到結果，所以就沒有寫進郵件裡。我會多講一點這種測試的意義。目前，妳的測試結果都已經寫在這封郵件裡了。過段時間，我會開通網站，這樣妳就可以在網站上看到妳所有的檢測結果了。現在還只有兩項「有趣的」測試，不是什麼笑話。我只是不希望妳看到結果之後就趕緊回家忙著重新思考人生。

## 酒精耐受力

在中國的時候，妳肯定也參加過聚會，肯定看到過一喝酒就臉紅的人。我強調「在中國的時候」，並不是因為中國人很能喝（好吧，身為一個華人，我可以說大多數華人都很能喝，特別是在 KTV 的時候），只是因為喝酒臉紅是一種遺傳，這種遺傳現象在亞洲人中很普遍（在歐洲人中則不常見）。

基因突變為什麼會讓人喝酒臉紅？酒精首先被人體內的乙醇脫氫酶代謝，將乙醇轉化為乙醛。乙醛毒性很強，所以才會產生臉紅、心跳加速、頭昏以及視線模糊等症狀。乙醛中毒被認為是宿醉的主要原因之一。幸好乙醛通常可以很快被分解成人體更容易處理的物質——乙酸。但是有些人的乙醛脫氫酶發生了突變，以至於乙醛的分解速度低於正常水準，因此他們每次喝酒都會經歷慢性的乙醛中毒。

由於這是我們第一次討論一個真正的等位基因，所以我要提一個小細節，這樣後面講其他基因的時候就可以省去這一步了，而且好的例子能夠幫助妳更好的理解。就這個基因而言，有一些人是「狂野型」的，也就是遺傳學上最常見的突變，ALDH2 基因的第 1,951 個鹼基是一個 G（鳥嘌呤）。在歐洲，每個人差不多都是這樣的。但是 30% 的亞洲人在這個區域裡有個 A（腺嘌呤）。這就改變了這個基因區域對蛋白質的部分編碼。ALDH2 蛋白的第 504 個胺基酸是一種存在於擁有同樣等位基因的人體內的麩胺酸，但是在 G 等位基因的載體中是一個離胺酸。單一胺基酸，也就是在由 517 各胺基酸組成的蛋白質上的胺基酸鏈上的一個環節，即使發生細微的變化，都會造成乙醛代謝速度降低。

因為人類從父母雙方那裡各得到所有基因的一個拷貝，所以每個基因都有兩個拷貝，搭載在兩條染色體上（同樣的，一條染色體來自父親，一條來自母親）。因此大多數人都可以被說成是「GG」。也就是說，在兩個拷貝的 ALDH2 基因上，此處的基因型、基因構成都是狂野型的。正如我剛才所說，這一描述適用於幾乎所有的歐洲人。我覺得跟都市供水系統有關係，歐洲在幾年前才發現了合適的都市供水系統，而中國早在發明衛生紙和火藥的時候就開發了下水道系統。歐洲的水幾乎是致死的，所以歐洲人只好每天喝啤酒、喝葡萄酒，這樣就攝取了大量的酒精。好吧，這可能不是真的，但是這樣告訴別人比較有趣。

然而在亞洲人中，很多人（大約占 20%，五個亞洲人中就有一個）都是「AG」，也就是說，他們體內有一個狂野型的拷貝和一個拷貝的突變 ALDH2 基因。這類人不怎麼會臉紅，因為他們體內該基因的一個拷貝是有用的，所以他們體內機能酶的平均值比大多數人低，但是喝酒的時候他們還是可以代謝體內的乙醛的。但是大約有 5% 的亞洲人是「AA」型的，也就是說他們體內兩個拷貝的 ALDH2 基因都沒有什麼作用，因而代謝體內乙醛的速度很慢。這類人不怎麼喝酒，而且喝酒對他們來說也不是什麼愉快的體驗。另外，即使攝取少量的酒精也會讓他們備受煎熬。

現在我終於可以為妳揭曉這種等位基因的類型了，不過妳現在應該可以根據自己喝酒的情況推斷出來了。妳和馬克都是 GG 型的人，你們體內兩個拷貝的 ALDH2 基因都是起作用的，可以想喝多少就喝多少，而我是個 AG 型的人（有一個拷貝的突變基因）。我之前以為我會是個 AA 型的人，因為我喝酒太不行了，但是因為我比 AA 型的人稍微好點，所以顯然是我還沒有完全發揮自己的實力。不同 AG 類型的人對酒精的反應可能也會有細微的差別，有些人還可以喝一點，有些人則只能喝一點點。所以我覺得他們在僱用旅行銷售員之前，應該對他們的這種等位基因進行測試，根據我在 Gaxtar 製藥公司的那幾年經驗，那些銷售員簡直把威士忌當酷愛飲料（卡夫公司出品的一種廉價飲料）喝。

## 乳糖耐量

我們目前可以觀測到的另一種基因與乳糖的耐受性有關，也就是我們消化牛奶的能力。乳糖是牛奶中的主要糖分，被人體內的乳糖消化酶消化。如果沒有這種酶，乳糖就會直接經過我們的腸道進入我們的大腸，在那裡，人體內的腸道細菌會與其產生發酵反應。不過由細菌消化乳糖的結果是會產生大量的氣體，以及其他一些不適的反應。因此，如果體內沒有這種酶的拷貝，人們往往會避免牛奶和其他乳製品的攝取。

儘管「Got Milk」廣告(美國 Body By Milk 發起的一項公益活動)大肆宣傳喝牛奶的必要性(我想在中國可能見不到),但是其實大多數成年人都無法生成足夠的乳糖消化酶,也就無法攝取牛奶或其他乳製品。實際上,應該把那些可以消化牛奶的人稱為「變種人」,把那些無法正常生成乳糖消化酶的人稱為「野生型」。所有人在幼兒時期就開始生成乳糖消化酶,3歲之後就停止生成這種酶了。但是在少數人中,主要是北歐人和北非人,乳糖消化酶基因的突變使得乳糖消化酶的生成一直延續到成年階段。這些人在這一等位基因區域存在一個 T(胸腺嘧啶),一般人則只有一個 C(胞嘧啶)。

在這裡我們就不再重複基本的基因學知識了,我就直接告訴妳,妳(和我)是 CC 型的人。也就是說我們是正常的,我們在斷奶之後就停止生成乳糖消化酶了。馬克是 TT 型人,跟大多數北歐人一樣,即使成年了還是可以喝牛奶。所以說妳的丈夫是一個變種人。雖然還沒有對你們的孩子進行過檢測,但是這可能意味著他們是 CT 型人,因為他們從妳這裡得到一個拷貝,從馬克那裡得到一個拷貝。馬克的基因突變占主導,然後它會掩蓋其他拷貝的影響,所以基普和艾瑪成年之後也是可以喝牛奶的。

鑑於現在的多數家長都會逼著孩子喝牛奶,對乳糖耐量進行檢測將會成為重要的基因檢測。我知道中國正在積極推進牛奶的普及以確保兒童的營養健康。但是對於 CC 型人來說,牛奶提供的營養還不足以彌補消化乳糖帶來的不適感。所以對於這一等位基因為 CC 型的人來說,喝無乳糖牛奶比較合適。實際上,有一些證據顯示大腸激躁症及其他消化系統疾病的發生與乳糖不耐症患者過度攝取乳製品有關。

## 肺癌風險

在此之前我們談論的都是一些有趣的結果,而且這些結果不會改變生活,不過基因學也可以揭示人體健康的極端情況。一方面,遺傳學最終將對我們如何管理自己的健康產生深遠的影響，特別是越來越多的研究正在彌補我們在此方面認知的不足；另一方面，我們處理這種資訊的方式更私人化了。所以除非我的結果很好，不然我是不會告訴妳的。

看到這裡，妳可能會擔心是不是有什麼不好的消息。但是說實話，我目前還只是針對肺癌相關的單一等位基因進行檢測，其檢測結果並不足以說明什麼問題，按照道德原則，我現在是不能把結果告訴妳的。如果妳想了解的話可以打電話談談。

罹癌風險，跟其他疾病的風險評估一樣，取決於很多因素，所以不管是對誰的檢測，都不能只根據單一的基因突變情況來評估風險（比如得心臟病的風險、中風的風險等）。實際上，生活方式對罹癌風險的影響也很大，所以不能僅僅只根據基因學來判斷罹癌風險程度。舉一個常見的例子，抽菸就比基因學更能解釋罹患肺癌的風險。

還有更複雜的一點就是，我們目前對基因學如何評估疾病風險的認知還不夠深入。我們知道幾千種重要的 SNP（單核苷酸多態性），染色體上的單一鹼基的突變會對我們的健康產生多種影響。然而還存在大量關乎人體健康的 DNA 突變尚待發現，至少目前還不是很明瞭。研究如何根據此類資訊來評估患病風險，就意味著必須謹慎使用此類資訊，而且我們只能解釋它是如何增加患病風險的，而無法得知基因是否會減少或者存在風險。

這樣說吧，假設我們知道了五個有助於評估肺癌風險的等位基因。我的檢測結果（實際上還是得我自己做）說明其中四個等位基因顯示我罹患肺癌的風險程度等於或者低於正常程度，另一個顯示的風險程度偏高。如果這五個等位基因是獨立的（我等一下解釋這是什麼意思），那麼我們就可以將這些風險係數直接相加，然後假設最終得出的結果還是低於罹患肺癌的一般風險程度。

那樣就很好，但是這還沒完呢。如果我們不接受這個結果，照舊每天兩包菸（實際上，我從沒吸過菸，但是為了更好的解釋這個問題，假設我吸菸的次數超出妳的想像），那就是另一種情況了。當然，目前還有幾種影響肺癌的 SNP 尚未被發現。如果對這些 SNP 決定的等位基因也進行檢測，那麼我的檢測結果可能會出現很大的變化。我罹患肺癌的風險可能還是很低，也有可能變高。由此可以猜測我罹患肺癌的風險低於一般風險，但是關於會不會死於肺癌，這個檢測結果就沒有什麼可信度了。

如果這五個等位基因都顯示罹患肺癌的風險很高，即使我們算上那些未知的等位基因，可想而知我罹患肺癌的風險很有可能高於正常程度。所以與一般人相比，我更有必要去減少那些可控的肺癌危險因素，比如吸菸。簡單來說，由於資訊的缺失，當我們談論風險時，我們的健康狀況與遺傳檢測結果不是對稱的，風險高的結果比風險低的結果更有實際的意義。

那麼了解這些資訊有什麼意義呢？特別是資訊不完整的時候？我覺得有很多意義。這有點像了解自己的體重及其與心臟病的關係一樣。我們知道體重超標容易給心臟造成負擔，雖然我們不知道是否以及何時會導致心臟病發作。如果我們的體重正常，了解這一影響心血管健康狀況的因素也很好，因為妳得知道得心臟病的可能性是客觀存在的，往往由血壓、家族病史、日常壓力及其他的因素等共同決定。根據遺傳突變來預測患病的風險也是同樣的道理。假設測試中測得的一組等位基因顯示我們患病的風險程度正常，其他未測的如生活方式和基因等因素仍然會影響風險程度，但是已經檢測的基因就不是問題了。如果發現一些等位基因顯示出問題，那麼我們就知道該如何更好的呵護自己的健康了。

這類資訊在了解家族史方面同樣有用。假設一些親人有肺癌。我們自然而然就會擔心自己得肺癌的風險很高。但是如果還有一些親人從沒得過肺癌，說明在家族病史中高風險等位基因和低風險等位基因同時存在。那麼我們到底遺傳了何種基因呢？如果對家族所有成員進行測試，那麼我們就可以將一個已知的高風險等位基因與家族中罹患肺癌的風險結合起來了。如果那一等位基因存在於我們自己的基因型中，那麼我們可能就遺傳了家族中的「壞基因」，應該重點調整自己的生活方式，並密切關注癌症的走向。

剛剛提到家族史，這種遺傳資訊並不是一種新的資訊，但它涉及對健康的管理。我們早就習慣處理此類資訊並適當使用它。在衡量健康和做健康相關的決策時，我們沒有嚴格要求如何使用家族史資訊，也沒有嚴格要求如何評估健康狀況、生活方式、體重和飲食習慣等，但是我們一直都是這樣做的。遺傳資訊不過一種補充方式。

有了這樣的背景知識之後，如果想得到更多的資料，可以打電話或者發郵件給我（當然也可以讓我別做了）。我想妳會喜歡多多了解自己而不是把這些資訊封存在身體裡。但這件事得由妳自己作主。不管妳的決定是什麼，我們還是可以繼續挖掘「有趣」的東西。

祝好！

史丹利

## 基因分型技術

當下觀察 DNA 突變最常用的方法是聚合酶鏈反應（PCR）、DNA 晶片和定序。下面是對各自簡短的總結。

## PCR

如果妳只對單一的鹼基，即基因突變最小的單位感興趣，那麼 PCR 就是測試等位基因最簡單的方法。PCR 是聚合酶鏈反應的意思，對於分析 DNA 的短小片段（通常少於 500 個鹼基）來說是一個不錯的方法。PCR 可以以極少量的 DNA 創造幾百萬個拷貝，在犯罪現場採集一根頭髮或者其他微小的樣本來進行 DNA 分析，使用的就是這種方法。PCR 本身並不能對 DNA 片段進行定序或者解讀，它只能複製。但是經過改進之後的 PCR 可以用來區分 DNA，這些 DNA 之間只存在個別鹼基對的差異。這看起來可能不算什麼，但是人類共同的 DNA 中大多數都是完全一樣的，也存在有趣的突變，而且每 1,000 個鹼基中，大概只有一個鹼基上會存在 SNP（單核苷酸多態性）。

整個過程中只用了兩種「引物」，也就是那些只有 10～20 個鹼基大小、容易被化學合成的 DNA 片段，各自被設計用於匹配長度為 100～500 個鹼基的 DNA 片段的兩端，還有 DNA 聚合酶，一種可以將單鏈 DNA 複製為雙鏈的酶。這兩個引物的若干拷貝、若干核酸聚合酶和一個包含擴展區域的微小 DNA 樣本被整合在一支試管中。在一個週期中，用熱量使 DNA 熔化，從而使 DNA 化學鏈分離，然後進入冷卻階段，在這個階段中，引物可以與 DNA 上的互補區域進行組合，最終進入恆溫階段，在恆溫階段中，DNA 聚合酶會以引物作為起點生成一個新的片段，從而為樣本 DNA 中的每條化學鏈複製一個拷貝。在下一個週期中，引物不僅可以與 DNA 的原始樣本組合，還可以與新生拷貝組合。這樣，DNA 區域就被成倍放大，一般而言，20～40 個週期的時間對於放大一個正常的樣本而言足夠了。對於基因分型，考慮到引物與被識別的點可能出現不匹配的現象，這一程序有所改進。

PCR 的發明本身就是一件很有趣的事情。1980 年代早期，PCR 的發展革新了基因實驗，創造了一種生成短片段 DNA 的簡單快捷的方式，解決了大量分子生物學和遺傳學實驗對此類 DNA 的需求，同時也使得根據微小樣本來追蹤檢測特定 DNA 成為可能。PCR 的元素若干年前就存在了，只是一直到化學家凱瑞·穆利斯（Kary Mullis）將簡單的過程勾勒出來才最終奠定了 PCR 方法。凱瑞·穆利斯是個大人物，憑自己的專業獲得了諾貝爾獎，但是他從未真正被科學界所接納。福爾摩斯發現用演繹法來判斷一個打字員是否近視往往會受到別人的嘲笑，而不是讚許。「是，對啊，很顯然啊。」同樣的，科學界也不喜歡看到那種不證自明的研究方法。穆利斯對該發現不置可否的態度也幫了倒忙，他認為這一發現部分歸功於他對 LSD（麥角酸二乙醯胺，Lysergic acid diethylamide，簡稱 LSD，一種強烈的半人工致幻劑和精神興奮劑）的使用。為了繼續研究 PCR，他創建了一家公司，主要是將已逝名人體內的擴展 DNA 轉化為珠寶，他曾報告說在自家後院看到了一隻綠色的浣熊（其中他還說，這與 PCR 的發明不同，並不是因為使用 LSD 才發現浣熊的），這也沒能讓他更受歡迎。不管怎樣，PCR 已經成為現代遺傳學的一大支柱。

## 基因晶片

如果想一次性觀察大量的基因組突變，那麼 DNA 微陣列（也就是 DNA 晶片）是個不錯的選擇。這種晶片可以在單一的檢測中觀察到幾百乃至幾萬個位點。DNA 晶片可以使用的技術有幾種，但其根本依據都是，DNA 微小片段（通常只有 25 ～ 250 個鹼基的長度）可以以微小斑點的形式附著在一小塊玻璃上。每個斑點內包含數百萬個完全相同的 DNA 片段拷貝，而成千上萬個包含不同 DNA 的斑點可以全部附著在一個只有幾英寸長、不到一英寸寬的玻璃片上。在這種方法中也可以看到 PCR 的影子，只是現在的方法已經可以同時看到成千上萬個點了，而不是只有一個位點。PCR 放大之後的產物被潑在 DNA 晶片上，顯微鏡和電腦會對晶片進行掃描，然後就可以確定已標記的 PCR 產物所附著的位置了。這張圖與 DNA 晶片地圖一起，使電腦在單次檢測中就可以確定成千上萬的基因型。在這種方法的另一個版本中，晶片上的 DNA 片段正好在鹼基發生突變之前被截斷，在附加的步驟中，DNA 多聚酶被用來以鹼基為單位逐一擴展該片段。鹼基上不同的螢光標籤可以用來確定基因型。

## 全基因組定序

如果需要知道一個 DNA 區域或者整個基因組的所有遺傳密碼，那麼 DNA 定序是個不錯的選擇。DNA 定序有很多種方法，而且新的方法層出不窮。這是一個非常活躍的研究領域，而且所需的花費和時間相對較少。實際上，全基因組 DNA 晶片測試的成本很快就會超過全基因組定序，這基本是肯定的，而且即使大部分的資訊是不需要的，我們還是會對整個基因組進行定序。

在這一相對保守的科學領域內，全基因組定序演化成了一段與學術界、商業界和人性相關的趣事。早期的定序方法需要使用酶來繪製基因組，這種酶可以在特定的位點將 DNA 切割成特定長度的片段。這些酶會將 DNA 分割成微小的片段，每個片段都被分離並進行定序。這是一個有條理且確定的定序方法，缺點就是速度慢。

由公共基金資助的「人類基因組計畫」，在一些政府的支持下，在對第一個人類基因組進行定序方面取得了穩定的進展。克萊格·凡特創建的私人企業，塞雷拉基因組公司，聲稱他們將使用另一種技術來超越人類基因組計畫。塞雷拉基因組公司所使用的技術為「全基因組鳥槍定序法」，將整個基因組轉化成大量重疊的片段。

這個片段庫使用一種非常複雜的計算方法來實現自動定序和收集。在標準方法下，單一基因組片段先被分離，然後被映射到基因組，最後對其進行定序；而鳥槍定序法可以在不清楚映射點的前提下對所有片段進行定序，並且在定序之後將所有的片段組合在一起，形成一幅巨大的拼圖。塞雷拉基因組公司宣布這種技術的時候，這種用大量片段組裝重建基因組的方法並不存在。然而塞雷拉基因組公司取得了如此迅速的進步，以至於人類基因組計畫不得不改進其研究方法，確保自己不會被塞雷拉打敗，不然這家私人公司可能對大量人類基因組索要智慧財產權。

雖然塞雷拉基因組公司開發的全基因組鳥槍定序法作用顯著，但是對於將個人基因組打造為一個親民行業的目標而言，這種技術成本太高了。有幾家公司提供了不同的全基因組定序技術。克萊格·凡特還設立了一個科學基金會，如果某個小組能夠研製出一種十天內完成（符合一定的精確度）對 100 個人類基因組的定序、花費（嚴格）控制在 1,000 美元／人類基因組以內的機器，那麼該小組就可以獲得 1,000 萬美元的資助作為獎勵。然而，因為目標太簡單、技術發展太快，這一獎金已經於 2013 年被取消了。

# Note. 10　讀詩後記

## 5月30日　第二篇日誌

這篇日誌不是在上完課的那天晚上寫的，所以感覺不像是在寫作業，更像是在做一件神聖的事情。我想不起來是不是應該讀那首詩，首先，要集中精力寫日誌，或者以寫日誌的方式來集中注意力讀詩。反正我已經讀過詩了，所以還是先寫日誌吧。那首詩我已經讀過好幾次了，在客廳的時候我還試著憑記憶來背誦呢。因為伯特讓我別把中國的冥想與基督教的冥想混為一談，所以我背誦的時候盡量讓自己沒那麼像一個中國人。現在讓我試試能不能背出來：

懇求萬能的主！

使我不要求人安慰我，但願我能安慰人；

不要求人了解我，但願我能了解人；

不要求人憐愛我，但願我能憐愛人；

因為我們是在貢獻裡獲得收穫，

在饒恕中得蒙饒恕，

藉著喪失生命，得到永生的幸福！

阿門。

我並不準備檢查我背得對不對，也不會對照著紙片上的原文來修改。已經非常接近了，我已經完全掌握那首詩了。雖然這樣說很幼稚，但是事實就是這樣的。這篇日誌雖然還沒有達到珍·奧斯汀的高度，但是可能有點像勃朗特姐妹的風格，都有好看的外在。但是我敢打賭她們本質很粗魯，滿嘴髒話，還會搜刮父親的酒櫃。而且我確信艾蜜莉搜刮了她爸爸的藥品櫃。

這首詩的大部分內容我都很喜歡，我覺得它能幫助我對抗這個世界。如果我要求別人給我安慰、理解或者饒恕，那麼我就是在對別人頤指氣使，但是因為我並不能控制他們，所以當我得不到預期的結果時，我就會覺得沮喪、氣憤。不過我的確可以控制自己的行為（儘管我希望能夠控制更多，因為我還沒有達到自己的期望值）。把注意力集中在我能控制的事物上，我就能活得更……我寫的第一個詞是「高效」，但是這讓人覺得好像是聖弗朗西斯在寫一本自我救贖的書。如果我在這裡寫上「樂觀」一詞，又會覺得這是我媽媽才會說出的話。「快樂」怎麼樣？我可以活得更快樂。聽起來有點老生常談，但是還不錯。「愉悅」？是不是太過了？「有意義」？噢，好像很適合寫在日誌裡啊。

史丹利似乎在努力把這個想法跟遺傳學聯繫在一起。他說過，如果能夠更好的了解生活中可控和不可控的部分，我們就能夠活得更有成就感，指導我們更好的管理自己的生活方式。這比伯特想得更實際，沒有那麼多的理想色彩，我現在需要的就是一些實際的東西。

但是這個禱告不會因為這個好的建議而停止。最後一句有點為難人：「藉著喪失生命，得到永生的幸福！」一切都很美好的進行著，直到這句話出現，給了人們一記重拳。因為得時刻牢記禱告不應該只是某種花言巧語（這讓我想起我的大學朋友凱特，她來自猶他州，迫切希望成為龐克一族，但卻無法停止在抱枕上繡上「恐懼」或者「那些沒能摧毀我們的讓我們更強大」，她試過，真的），我對禱告就有了質疑。在我們尋找自己的定位時，禱告應該能為我們指出一條明路。雖然我不太像是教會中人，但是我讀過很多相關內容，也知道耶穌是個很厲害的人，活得也是相當刺激。從我今天閱讀的內容來看，聖弗朗西斯好像也差不多。他偷了父親的錢來重建小教堂，當他父親控告他偷竊時，他當眾脫下了身上所有的衣服，遞給他的父親作為賠償，然後就光著身子走出了小鎮。這也太厲害了吧。我私底下都不敢違背我媽，更別說公共場合了。不過現在仔細想想，我覺得我媽跟聖弗朗西斯一樣，會抓住任何公共的場合來讓我難堪。

基督教伴隨著我成長，而且我也喜歡基督教的文化。教堂野餐，聖歌，聖誕老人（算嗎？）和聖誕節（雖然我媽偶爾做的火雞包飯很難吃，而且海蜇沙拉也很普通）。但我從不相信基督死於我的原罪以及十字架上的鮮血，也不相信如果我不接受他的恩澤就會下地獄之類的屁話。他也從沒問過我是否希望因自己的原罪而死。因為我肯定會這樣回答他：「老天，千萬不要，我還是去墨西哥躲幾年風頭好了！」做基督教的冥想是不是意味著要接受那些頑固的想法？難道不能只讀前六行嗎？

如果可以只讀前六行的話，我可能會領悟到什麼。我無法讓愛德華尊重我，也無法讓他幫我升遷。我得忽略他，讓他做自己想做的事情。我不知道這算不算對他的理解和原諒，但是他也只能從我這裡得到這麼多了。這總比用板球棒在他腦門上來一記要好，不過我還是會把這個當做我的後備計畫。相反，我的確可以控制自己的工作，至少不會輸給其他人。從現在開始，我要堅信自己只是一個職場女性，任何事都不會依靠愛德華。我會向各位老總自薦，讓愛德華自生自滅。他遲早都得走人，去開闢印度和中國的市場。

這樣做基督教冥想真的合適嗎？雖然說好在這篇日誌中要少點抱怨，但是還是……很真實。或許「平凡」聽起來更好。也有可能是「無聊」。而且我還制定了一個計畫，其中有人會死，我非常肯定這不是基督教徒應有的言行。我得在這裡寫一些哲學的東西，讓我的孩子日後看到會感嘆：「哇，媽媽真的思考得很認真深入啊，我們把它出版吧。」如果看到的只是這種滿腹牢騷的日誌，他們肯定無法說出這種話。

# Note. 11 一記重擊

發送至：斯圖爾特·羅恩，CEO
發送時間：5 月 31 日下午 6：31
抄送：阿西伯納爾·羅恩；愛德華·龍
主題：證監會會議報告 & 人民幣貶值
附件：RMB&CSRC10-27-10summ.pptx（110KB）

羅恩：

您好！

我在附件中簡要總結了本地最近的財經新聞及其對客戶可能產生的影響。以下是一些更為簡短的概要：

5 月 27 日，中國證監會主席尚福林出席了高級會議，探討未來將如何處理 A 股中的境外投資版塊。A 股由已在中國注冊的公司發行，使用人民幣交易；B 股使用美元交易（在上交所使用美元交易，在深交所使用港元交易）。A 股中的境外投資一直受到很大的局限，但是根據提議，在合格境外機構投資者計劃擴展的形勢下，越來越多的境外投資將得到許可。

很抱歉在之前的郵件中造成了一些對此會議的誤解，愛德華似乎認為部門級別的中國政府會議會在電視上播出，或者像美國政府一樣舉行新聞發表會，這樣的話我們就可以見證這場討論。中國政府的辦事模式當然不是這樣的，我們只能等特定的媒體刊載會議報導。不過我相信愛德華也是

一番好意。

另一篇新聞是關於人民幣對美元匯率的進一步調整，使其在長期內保持相對穩定的價值。目前尚未公布微調匯率的具體時間，但是在高級會議上談論這個就已經明確暗示了不久的將來匯率會再次浮動。匯率的微調已經計劃一段時間了，而且以前也出現過這種相對較大的變動（與被允許的一般細微浮動相比）。儘管美國那邊存在一些異議，但是大多數分析人士還是認為人民幣對美元的價值並沒有受到嚴重的錯誤猜想，而且匯率只可能緩慢變動。這則新聞並沒有對中國的交易產生太大的影響，表示在以往做出的交易決策中這些變化早就存在了（詳情請參見附件，今年市場預期的變化為 2%）。我相信愛德華建議「看總量」的出發點很好，但是在接下來的三天裡，總量並沒有出現明顯的變動。

但是這進一步說明了對中國市場的投資將繼續繁榮。隨著投資機會的進一步開放，幾乎可以肯定的是，不管什麼時候把美元兌換成人民幣，都會增加投資者的報酬，我們為客戶提供了另一套激勵機制。請參見附件中的相關圖形和資料。

祝好。

陳莉莉

亞洲（中國）投資分析師

--------------------------------------------------------

發送至：史丹利·陳

發送時間：5 月 31 日下午 6：31

主題：給我一記重擊吧

史丹利：

發郵件只是想告訴你，不管我想不想知道，我還是讀完了你說的所有疾病風險。感謝你沒有直接把檢測結果扔給我，不過不管是什麼結果，我還是可以承受的。根據你和伯特師父所說的（師父是 master 正確的中文表達，對吧？每次輸入中文的時候中文輸入法總會列出許多選項。好煩。但是我正在努力學習中文輸入法，這樣我就可以向我的老外同事炫耀了），我正在努力深入了解生活中可控和不可控的因素，努力做到不過分關注不可控的因素。我覺得多了解自己的健康，可以幫助我更清楚分辨哪些是可控的，哪些是不可控的。我表述清楚了嗎？

所以都告訴我吧，我已經準備好了！

好吧，其實我還沒準備好。如果你得出的結果是我一年之後會死，那還是先鋪墊一下吧。而且千萬別告訴保險公司。

你的堂妹
莉莉

發送自：愛德華·龍
5 月 31 日下午 6：35

莉莉，如果妳對我提供的幫助有什麼想法的話，請直說，不用讓所有人都知道。我們可是一條船上的。

發送自：陳莉莉
5 月 31 日下午 6：55

如果我越界的話，那對不起了，我只想確保事情都處理好了。我從沒想過讓自己的同事難堪。

發送至：陳莉莉
發送時間：5 月 31 日下午 10：08
主題：回覆：給我一記重擊吧

莉莉：

妳好！

謝謝妳讓我暢所欲言，我想妳應該會對整體結果感到滿意的。不過妳提出了一個關鍵的問題，我懷疑它會動搖妳的決心，但是這也是一個醫療領域普遍存在的問題，回答的關鍵點在於醫療領域如何獲取此類資訊。妳說妳想更好的了解「可控的和不可控的因素」，把重點放在生活中可控的部分上，對於自身健康了解越多，對於區分這兩者的幫助就越大，我同意妳的這種觀點。但是還有一種更為保守的方式來看待這種新的科學，我很想繼續這個話題，但是這就又扯遠了（我是不是經常這樣？）。妳的問題重點在於規章制度，以及如何使現有的醫療機構接受這種測試。

首先，妳讓我別把結果告訴妳的保險公司。說實話，妳完全沒有必要擔心這個問題。第一，我早就打過電話給他們了，他們並沒有給出豐厚的獎勵來引誘我透露妳的健康祕密。所以我能拿到什麼好處呢？第二，美國國會在 2008 年通過了反基因歧視法案，禁止使用遺傳資訊來阻止他人獲得保險或者藉此向他們收取更高的保險費用，而且也禁止在員工應徵中使用。有人擔心人們因為怕影響到自己的疾病保險就拒絕使用遺傳測試來檢測疾病，這個法案就有效消除了這一顧慮。

其次，這種測試現在還存在一個重要的問題，即如何或者何時用其來幫助我們做醫療決策。在從事醫療保健的許多人看來，目前這些測試的實用性較低，他們不會用其替代現有的標準醫療。基本上，這就意味著不管結果怎樣，大多數醫生不會根據個人基因組測試結果來改變治療方案。之所以會出現這種情況，就是因為以前決定採用何種治療和診斷的新工具時，我們往往依賴於大量的隨機臨床試驗，這種將治療過程與基因診斷結合的試驗少之又少。在美國，臨床試驗的流程較長，由 FDA（食品和藥物管理局）負責監督其中幾個階段的工作，在幾個月的時間內會對成百上千的患者進行測試，並且投入也高達數億美元。儘管成本高昂，但是事實證明這些臨床試驗只是一種用來排除製藥廠無價值或者危險情況的最佳方法。

診斷性試驗基本上會涉及三個階段。

第一個階段最為基礎：測定重現性。每次測試的結果會不會是一樣的？按道理應該是一樣的，但是因為不同測試中心、臨床診所或者醫院測試的樣本不一樣，所以不一定會出現一樣的結果。在確保這種分析有效之前，測試必須跨過一些障礙。妳的樣本就是我用來確保分析有效性的一個工具，雖然真正的實驗室建成之後，我可能還得重複這個工作，以及令人恐懼的大量文書工作。

第二個階段：診斷或預後的準確性。也就是說能夠透過測試準確區分不同種類的患者。舉個例子，如果一項測試說明患者罹患肺癌的風險很高，那麼這些「高風險」患者是否與那些「低風險」患者有顯著且可重現的差異？這種測試很簡單，但是需要時間和金錢的投入。它與藥物試驗不同，藥物試驗往往可以在幾個月內評估出患者對藥物的反應，而診斷性試驗為了確認患者患病風險上升，往往需要對大量患者進行長達數年的追蹤測試。這些測試可能是前瞻性的，也可能是回顧性的。回顧性的研究是最簡單的，研究人員可以對若干患有某種疾病的患者樣本進行分析，在相對較短的時間內得出結果。然而前瞻性的研究被認為是最可靠的，研究人員會對若干患者進行長期的監測，觀察哪些患者最終敗在了疾病的手下。回顧性的研究可能存在一個問題，即研究人員可能會使被選患者只注重測試的結果，然而前瞻性的研究需要數年的時間才能完成。

最後一個階段：確立新的醫療標準。依據該試驗的分類標準對患者使用不同的治療方案是否會改善醫療水準？非常難。即便是在最好的環境下，臨床試驗也很難操作，再加上一種新的診斷（或預後）測試，也就意味著至少要對兩類患者進行檢查，那麼試驗所需的患者數量就會大大增加。這同樣意味著妳不能僅僅證明妳的治療方案是有用的，還得證明這一方案比現有的其他方案更好用。

有個例子可以很好證明確立新的醫療標準有多難，即使用 X 光檢查篩選乳癌的早期跡象。這已經成了老年婦女常規體檢的一項標準檢查，但這是否適用於年輕女性還是個問題。因為及時發現乳癌（不管什麼癌症）的早期跡象是件好事，所以顯然它應該成為規定檢查的一部分。但是如果對年輕女性進行乳房 X 光檢查，結果表現出更多的假陽性（因為她們的乳房密度更高，致使測試結果難以解釋）怎麼辦？這種測試失誤可能會讓一些女性接受不必要的治療。為了驗證根據年輕女性所做的乳房 X 光檢查結果來制定醫療決策是否有效進行的臨床測試需要成千上萬的患者樣本，診斷之後得追蹤觀察若干年，而且得到的結果可能仍不明朗。年輕女性是否應該依據X光檢查結果來決定對可能存在的癌症跟進觀察，對此我們仍然不確定。

現在我們已經進入基因組時代，基因組上有超 4,000 個（還在增加）確定的位點，其突變與人體健康的某些層面或生物學有著密切的聯繫。在許多情況中，這些可能的醫療措施在特定的時期並不會為製藥公司（臨床試驗的資助者）帶來更多的效益，所以很難拿到資助。不管怎樣，美國每年只會新增幾百項大規模的試驗，雖然它們最終可能會為資助公司帶來收益，但是如果想追蹤所有的基因，還是缺乏足夠的樣本。

那麼應該如何確保這些新的試驗被正確納入醫療實踐中？看看診斷性試驗的三個階段吧。

第一個階段顯然很簡單，而且早就處於美國衛生和人類服務部門的監管之下，但是在我們研發相關技術的時候，總會有一些問題需要解決。

第二個階段也比較簡單，測試結果是否與預期的一致，但是新測試的數量與跟進過程中商業利益的缺失（因為它們與藥物無關，或者因為它們減少了該種藥物的潛在市占率）意味著大規模的臨床試驗不會發生。但是在我們決定使用測試的方式來確定患者的護理方案之前，可以為證據的可接受程度建立一個指導方針。指導方針可能是多種多樣的，但是基本上應該確保少數獨立研究可以確立基因突變與健康問題之間的關聯，而且還要確保測試所需的患者人數最少。

驗證的最後一個階段，證明根據測試的劃分標準對不同患者實施不同的治療方案是不是可以提升護理的水準，這階段的驗證可能只適用於少數幾種突變基因。雖然這些突變基因可能會影響治療方式，但就是缺乏足夠的資源來對每種基因突變進行驗證。因此我們面臨一個艱難的抉擇：如果試驗有足夠的資金（往往意味著商機），那麼就為該試驗專門設計一個經過良好測試的療程？還是在認知不完整的前提下盡量使用這種新資訊？從某種程度上來說，這是個人的選擇，但是大眾也開始思考安全的問題，以及應該將多少納入衛生保健計畫中。

我希望這門科學的某些方面能夠迅速進入標準醫療體系中。一些與藥物安全（當我們對這些基因進行測試的時候）相關的基因檢測早就被納入標準醫療系統之中。如何使用大多數基因資訊，這一問題的答案可能會在很長的一段時間內變化不定。一些人只想知道少數醫療問題的明確回答，其他人則會想深入了解蘊含在遺傳編碼中的所有個人資訊。我推測管理此類資訊的服務機構（就像我自己的初創公司）會越來越多，有望能讓使用者自主使用自己的遺傳資料，實現使用者利益的最大化。

這還只寫出一小部分的內容，而且我再一次沒有完成這封信的任務。我將在此打住，這樣我就可以在這封郵件後附上「法規」和「測試生物倫理學」，然後另外發一封有關肺癌檢測結果的郵件給妳（很短，簡而言之：妳罹患肺癌的風險程度正常）。

祝好！

史丹利

-----------------------------------------------

發送至：斯圖爾特·羅恩，CEO；陳莉莉

發送時間：5 月 31 日下午 10：17

抄送：阿西伯納爾·羅恩，CFO

主題：回覆：CSRC 會議報告 &RMB 貶值

太好了！

雖然莉莉一直在說自己為了跟進最新形勢付出了多大的努力，我還是想在此澄清一些她沒有提到的問題。她預測近期人民幣會出現適度調整是對的，但是目前結果仍然不明確。中國的出口商希望人民幣貶值，而美國國會那邊也正在尋求持續的貶值政策（特別是紐約的那群民主黨議員），這可能會產生一種僵持不下的局面，美方也可能會提出嚴格上調進口關稅的政策。我們及時掌握變化的局勢至關重要，僅僅閱讀《人民日報》的總結並不能滿足我們客戶的需求。

致意！

愛德華

---------------------------------------------

愛德華・E・龍
高級分析師，亞洲（印度）
Pantheon 投資有限公司
北京市光華路 8 號
135-004-8868

---------------------------------------------

**發送至：陳莉莉**
**發送時間：5 月 31 日下午 11：11**
**主題：回覆：給我一記重擊吧**

莉莉：

妳好！

好了，接下來讓我們看看這個吧。妳說妳想知道自己肺癌風險檢測的結果。正如我之前所說，據目前的檢測結果來看，妳罹患肺癌的風險程度正常，得肺癌的機率跟一般不抽菸的亞裔美國人（根據我對北京空氣品質的了解，我想在北京生活並不能幫助妳降低罹患肺癌的風險）一樣，接下來我會詳細解釋這一點。不過首先我得替妳科普一點基因預測複雜疾病發生風險的背景知識。

實際上，我可能得先解釋一下所謂的「複雜疾病」是什麼。一般來說，複雜疾病由多種原因造成，很少指向單一的基因突變，不健康的生活方式、不健康的飲食方式等一系列因素都可能導致複雜疾病的發生。顯然「腿骨折」並不算是一種複雜的疾病。儘管有一些遺傳因素會影響人體免疫系統自我保護的能力，但是嚴格來說，流感也不算是一種複雜疾病。對了，被一個狼人咬了之後成為一個狼人，雖然會帶來複雜的生活方式的改變，但是這也不算是一種複雜的疾病。相反，這種疾病是由潛在的環境和遺傳因素造成的，只不過發病的時間比較晚。癌症和心臟病（或者更為常見的高血壓）是兩種最為普遍且影響族群廣泛的複雜疾病。

現在我們甚至沒有對主要造成這些複雜疾病的基因數量進行統計，但是似乎有很多，可能有上百種，這還只是那些起主要作用的基因。幸好我們現在可以解決這個問題了，因為影響最大且相對常見的突變基因數量貌似小得多，所以識別這些突變基因相對容易。我們主要透過全基因組關聯分析（GWAS）這一大型專案來發現突變基因，因為 GWAS 會觀察大量的病例和成千上萬的基因，並試著找到常見基因突變和疾病發生之間的關聯。為了不偏離主題，我就不在這裡描述這些研究了，但是我已經把另一篇尚未成文的文章放在了 WikiHealth 網頁上。

這種研究的目的在於發現基因中能夠預測患病機率的突變成分。與尋找患病風險標誌的遺傳研究不同，識別的突變基因往往也不同。這並不意味著這項研究是錯誤的，另一項研究是正確的，但是在逐漸興起的個性化醫學領域中，一旦涉及對潛在問題的討論，有時候就會出現這些相互矛盾的結果。這些差異的存在可能是因為測量相同現象的方式不同，也有可能是因為列表不完整，也有可能兩者兼而有之。

例如，假設我們測量高速公路發生事故的風險。在一項研究中，查看警方對高速公路事故的紀錄之後，發現下列風險因素：

男性；

年輕；

跑車；

飲酒史；

無兒童。

而另一項研究則發現了下列重要的風險因素：

男性；

年齡在 16 ～ 30 歲；

血液中酒精濃度超過 0.05%；

紅色車輛；

鄉村居民。

這兩個列表並不是完全一致的。這意味著什麼？意味著一項研究是有問題的？還是意味著我們無法識別風險因素？這兩個問題的答案可能都是否定的，因為每一項研究都是有價值的。首先，我們可以看到兩項研究都發現了男性是風險因素之一。這表示男性是危險駕駛中非常重要的一個風險預測指標。身為一名男性，我應該道歉，但是我一般只騎我的臥式腳踏車。儘管測試的方式不盡相同，但是兩項研究中都發現年齡和飲酒是重要的風險預測指標。在 GWAS 中也會發生這種情況，針對同一種疾病，兩項研究可能會發現兩種不同但有關聯的 SNP，這兩項研究本質上是在測量相同的突變。這裡列舉的兩項研究也各自發現了一個獨特的風險因素：一項研究中是「無兒童」，另一項研究中是「鄉村居民」。

這就反映出了研究設計的差異，第二項研究沒有考慮家庭結構，第一項研究沒有考慮當事人的居住地，所以兩者都是不完整的。這一差異可能也是由研究參與者人數的差異導致的，相比預測性較強的性別因素和飲酒因素，參與者數量這一因素的影響力要小得多，為了重新得到這些結果，可能需要對更多的人進行研究。另外，發現這些因素也可能只是機緣巧合，不管研究規模是大是小，結果都是無法重現、複製的。

最後，一項研究發現了「跑車」因素，另一項研究發現了「紅色車輛」因素。從統計學上來看，我們會發現這兩個因素並不是相互獨立的，也就是說，如果妳有一輛紅色的車，很有可能它就是一輛紅色的跑車，反之亦然。因為妳是做財務分析的，所以妳肯定可以理解我所說的話，但是在探索這些疾病的生物學原理時，了解風險指標如何相互關聯可能是很重要的一部分。

那麼現在我們就對兩個不同的交通事故風險指標列表有了更清楚的了解。兩者之間存在差異，但並不意味著它們都是錯誤的，或者是無用的。有一些常見的因素早就被發現了，例如男性這一因素。而且仔細對比兩項研究，會發現它們在年輕司機和飲酒問題這兩點上也達成了一致。車型似乎也是一個很重要的因素。兩項研究分別證明家庭結構和司機住址可能也很重要，但是在多項研究中尚未得到驗證。如果我們是保險公司的人，在預估一個人遭遇事故的可能性時，我們可能會只考慮前三個因素。儘管這些資訊不夠完整，但是肯定比我們已知的要多。

用基因來預測患病風險可能一樣很複雜。在分子層面，可能是因為蛋白質導致細胞失去了調節自身生長的能力，所以才產生了癌症風險因素。細胞的生長是由許多基因控制的，這一點也不奇怪。舉一個具體的例子，p53 基因攜帶了若干等位基因，會產生一種蛋白質嚴格控制細胞應對 DNA 損傷的方式，實驗證明這種基因會增加早期罹患某種癌症的機率。但是除了 p53 基因之外，還有許多其他的基因會對生長進行調節，其中有一些是相互獨立的，其他的則會在調節細胞的過程中相互作用。

許多蛋白質被生物化學家所謂的「途徑」連接，後來他們意識到這些途徑也是相互關聯的，所以現在更常見的說法是許多蛋白質被「網路」連結在一起，在這個網路中，一個蛋白質的調節作用與其他若干蛋白質是聯繫在一起的。一項基因研究可以很輕鬆的證明哪些基因很重要，另一項基因研究可以證明另一些基因很重要，這都還只是處於基礎生物學的層次。

我們預估罹患肺癌風險的過程與之相似（注意，這也是我一開始就長篇大論的原因）。在檢測肺癌風險時，我目前主要依靠幾項研究對不同的基因進行評估，然後會根據其中發現的基因來制定風險因素列表。這張列表列出的突變基因肯定是不完整的，所以我們現在還無法看到完整的資訊，只能告訴妳根據妳的結果可以得到的罹癌遺傳風險程度。然而，這也為妳打開了新世界的大門。儘管列表不完整，現有的遺傳資料加上妳的吸菸史和生活方式，妳還是可以大概猜想自己的風險程度。新增的遺傳資訊有意義嗎？正如我前面所說的，這是一個複雜的問題。從保守的醫學角度來說，它沒有意義。有了這張特殊的基因列表，我們可能會因為預測的風險程度而採取特定的舉措，但是目前我們並沒有對這些基因進行過臨床試驗。但是這些遺傳資訊是有效的，所以應該由個人決定如何使用這些遺傳資訊。妳也可以決定不使用。

為了更為具體，我已經對妳和馬克的三個基因進行了檢測（之前我已經說過一項檢測結果了，我一天前才完成了另外兩個基因的標記）。檢測結果見表 11-1。

表 11-1　檢測結果

| | | 莉莉 | | | 馬克 | | |
|---|---|---|---|---|---|---|---|
| 基因 | SNP | 基因型 | 盛行率 | 風險係數 | 基因型 | 盛行率 | 風險係數 |
| AGPHD1 | rs8034191 | TT | 91% | 0.98 | CT | 47% | 0.98 |
| ATM | rs664143 | CT | 40% | 0.84 | CT | 54% | 0.94 |
| MMP9 (#1) | rs17576 | AG | 49% | 1.3 | AA | 39% | 0.9 |
| MMP9 (#2) | rs2250889 | CC | 42% | 0.94 | CC | 90% | 1.01 |

（我還沒有跟馬克談過這個，所以我只是在妳的許可下共享這些資料）。「盛行率」指的是該等位基因在所屬種族族群中出現的頻次，「風險係數」是指該基因對肺癌風險的影響程度，1 是正常值，數值大於 1 則意味著罹患肺癌的風險高於正常程度，數值小於 1 則意味著低於正常程度。檢測結果顯示，妳和馬克的前兩個基因都是低風險的等位基因。至於第三個等位基因，馬克的依然顯示低風險，而妳攜帶的則是一個風險相對較高的等位基因，第四個等位基因的檢測結果正好相反。

假設這些等位基因都是相互獨立的，也就是說每一個等位基因都以特定的方式來影響妳罹患肺癌的風險程度，也就是假設風險程度可以簡單相加，那麼彙總這些風險因素就相當簡單了。如果妳仔細觀察這個表格，妳會發現有兩個不同的等位基因同屬一個基因。通常在這種情況下，這兩個風險標記不是相互獨立的。但是有一項研究顯示，在預測風險時，即便出現這種情況，同屬一個基因的不同等位基因還是相互獨立的。所以在綜合評估妳罹患肺癌的風險程度時，我們要對四個風險因素進行評估。

在數學中，這就像一個迴歸方程式，我覺得妳應該比我更熟悉這個方程式。基本上就是將這些風險簡單相加（儘管因為迴歸方式使用的是對數，但是妳將這些風險相乘之後還是會得出正確的結果）。基於被檢測的等位基因，與一般人相比，妳和馬克罹患肺癌的相對風險程度都接近於 1（分別為 1.01 和 0.84）。如果將已知的肺癌發生率添加到方程式中，考慮到妳的家族病史和吸菸史，我們還是可以根據這些等位基因評估出妳這輩子罹患肺癌的風險程度（假設你們都想活到 80 歲，假設你們不是生活在北京這個繁華都市，那麼妳和馬克的肺癌風險程度分別為 5.3% 和 5.0%）。

這對妳和馬克而言有什麼意義呢？在現在看來，可能並沒有多大意義。但是如果家族中有肺癌病史，那麼妳就可以據此知道自己是否攜帶了這一種高風險的遺傳突變基因，當然也有可能妳非常幸運，沒有遺傳這一突變基因（想要得到精確的結果就得對整個家族進行檢測）。如果結果顯示高風險，那麼接下來妳可能就得試著改變自己的生活方式了（對妳而言可能意味著搬離北京）。至少妳現在已經知道了。我應該再次強調，目前還存在尚未被檢測的肺癌遺傳因素，所以不要因為這個結果就開始抽菸！正如我剛才所說的，因為目前尚未發現導致複雜疾病的所有風險因素，罹癌又是一件很嚴重的事情，所以我們所得到的資訊是不對稱的：測試結果為低風險並不意味著妳不會罹癌，因為還存在一些可能提高風險程度的遺傳風險因素尚未被檢測，而高風險的結果肯定會促使妳去思考如何更好的管理那些可控的風險因素。

下次我會提供妳一些圖形化的工具，讓妳能夠在網站上查看自己的資料。我也會對一些影響妳性格的基因進行觀察，這也是基因組學非常有趣的一部分。我正準備將妳的基因樣本放到基因晶片上去，這樣透過一次實驗就可以發現幾百個標記，從而就可以對妳所有的遺傳突變進行測量了。實際上，首先我們得發現使妳成為一個獨一無二生物體的決定因素。誰才是真正的陳莉莉？請繼續關注！再次感謝妳的鼎力相助。

史丹利

---

發送至：史丹利·陳
發送時間：5 月 31 日下午 11：49
主題：回覆：回覆：給我一記重擊吧

史丹利：

非常感謝你最近的努力。在答應幫你之前，其實我並沒有真正想過了解肺癌相關資訊會帶來什麼影響，就像你說的，到目前為止了解這些可能並沒有太大的意義。不過還挺有趣的。但是因為對話中的內容正好是我擅長的，所以我想對你的模型發表幾點看法。首先，使用簡單的線性迴歸是不錯的嘗試，但是在定量金融學領域你又忽視了線性迴歸。不過，也沒有那麼糟糕，如果觀察的對象是少數因素的集合體，你總會以這種或那種形式來使用線性迴歸的方法，但是說真的，你只會用線性迴歸嗎？沒有對時間序列進行分析，你只是假設一組因素就這樣組合在一起，然後發生作用，癌症形成直到最後？沒有考慮隨機事件嗎？說得更通俗一點，沒有考慮可能會發生什麼倒楣事嗎？例如氡射線襲擊了我們的細胞，然後細胞惡化之類的？

好吧，假設將列表中的致病因素簡單相乘可以作為一個簡單的模型。但是在分析危險駕駛行為的原因時，我們可能在考慮了十幾個風險因素之後才會想到罕見的因素，例如因為過去玩極限衝車遊戲的糟糕經歷讓自己留下了陰影，以至於看到大眾金龜車就覺得害怕，廣播中播放 Mr. Roboto 的音樂時一定會手舞足蹈等等。但是在分析基因組時你會面臨數百萬的因素可供選擇。你可以將你的模型局限於其中的小部分因素，還是說要利用上百種基因來搭建模型？如果這就是你的計畫，那麼得出的統計資料可能不盡如人意。這一點你要相信我。

小莉

PS：還有狼人？這就是你解釋複雜疾病時舉的例子？你的投資者認為你只是一個科學家，他們錯了，他們應該解僱你，因為你只是一個讀著《龍與地下城》的書呆子。

-----------------------------------

**發送至：陳莉莉**
**發送時間：5 月 31 日下午 11：59**
**主題：回覆：回覆：回覆：給我一記重擊吧**

莉莉：

現在妳讓我開始質疑現代遺傳學的基礎了。在以下兩點上妳說的都沒錯。

第一，我們的模型很簡單。這部分反映了科學文化，我們才開始將數學引入研究之中，進度可能有點慢。簡單的模型也反映了在檢測這些預測因子時，能做的實驗數量是很有限的。在金融領域，妳可以透過大量的模擬實驗來了解模型的表現形式，而且與真實世界的資料進行比較也很容易。在基因組學領域則不是這樣的。因為我們不了解身體和腫瘤細胞運作的細節資訊，所以我們無法模擬。同時，檢驗一個模型是否有用也需要患者的參與，這意味著要承擔很大的道德責任。我們不管做什麼都應該為他人提供幫助，絕對不能低於標準醫療的水準。這就使得進度比預期的要慢，我們不得不使用成功率高的模型，這就意味著逐步推進的簡單模型往往才是最好的選擇。

第二，我們仍然不清楚基因是如何影響複雜疾病（如肺癌）的。大量相對常見的突變基因共同決定患病的風險程度，而每個突變基因帶來的風險很小，這種觀點由來已久。這有點類似於打牌的時候接了一手爛牌，接到任何一張小牌的可能性不小，但是接到特定花色的小牌還是比較少見的。不管怎樣，透過觀察相對常見的突變基因（典型的研究會對基因組上的 10 萬至幾百萬位點進行分析研究）來預測疾病，正是這種假設推動了我所提到的那些 GWAS 研究。然而我們從事 GWAS 研究已經十幾年了，我們為許多疾病建立了多基因模型，這些基因模型的執行效果與我們對基因組學價值的期望存在很大的出入。即使將若干 GWAS 研究綜合在一起，我們也只發現了大約 25% 的遺傳風險因子。所以那些被遺漏的遺傳因素到底在哪呢？

有一個反對的觀點認為，與其說疾病是由許多常見的突變基因引起的，不如說是因為體內存在少數罕見但預測性極強的突變基因。其中的差別還是很重要的，因為如果這種「常見疾病——罕見突變基因」模型是正確的話，那麼我們的 GWAS 研究和我的模型從一開始就是有問題的，有嚴重的缺陷。GWAS 研究所評估的許多 SNP 都不是非常罕見的，可能只是因為這些 SNP 與真正引起疾病的突變基因存在緊密的關聯，所以它們才會與疾病聯繫在一起。

可能從某種程度上來說，這兩種觀點都是正確的，畢竟它們並不是互斥的。而且除了 SNP 之外還存在其他遺傳因素會導致人類的突變。也存在所謂的「拷貝數突變」，也就是說一些基因存在多個拷貝，拷貝數量因人而異。而且還存在「表觀遺傳學」現象，這是一個對造成人與人之間差異的所有基因的統稱，其中不包括序列差異。可能正是因為我們的模型只能預測少數疾病風險因素，所以妳才會對其產生質疑。我們的確傾向於用非常簡單的方式來模擬疾病，不過妳提出的基因如何影響疾病演化進程這一觀點，我也很贊同。毫無疑問，不同的基因在疾病的不同階段都有其重要意義，但是目前我們還沒有足夠的實驗來驗證這一點。至少，沒有在基因組層面驗證這一點。不過這會涉及真正的微積分知識，對吧？還有時間序列之類的。可能還涉及我大一下學期差點掛掉的偏微分方程式。細思極恐。

史丹利

---------------------------------------

發送至：愛德華・龍；陳莉莉

發送時間：6 月 1 日上午 1：58

主題：回覆：證監會會議報告 & 人民幣貶值

幹得漂亮！莉莉，我很欣賞妳的這份報告，特別是妳的演示文檔。妳對數字的處理、對預期短期內貨幣浮動的獨立分析很重要。我希望妳與愛德華能夠多多溝通，希望愛德華能夠從妳那裡學到統計學技巧。愛德華，你對影響亞洲市場的事件具有遠見卓識，謝謝你。只有同心協力，我們才會有強大且精益的亞洲團隊，才能讓我們以合理的成本為客戶提供專業的建議。繼續保持良好的勢頭。

斯圖爾特・羅恩

# Note. 12　燕子王國

「我喜歡這個地方的一點就是我們充分利用了在中國的一分一秒。我們真的在了解中國，了解真實的中國。妳懂我的意思吧？」馬克邊說邊走向餐廳的餐桌，莉莉和孩子早就坐下了。

莉莉從她和艾瑪正在塗色的菜單上抬起頭，為艾瑪準確說出「鬆餅」而暗自開心。馬克走近的時候她嘴角上揚。「快別說了，趕快決定你是要吃華夫餅還是煎餅吧，你也知道我跟你一樣想趕快吃到這些東西。」北京很少有餐廳會提供紅方格桌布、蠟筆以及紙質兒童菜單，晚餐供應美式煎餅的餐廳更是僅此一家。「阿姨之家」，正如其名，很快就成了一家人的最愛。飲料用玻璃罐裝著送了上來，馬克認為這是美國家庭式餐廳盲目跟風的標誌，不過家裡的其他人並不認同。馬克拉出一把椅子，平整得恰到好處，而且是木製的，在莉莉的對面坐下，如往常在餐廳就餐時那樣。艾瑪總是堅持坐在媽媽旁邊，基普則總想找一個離大家都很近的位置坐下。有時候幾何學就是這麼難。

「叫車難不難？」莉莉問道。餐廳就在建外 SOHO 區，離她的辦公室只有幾個街區的距離，所以她下班後是直接走過來的。「每天這個時間點叫車簡直太難了。每個人都像上了發條一樣，6 點準時下班，5：45 的時候還是一潭死水，6 點一到，就成了一個熱鬧擁擠的動物園。」

「不難，」馬克回答，「這個時間點有很多計程車可以載我們回家，不要擔心。」

馬克拿起菜單，習慣性的開始看菜單，不過他幾乎每次都會點一大堆煎餅。莉莉幫基普和艾瑪拿過紙質兒童菜單放在他們面前，這樣他們就可以繼續替菜單上色了。盯著菜單上的飲料，她指著那些選項對馬克說道：「這倒提醒了我，你看過史丹利最近發過來的郵件了嗎？就是那份關於我倆基因檢查的郵件，乳糖耐受力檢查？」

馬克點點頭。「看了一點，我覺得他把這些東西整合在一起之後還挺有趣的，但是他的那些郵件也太長了。妳覺得會有幾個人希望掏錢接受檢測之後艱難的讀完所有的檢測報告？如果可以的話，妳以後不用把郵件轉發給我了，告訴我大致講了什麼就可以了，好嗎？」

莉莉點點頭。「是的，但是你也知道他平常說話就這樣。我覺得了解自己的基因挺好的，但是如果他想做這方面的生意，他就得確保人們可以看到自己想看的基因，可以看懂自己的基因啊。如果想檢查自己有沒有『同性戀基因』或者電視上報導的其他基因，我想大多數人也就只想聽到有或者沒有的答案，而不是來一場分析基因組弱點的演講。」

「或許他可以稍微編輯一下，這樣妳就能挖到自己想了解的東西了。提供所有的細節也沒有什麼壞處，不過他可能只是為了把東西都搬到自己的網站上，所以才會跟我們說這麼多。也可能是他希望妳告訴他一般人的想法是怎樣的。妳的確總說他有點偏離社會大眾。」

「上次感恩節的時候，我說你和他都有亞斯伯格症候群，所以你們應該好好相處。」

「媽媽，『愛死漢堡症候群』是什麼？」基普插嘴問道。

「是亞斯伯格，親愛的。這是自閉症譜系的先天性障礙，所以你爸爸和他所有的朋友都不知道怎麼正常社交。」

「人類就是這樣的啊，親愛的。沒有人會像妳所說的那樣，正常社交。總之我忽略了他的郵件。他提到了妳體內有啥突變而且不能喝牛奶，但是我是正常的。」

「不，他說不能喝牛奶才是正常的，而你們這些歐洲人才是突變的呢。我是正常的，你不是。」莉莉反駁道，用手中的菜單指著馬克。

「我想喝巧克力牛奶！」基普說。

「我也要，我也要！」艾瑪也加入了。

「他說孩子可能會是 AC，或 TC，或 CT，也可能會有乳糖基因，我倆基因的混合體，可以喝牛奶。」

「這一點我們早就知道了，馬克，我們每次來這邊他們都會點熱可可。我只希望你的乳糖基因與你其他的不良白種人基因沒有絲毫關係。我可不希望基普和艾瑪遺傳你所有的種族缺陷。」

「行了，別一口一句『你們白人都該死』，這個『沒有絲毫關係』又是什麼意思？史丹利在郵件裡想要解釋這個問題，但我還是不懂為什麼這個很重要。難道是說兩個物體彼此是不相關的嗎？」

「基本上是吧。他提到了很多統計學的知識。實際上這也是我唯一能夠完全理解的部分。如果我們要建立什麼模型，比如說你想預測你們學校的一個孩子考上常春藤大學的可能性，你可能會列出一個公式，包括成績、收入、父母的教育程度，哦……」

「身高、種族、性別、課外活動、父親很傳統……我還可以繼續說下去。」馬克插話道，「我在腦子裡列了一張表，只是沒有列方程式。」

「對的，所以在統計學上，我們通常假設每個適用於預測公式的變數與其他變數之間沒有任何關聯，稱為相互獨立。成績和身高之間的獨立性可能最強，雖然我認為成績和……哦，我也不太清楚，和收入並不會相互獨立。高個子的成績不會比矮個子的更好，但是有錢人家孩子的成績可能會比窮人家孩子的好。」

「學校裡，收入與成績的關係可能沒有那麼緊密，但是我明白這種想法。收入和父母學歷肯定是高度相關的。所以史丹利只是想告訴我們他選取了一些突變的基因，把每項突變基因的風險簡單相加。如果這些突變不是相互獨立的，那他的公式就是錯誤的。」

「差不多，不過通常也不會錯得非常離譜。統計學上必須陳述自己的假設，而他只是在照本宣科。他可能只是在自言自語，並不是在告訴我們什麼東西。我自己在公司也做過建模型的工作，我也經常假想與自己的對話，跟自己講怎麼怎麼預測貿易額，然後看我會不會發現沒用的資訊。不管他建的是什麼模型，如果跟我所建的金融模型類似，那麼他得到的結果就無法解釋我們的基因是怎麼產生影響的。我覺得他建的應該是肺癌風險模型，他選了自己認為預測性強的資料，放棄了那些多餘的和不獨立的因素，然後把所有的合在一起。同樣是做這件事，有些人卻可以利用不同的因素、基因和突變構建一個看起來完全不同的模型。所以從某種程度上說，我猜他只是想說他的模型不是錯的。」

馬克插嘴說：「難道不是嗎？如果他認為肺癌是 X、Y、Z 基因決定的，而門外漢認為肺癌是 A、B、C 基因決定的，妳會覺得他們只是在瞎編亂造嗎？」

莉莉越過自己的杯子盯著馬克。「你就是沒看郵件，對吧？」

「我就是這樣告訴妳的……」馬克想要反駁，但是莉莉揮手讓他安靜一點。

「不，他不是這個意思。」莉莉繼續說道，「但是我想起愛德華之前也這樣抱怨過我的一個模型。『親愛的羅恩，我想麻煩您看一下這份分析深交所 IPO 最初報價的文件。您就會發現他們所使用的方法與莉莉的非常不一樣。我相信她已經盡力了，看不懂這些人寫的文章，說的也讓人聽不懂，所以她沒有意識到，巴拉巴拉。』根本不是這樣啊。還有他舉的那個預測車禍發生風險的例子……」看到馬克一臉茫然之後莉莉停了下來。「好了，別管這些了。反正如果對相關因素了解得不全面，就可能會存在很多不同但效果差不多的模型。以後他了解得越來越深入了，模型也會越來越完善，不同的模型也會越來越相似。總之，史丹利可能有點操心過度了，所以說話的時候更像是一個科學家，而不是一個統計學家。我大一下學期的教授

經常提醒我們，統計模型最好用來預測，不要用來解釋。也就是說，你的模型可能很有用，但是模型中的因素可能不一定是驗證對象的關鍵所在。就史丹利目前的工作而言，最重要的一點就是，只要資料是正確的、有用的，就算模型不完整，那也比沒有模型好。」

發現馬克臉上顯出不贊同她的表情，但莉莉還是繼續說道：「想想看，我們一直都在處理不完整的資訊，這就是生活的一部分啊。就像……呃……你的體重。」

「我的體重？」馬克說著，下意識低頭看了看自己的腰身，「所以我不應該點煎餅嗎？」

「可能不應該。」莉莉表示贊同，「但是大多數人對於自己的體重都多多少少有些想法，而且我們也知道太重了對心臟不好。因為健康會受到很多其他因素的影響，所以體重和健康的關係並不那麼明確。但是如果我們在意自己的健康，那麼知道自己的體重肯定比不知道要好得多。體重不是衡量心臟健康的一個完整模型，但是總比什麼資訊都沒有要好。」

「總之，」莉莉邊說邊開始看自己的菜單，「我剛剛說的意思是，我希望你的突變乳糖基因獨立於你其他的歐洲人基因，就是這些歐洲基因讓你們白人變成了地球的包袱。而且愛德華肯定是一個三重乳糖基因的載體，不然他就不會那麼喜歡拍羅恩的馬屁了。」

「哦，這就是妳看不起白人的原因啊。愛德華今天又做錯什麼事了？」

莉莉準備回答馬克的問題時，服務員過來了。她二十出頭，長得很漂亮，跟北京其他的服務員差不多。馬克替莉莉翻譯餐廳窗戶邊上的應徵啟事時，莉莉並不覺得好笑，因為他們都把「年輕女性」作為主要的聘用標準。「噢，對，」莉莉開口說道，「我們可以訂……呃……我要這個沙拉和兩杯檸檬水，孩子都要巧克力牛奶，還有兒童熱狗，我先生要……嘿，馬克你自己來點那該死的煎餅吧，我根本不知道它中文怎麼說。」

服務員拿走菜單之後，馬克靠過來，拍拍莉莉的手。「真是幹得漂亮。就是要那樣說，但是還要更自信一點，這樣朋友就會以為妳是一個中國通了。」

莉莉瞪了馬克一眼。馬克說這話的時候，莉莉覺得他好像一直在窺探自己的內心，發現了自己希望不再害怕中國的幻想。莉莉繼續說道：「是的，愛德華今天又犯傻了。我本來想打擊一下他，沒想到被他和羅恩合擊了。而且他顯然被升遷了。他的郵件署名從分析師變成了高級分析師。唯一的好消息就是羅恩說辦公室真正需要的是我的分析技能，而不是愛德華那種讓我看起來像個白痴的初級技能。」

「這是妳老闆的原話？還是妳自己的理解？」

「我可以從字裡行間領會到他的意思。我已經決定忽略愛德華了，只想讓他們看看什麼才叫真正的分析技能，而不是愛德華那種掉書袋的技能。之前跟一家當地的風險投資公司會面的時候，他們已經表現出了合作的意向，透過我們的公司來讓美國客戶把錢投到基金裡。這有點像我們一直在做的工作，但這個是我證明自己不是愛德華工具的好機會。」

「我覺得挺好的。但是是合法的嗎？我一直以為會有很多關於境外投資之類的限制呢。」

「是有限制。具體我也不是很了解，所以我得諮詢一下最新的規定。有很多種私企，外國人是不能直接投資的，但是有些公司是他們可以投資的。一般我們會創建一個空殼公司給外國人投資，那個公司的價值與對風投基金的投入部分相關。當然了，細節決定成敗。」

飲料已經上了，裝在寬口玻璃杯中的檸檬水是馬克和莉莉的，巧克力牛奶是兩個孩子的。在和孩子為了最喜歡的顏色的吸管進行了短暫的鬥爭之後，馬克否認了莉莉的說法：「聽起來是可行的，但還是得看自己吧。我知道我們應該遵紀守法，就像我們在美國和歐洲的時候一樣，這是偉大社會的標誌，但是透過漏洞來逃避法律並不是在為社會做貢獻，在西方的時候，我們真的很擅長這樣做呢。在這裡，我發現有些東西已經變調了，妳現在遇到的不是一群善類，如果妳還堅守法律的立場，那麼妳是無法自保的。」

莉莉笑了笑，說道：「你還真是我肚子的蛔蟲啊。不過我也擔心自己會去吃牢飯。」

「那就好，我們還指望靠妳養家呢，替我們點煎餅、哄孩子上床睡覺等。這提醒了我，明天我只上半天的班，學校要開教師會議，不過我不用去。所以我在想要不要搭車去香山，就是北京城西邊的香山鎮，去看看遷徙的候鳥。我打算回來吃晚飯，但是我目前不太清楚公車具體的行程時間，所以可能會遲到。」

「鳥？自打畢業之後，你就沒去看過鳥了。」莉莉說道。

「對啊，時隔太久了。我昨天在學校圖書館看到了一本野外指南，並仔細看了看，學校的教職員應該一門心思想著為學校做出貢獻，所以不要告訴別人呀。好像很多鳥類都會遷徙到北京。而且，妳知道嗎？這裡可是燕子的王國呢！」

「是什麼？」莉莉問道，從基普的紙質菜單上抬起頭。基普正在上面畫迷宮，當遇到死胡同的時候，基普使用了「穿牆而過」這一古老的戰術。「燕子王國？」

「嗯，是的。」馬克說道，「就跟燕京啤酒一樣啊。」他指了指餐廳角落的冰箱，裡面裝著一排排綠色瓶子，瓶子裡裝的是北京當地的啤酒。看到莉莉一臉茫然，馬克繼續說道：「『燕』就是『燕子』的意思，『京』就是『首都』的意思。燕京就是燕子王國首都的意思。顯然兩千年前這個地方是燕國，北京就是燕國的首都。燕國消失了，但是名字被保留了下來。天氣晴朗的時候，我們可以看到一條向北延伸的山脈，它就是燕山，也就是燕子山。」莉莉漸漸有了興趣，如果他談論的東西很深奧的話，莉莉一般是不會這樣的，所以馬克繼續說：「實際上這整個地區曾經是薺、燕王國的國土，『薺』就是『薊』的意思。但是燕國給薺國一記重擊，然後薺國就消失了。從此以後，一直到第二次世界大戰，這個地區的歷史對我而言都有點模糊。我只是因為名字才記住了那部分，他們為這座城市增添了色彩。有時候這座城市顯得很黯淡，特別是汙染嚴重的 2 月。」

「黯淡？」莉莉插了一句，「波士頓的 2 月才是黯淡的。這裡簡直就是個魔都。」

「是的，好吧，只是餐廳更好吃。不管怎樣，當北京城變得黯淡的時候，我就恍惚覺得它還是燕子王國和齊國的首都，被北邊的燕子山守護著。如果在這個地方出生，怎麼可能感到絕望呢。」

她對馬克舉起自己的馬克杯。「為在燕子王國的生活乾杯，也為不再受愛德華糾纏的生活乾杯。我最近正在看一些中國敬酒禮儀的東西，碰杯的時候要保證自己的杯子比輩分高的人的低。乾杯！」

「乾杯！」馬克回應道。

# Note. 13 堅持到底

## 6月2日　又一篇日誌

我承認，直到去上課的前一天晚上，我才寫下這篇日誌，所以這就更像是一份家庭作業了。與上一次寫日誌時相比，我更加不確定日誌該怎麼寫了。我把那首詩反覆讀了幾遍（……使我不要求人安慰我，但願我能安慰人；不要求人了解我，但願我能了解人……看吧，我記住了！）。上次我以為我已經領悟到一些東西，以為這種冥想是有用的。我在郵件裡寫道：我應該停止讓別人掌控我的生活，詩中說的是去尋求安慰人，而不是要求別人安慰我。我之前保證會自己掌握自己的生活，但是現在我能做些什麼呢，我希望從別人身上得到什麼呢？找到其中的差異好像也很重要。我寫下這句話的時候，這種差異好像就在眼前，但是如果讓別人掌控我的生活，我覺得自己不一定每次都能發現這種差異。

這可能與史丹利做的基因檢測有關係。他好像在說，每個人出生的時候就接好了一手牌，由父母雙方的基因混合而成，然後締造了一個全新的自我。遺傳學讓我們看清自己手中到底有哪些牌，然後更好的決定怎麼打好人生的這手牌。也就是說，雖然我們不能控制自己能遺傳到哪些基因，但是在了解自己的基因之後，怎麼對待已有的基因就是我們能控制的了。

但是現在……我越讀那首詩，越覺得那是一種偽哲學。那首詩的核心可能真的是在探討給予、善良等的重要意義，反對自我主義，而且甚至好像在暗示完全放棄自我！這就是冥想的重點，對吧？幫幫我。

我感覺每一天就這樣從指間溜過，除了無用的掙扎，我什麼都做不了。我把自己偽裝成一名有能力的女性，一位高管，一位與數字打交道的人，但是刻板印象太糟糕了。國際化、現代化，有野心，容顏尚好，我希望如此。在我還美不美這個問題上，馬克的回答一點用都沒有，因為他總是滿口謊話，不然就是情人眼裡出西施。

但那只是我的外表，是我上台表演前戴上的面具。內心深處，除了一個充滿困惑和矛盾衝突的……我什麼都不是。我也不知道，可能就是什麼都沒有吧。無的衝突？我的腦海中充斥著不和諧的、喧鬧的聲音，告訴我早就應該做點什麼或者我現在應該做卻沒有做的事情。那可能就是我靈魂的全部了。我需要一些什麼來消除這些噪音，希望能讓我看清楚自己到底是什麼樣的人。可能我此時此刻不應該一門心思想著基督教冥想。我可以成為德蕾莎修女，去拯救世界，但是首先我得完成自我的救贖。雖然我喜歡她的頭髮，她穿那些長袍也很好看，但還是希望我的皮膚能比她的好。聽說她是義大利人，她可能放棄了自己的財富，但還是保留著自己獨到的時尚品味。

我不知道……我內心的一部分在說我應該直接放棄這次冥想，閱讀更多的管理類書籍，在工作中戰勝愛德華。但是我已經嘗試過幾次了，我努力去適應他們的遊戲規則，但是那只會讓我更鄙視自己的生活，我的生活一片混亂，然後我就更努力去適應，反反覆覆，無限循環。

在這篇日誌裡，我講了我是怎樣把史丹利的遺傳學與控制的想法聯繫在一起的，但是現在看來這種聯繫好像有點微妙。我明白了解自己的基因能夠更好的認識自己，我對抗整個世界的時候又多了一樣武器。但是這並不會為愛德華帶來致命的影響。我還是得艱難度過每一天。我的肺癌風險程度可能正常，知道這個真的能夠幫我在生活這場遊戲中取勝嗎？如果風險程度高的話，我就會明白應該做點什麼了，但是我的生活已經很複雜了，無法經受更多的戰爭了，所以不管史丹利檢測出什麼結果，我還是不要知道比較好。得肺癌好像是一件挺糟糕的事情，也不會讓我的生活變得更簡單。至少在這段時間，為了找到一種長期的解決方案，我可能會強迫自己放慢節奏。每一天身邊都有太多事情在發生，我都不知道自己是否有足夠的精力去應付。

好吧，這篇日誌才像真正的治療。我要和伯特決戰到底，透過寫日誌接近上帝，整理一個穀倉，成功的機率可能差不多。

# Note. 14 尚未開始

莉莉將一本裝訂好的日誌放在伯特桌子的正中間，確定他的桌子沒有堆滿雜誌、報紙和書籍之後，她又窩回了自己的座位上。

「師父，看看這個吧，呃，請給我……我一本書看一看。」她說道，順手扯了扯自己的衣服，沒有抬頭，她又補充說了一句，「我覺得您可能會失望的」，帶有失望並不受待見的語氣。

伯特看著莉莉，然後看了看放在他桌上的日誌。他小心翼翼的用雙手拿起日誌，放在面前。莉莉避免與他的眼神交流，只是呆呆的看著他的手。他的手指修長，看起來像是好好保養過的。她在想他有沒有結婚，她從來沒有問過這個問題，很難想像他這種人會有妻子。過了一會兒之後，他開口說道：「我真的沒有必要讀妳的日誌。妳的日誌是寫給自己看的，也可能是寫給上帝看的，如果上帝不忙的話。我對妳的日誌有什麼看法並不重要。」

「您若不讀，我就把它唸出來，」莉莉說道，「可能得您讀過之後我才會明白日誌還是有用處的。」

「啊，如果是這樣的話，我肯定會讀的。謝謝妳。」他對著莉莉微微點了點頭，坐了回去，將日誌翻到最後一頁。莉莉看著，努力表現出一種自己不需要別人鼓勵的姿態，幻想著自己在冥想和啟蒙運動的壓力面前丟盔棄甲。但是伯特在閱讀的時候，發出一陣陣的笑聲，連眉毛都在跳躍，還時不時發出撕心裂肺的「啊」，她的信心瞬間縮水。她開始後悔讓他看日誌了，後悔今天來上課了，因為現在伯特已經準備讀第二遍了，她甚至開始懷疑自己當初離家去上大學的決定，更別說當初決定來北京了。可能在某人看來，她甚至不應該降臨這個世界。伯特終於抬起了頭，帶著徵求許可的表情看著前一篇日誌，莉莉卸下了心頭的防禦，聳聳肩膀表示同意。她看著窗外，發現樓下小院裡停著兩輛報廢的公車，但是它們應該無法穿過那條窄窄的車道啊？難道是用了起重機？也有可能因為沒人能找到鑰匙，所以他們就直接圍著車子建了房子。這簡直就是一個形容北京迅猛發展的絕佳類比。不過其實她並不知道類比到底是什麼。

最後伯特闔上了日誌，將其放回了桌上。莉莉將視線收回，壓根沒有意識到她的呼吸暫停了幾分鐘，隨後發出一聲嘆息，然後哀嘆。「然後呢？」她叫道，視線從日誌轉向伯特，有點後悔自己話說太快了，顯得過於不耐煩。

「哦，我覺得挺好的。大多數學生需要更多的時間來發現這是在浪費時間，而且大多數人寫日誌的時候不會表現得這麼有熱情。」

「但是關於我聽課的事呢，您不準備說點什麼嗎？」

「啊，我明白了，我並沒有在妳的日誌中讀到這個啊。我讀到了妳的質疑，但是妳最後用非常有哲理的話做了總結……」這時伯特又拿起了那本日誌，而莉莉則在咬自己的下嘴唇，覺得自己比剛進門時更渺小了。「是的，」伯特找到了那句話，繼續說道，「『……透過寫日誌接近上帝，整理一個穀倉，成功的機率可能差不多。』妳知道嗎？其實這句話很棒。」

「是嗎？」莉莉疑惑不已，「我並不是有意這樣的。」

「可能有時候整理穀倉也可以讓我們離上帝近一點？」

「呃，您應該是在打比方吧。把穀倉比喻為我們的靈魂或者之類的東西？」

「不，」伯特糾正她，「不過漢語中有很多很好的比方。我說的『穀倉』

只是『牛圈』。」

「我可不想去整理牛圈！」莉莉說道，自開課以來她還是第一次對某件事情如此肯定。

「我也不想，」伯特表示贊同，「我的意思是說，妳從沒說過妳想完成冥想課程，但是妳的確說過妳想離上帝近一點。」

「我有嗎？」莉莉問道。

「上次我給妳的那首詩，妳解讀得很棒，不過其實在冥想的過程中並不用對祈禱作批判性分析。」

「分析……好吧，我好像是這麼做了。」莉莉聳聳肩，笑了笑，這還是她今天第一次笑呢。

「挺好的，」伯特回應道，「我只是想讓妳知道，我給妳那首詩，並不是大學老師為學生安排文本批評的作業。但是妳已經發現了『在死亡中才能尋求永生』這句的重要性，知道怎麼分解這個廣泛的建議，還把它放到宗教的背景裡，這一點讓我很欣慰。」

「但是我有一個重要的問題，」莉莉插嘴說，「我現在也不確定自己需不需要了解宗教。我只是想要一些簡單的工具，能幫我掌控自己的生活就行。」

「是的，我也發現了。這裡我可能要糾正一下。妳好像想區分有用的東西和深刻的東西。妳第一次覺得這首詩有意義，是因為覺得它可以幫助妳更好的控制自己。我覺得那樣挺好的。但是後來妳發現那首詩還有更深刻的意義、更實用的意義，所以妳覺得一開始的意義是錯的。其實我覺得不是這樣的。」

「更深的意義？」莉莉發問，「更深……您指的是更深刻，對吧？它怎麼揭示真實的自我，這不是也很重要嗎？」

「是的，更深刻的意義，更深入的意義。但是妳一開始發現的意義也很有道理。」看到莉莉疑惑的表情，他繼續說道，「我替妳把那首詩簡化一點，妳就會明白。它的核心思想是『不要這樣做，要那樣做。不要這樣做，要那樣做。不要這樣做，要那樣做。』然後反反覆覆。這聽起來像什麼？」

「我媽？」

「沒錯！」伯特驚呼，「當媽的人總是非常實用的，宗教也是這樣。這裡就不多說了，『正因為是實用的所以才缺乏更深刻的意義』。有時候這句話是對的。我母親一般比較膚淺，要是她說『考好一點，不然我就要生氣了！』，『生氣』對她來說並不是什麼人神關係的展現。但是宗教既可以深刻，也可以非常實用。妳能找到那首詩的雙重涵義就已經很棒了。」

「但是難道不是深刻的意義比實用的意義更有意義嗎？我的意思是，深刻的意義才是真實的，如果讓真實意義更加易於消化，那麼才會有實用意義。」

「不好意思，『易於消化』指的是……」

「噢，對不起，師父，就是容易消化、容易食用的意思。就是說我們簡化真實的意義，這樣就方便在日常生活中使用。」

「是的，我認為是這樣的。」伯特贊同的說道，身體因為興奮而向前傾，「但是妳的說法有點消極，深刻的東西也有大用處啊。難道妳沒有發現生活中的一些日常小事有時候也非常深刻嗎？約翰·多恩說自己可以從一粒沙中看到無限的宇宙。或許我們可以把深刻意義當做對這個世界怎麼產生的理解，把實用的意義當做對怎麼在這個世界生存的理解，這樣看來，其實實用意義是非常人性化的。我有時候覺得自己只是一個宗教人士，而不是屬靈的人，就是因為這個。」說到這裡，伯特拍了拍桌子，重新後靠在椅背上，面帶微笑。隨後的沉默提醒了莉莉，她這個時候應該做出一些回應。

「您說……不好意思，那是什麼意思？」莉莉問道。

伯特嘆了口氣，但看起來尚未灰心。「這只是一個玩笑，可能只有我自己覺得好笑吧。我經常聽到現在的人說他們是屬靈的人，而不是宗教人士。我也可以理解，可能他們只是對組織宗教不太滿意，也可能還有很多其他的原因。我說自己是宗教的人，而不是屬靈的人，可能只是為了顯得與眾不同。除了觀點相反之外，其實還是有點道理的。『屬靈』只有深刻的意義，一般不怎麼實用。如果沒有實用的意義，那麼一切都只存在於我們的頭腦中，一切都只是脫離日常生活的美好幻想，我們就會迷失自我。宗教既有實用的一面，也有屬靈的一面，此消彼長。在基督教裡，我們總是幻想存在這樣的一種世界，在這個世界裡，金錢、權力沒有任何意義，愛和正義是最起碼的要求。不，不是最起碼，可能是基礎，愛是基礎，在這個基礎上衍生出了一系列歷史悠久的傳統，包括儀式、法律、祈禱和實踐的傳統。這些實踐，我們做的所有事情，都是非常人性化的。它們可能無法完整展現幻想中的世界，但是它們經受了年復一年的檢驗，滿足了我們的要求，彌補了我們的缺陷。妳目前正在做的就是其中的一項。」

莉莉坐回椅子上。到目前為止，這可能是伯特說過的最長的一段話了。「我想我明白了。您的意思是，我們之所以去實踐，只是為了在力所能及的範圍內展現基督教的理想？」

「不好意思，妳的英語說得太好了……但是我覺得妳大致是對的。我的意思就是說宗教實踐是踐行自己信仰的一種非常人性的方式。」

「就像冥想一樣？」莉莉問道，覺得自己好像輸了一場戰鬥。

「是的，就好比冥想。妳看，妳一開始就找到了一種可行的方法來理解那首詩，還把它跟自己的生活聯繫起來。一般舉行儀式和祈禱的時候才會這樣。境界分很多種，妳提到的那些管理哲學書就存在一個問題，這些書裡列舉的時間還沒有達到一定的境界，是沒有根基的。但是這種書現在很流行，我也有一些。」這裡伯特朝自己身後揮了揮手，不過莉莉看到的只是一堵蒼白的牆，白色的顏料也塗抹得不太均勻，他身後的書架其實是在她的另一邊。

「您的意思是他們的實踐建議是沒有根基的，沒有任何依據嗎？」

「是的，『根基』這個詞用得很好。有時候它們可能是有根基的，就是對人類社會關係的理解，但是它們往往只看到了生活的表面情況。所以妳才會覺得那些書沒什麼價值。但是那首詩裡的實踐建議就不一樣了，那些是妳每天都可以用的。深刻的意義則是使用意義的根基，可以幫助妳理解我們生活的世界。」

「也許吧。」莉莉說，「您說的好像我已經超越了真實的自我。接下來您是不是要告訴我，史丹利的遺傳檢測也是既有實用的一面，也有精神依據的一面？」

「啊，不一定吧。我只是一個比較宗教學的學者，真的不太懂那些東西。」伯特坐了一會兒，開始撫摸自己的鬍子，他的鬍子修剪得有點像莉莉之前提到的「沉思的聖人」。「還有一種看待這個問題的方法，我上課的時候也提到過。」他繼續小心翼翼的說道，「宗教是描述性的，是幫助性質的，它讓我們了解生活的世界和它的根基，告訴我們怎麼生活。因為宗教總是禁止人們做一些事情，所以往往有剝奪人權的嫌疑。管理類的書通常只是幫助性的，不具備描述性，它們無法認識真實的世界。遺傳學是描述性的，但不具備幫助性。遺傳學可以告訴妳等位基因是什麼，妳有哪些等位基因，但是我並不認為它能給出什麼實用的建議。」

「所以它是沒用的？史丹利說，如果能夠跟醫療系統相關聯的話，那麼遺傳學說不定還可以提供一些有用的建議。」莉莉問道。

「不，可能很有用，這是一個開放的領域。基因不會告訴妳應該怎麼處理它，如果有的話，那也都是人自己想像出來的。人應該怎麼面對理想的世界，這個問題代代相傳，因此就有了宗教。遺傳學是沒有這種歷史累積的。」

「哦，還沒有，still not have，」莉莉大聲翻譯給自己聽，「好吧，我想您說的也有道理。遺傳學揭示了我們生活的世界，揭示了人類自身，但是並沒有從本質上說明我們應該對此做點什麼。那就是史丹利應該做的事情了。」

「不，不是妳的堂哥該做的事。妳說他把這個稱為『個人基因』，所以這是個人應該做的事情，應該由妳自己決定做些什麼。」

「我嗎？我的天，除了我的遺傳代碼，其他所有事我都不知道該怎麼處理。」

「那妳堂哥應該給妳更多的幫助。」伯特建議道。

「我會轉告他的。」莉莉從桌上拿起自己的日誌，用手撫摸著布料封面，然後將日誌放在了大腿上。「好吧，您說服了我，我會再堅持一段時間的。」

「妳說的是遺傳學嗎？」

「不。好吧，也可以這樣說。但是其實我指的是冥想課程。」

「妳繼續上課，這是毫無疑問的。我看妳的日誌也明確表現出了這一點。」伯特道。

「不，也沒有那麼明確吧，」莉莉反駁，「我今天來就是想來退掉這門課的。」

「妳應該再好好看看自己寫的日誌，」伯特建議道，對著日誌的方向擺了擺手，「反正我讀出了不一樣的意思。妳現在可能希望我為下週的課程選另一首詩……」說到這裡，伯特環顧了一下自己的辦公室，朝著大概是一堆文件的地方動了動手指。「但是我覺得最好再讀讀這首詩，進一步深化冥想吧。」

「這個時候不是應該來點根香嗎？」

伯特好像在認真考慮這個問題。「點香可以讓妳放輕鬆，挺好的。但是我並不想把亞洲式的冥想與基督教的混為一體，我們的冥想課不是為了把我們自己移出這個世界，而是成為這個世界的一部分。這不就是妳想要的嗎？更實用？」

「是吧。」莉莉同意他的說法。

「好！那麼我們要努力成為這個世界的一部分，這樣妳以後就可以不用再冥想了。不過，冥想還是很實用的，可以讓我們集中注意力。」

「聽起來很不錯啊，」莉莉說，「要不要去寺廟或修道院？」

「不用，而且中國也沒有什麼基督教的修道院。」

「您可以送我去佛教寺廟，我保證不會改變宗教信仰的。」

「再強調一下，我並不贊同這種做法。亞洲式的冥想和基督教的冥想可能有些相似的地方，但兩者的目標並不是一致的。我們現在正在努力讓妳深化個人與上帝、與世界、與妳自身的關聯，亞洲式的冥想會讓妳分心，引導妳觀察客觀的前景。兩者都有優點。但我可不想讓妳弄混了。」

「弄混？您的意思是令我困惑？」

「不，我的意思是沖淡，讓妳和水混合，讓妳變弱。」伯特解釋道，看上去有點窘迫。

「哦，您是不想削弱我，是嗎？」

「是的，削弱。謝謝！如今很多亞洲人、西方人和美國人都會接觸一些屬靈的修行，但是他們只選簡單的部分，放棄需要實踐和刻苦學習的部分，這樣太膚淺了。我有一個朋友在黑龍江有一個很棒的小房子，他本來是想在沒有山的地方滑雪的，就像在奧運會上那樣？」

「越野滑雪嗎？」

「沒錯！挪威人非常擅長這個。他現在在澳洲工作，鑰匙給我保管了。我會發一封郵件告訴妳小屋的具體位置，鑰匙其實就在小屋裡，就在小屋後面的一個罐子裡。那裡靠近俄羅斯邊境，周圍都是針葉林和樺樹，非常安靜。小屋雖然簡單但是也很乾淨，非常適合冥想。」

「好的，謝謝。」

「但是這是以後的事，現在還不急。今天，我們上冥想課的目的是更好的認識上帝，或者讓上帝更好的認識我們。這是一種友誼關係，所以兩種說法意思一樣。我們第一次上課的時候也說了，祈禱就是跟上帝建立友誼。既然妳已經讀過這首詩了，也跟我討論過這首詩了，所以這個星期我希望妳能把這首詩告訴上帝。」

「想必祂早就聽到了。」

「是的，沒錯，我也這樣覺得。但是他也可能不知道妳在思考這件事，可能妳都不知道自己在想些什麼。」

「我早就發現了，我自己都不了解自己知道些什麼。」莉莉以笑聲表示她的贊同。

伯特在理解這句話的時候表現得很沉默，安靜的重複一字一詞。莉莉揮了揮手，「沒什麼啦，只是一個玩笑。」

「嗯，好的。這一週很重要，妳現在是真正開始冥想了。」

「那前面兩週我都在幹嘛？」

「那也是冥想，只是妳不覺得而已。現在妳知道了吧，還是有差異的。」

「我希望我也能有您那樣的信心，師父。」莉莉叫道。

「伯特，我會認真思考的。下週見……呃……星期四見。下週四見。」

# Note. 15　指尖的基因組

發送至：陳莉莉
發送時間：7 月 4 日上午 1：02
主題：透過妳的基因取得真經的七重道路
----- 原始郵件 -----
發送自：陳莉莉 [lchen@pantheon-inv.com]
發送時間：星期二，7 月 3 日上午 11：21
發送至：史丹利·陳
主題：透過妳的基因取得真經的七重道路

莉莉：

妳好！

我真的得見見妳的那位冥想導師了，他聽起來太厲害了。還有，我很喜歡妳寫的郵件主題。我之前可能跟妳說過我是個「非嚴格的佛教徒」，但是那首詩聽起來很熟悉，有點像小時候我媽帶回來的禱文。除了基因組的部分，我猜那個時候這個詞還不存在呢。［好吧，這是錯誤的。我剛剛查了一下這個詞，發現它的詞根是希臘詞 γßνομαι（「成為」的意思），而且早在 1920 年就已經出現了這個詞的現代意義。］

妳的導師認為基因組學是描述性的，而不是幫助性或者剝奪人權的。這種觀點很巧妙，而且跟現代社會對怎麼處理個人基因組的討論密切相關。基因組學只是一種工具，可以用來揭示世界的某個部分，個人基因組學則是用來揭示人體所有基因的工具，它本身不會告訴我們下一步應該做些什麼。我找出了我上次發給妳的郵件，我發現，針對如何規範個人基因組學以及將多少資訊納入標準醫療體系之中這兩個問題，並沒有達成共識。這仍然是一門新興的科學，還有很多值得學習的，目前得到的答案也都是不完整的。不管我們從中得到什麼資訊，都比沒有任何資訊要好，但是關鍵在於我們應該怎麼使用那些資訊呢？

正因為它只是描述性的，所以我們的基因沒有告訴我們應該怎麼處理其中包含的資訊。

從好的方面來看，這意味著我們可以最大限度的自由使用這些資訊——真的就是個人的基因組。雖然很多人不會希望知道他們的基因裡有些什麼，除非他們需要根據自身的基因代碼來作某種決定，根據他們的等位基因來決定做這個還是做那個。雖然一些跟藥物反應有關的基因能夠給出明確的答案，但是這樣的基因畢竟是少數。是否有很多人想要了解自己的基因，並且自己弄懂怎麼處理這些資訊，對此我抱持懷疑的態度。

從不好的方面來看，遺傳學之所以純粹是描述性的，就是因為它缺乏一些元素，一些妳導師提到的宗教元素：儀式、習俗和傳統。遺傳學的使用無歷史軌跡可循，也不是文化的一部分，在處理遺傳學方面也不存在令人廣為接受的習俗傳統。不過，那一天總會到來的。成為基因組學的先鋒有一個令人興奮的地方，即在努力使遺傳學成為文化一部分的過程中，我們很榮幸的成為世上第一人。但是現在，我們還處於慢慢探索的階段。

我應該加把勁幫妳弄懂怎麼使用這些資料，這一點妳導師說得倒沒錯，提供更多的幫助很重要。我為什麼希望網站具備互動性，我為什麼希望 Wiki 成為網站的核心部分和任何客戶都可以編輯的平台，這就是原因之一。不是為了傳播資訊，而是為了把想了解自己基因的人集合在一起。在郵件裡這樣寫好像有點烏托邦，但是我認為我們應該共同決定怎麼使用這種新資訊，而不是讓哪個專家來解釋。

在幫助妳上邁出的一小步意味著我在使網站具備報告結果功能上邁出了一大步，所以妳現在可以在一個簡單但標準的表格中查看妳的每一條基因資訊了。相比這些長郵件，那些表格可能更容易理解一點。我已經建立了一個網站，也已經開始運作了，我希望自己能在下一封郵件中與妳分享相關進展。以上就是這封郵件的全部內容了，最後不得不說一句，哲學真的讓我很頭大。

史丹利

---------------------------------------

發送自：李松
6 月 4 日上午 6：15

我們確定明天下午兩點開會，討論跟貴公司合作進入中國市場的新投資方法，感謝！

---------------------------------------

發送自：陳莉莉
6 月 4 日上午 7：57

好的，明天下午兩點我肯定會出席會議的。很期待我們的討論。

發送至：陳莉莉
發送時間：6 月 4 日上午 8：15
主題：指尖的基因組

莉莉：

妳好！

我又來了。為了信守上次的承諾，我在郵件裡附了一個新網站的連結。更確切的說，是在郵件的最後附了一個連結。我得事先提醒妳，現在網站上還沒有什麼內容，在幫公司拉到投資之前，我也只能把網站弄成這樣了（拿到投資之後，就可以僱一個真正熟悉編輯此類互動性網站的人）。但是，其實我也非常需要實際有用的東西，這樣我才能在投資商面前展示我的想法（也是在向妳展示，然後幫助我找出一個網站需要具備的功能）。

至於怎麼展示個人基因組資訊，我覺得主要有兩個角度。一個是從 DNA 的角度。妳可以指著自己基因組的某個地方，然後問「這裡有什麼序列？」而且如果網站與一個有趣的健康主題有關，妳可以透過連結來關注。另一個是從視覺角度。妳可以透過輸入基因的名字來實現搜尋。或者直接把妳的染色體展現在妳的面前，然後借助滑鼠和滾輪就可以觀察整個染色體。

身為一個遺傳學家，我肯定會首先想到這個，畢竟，我們公司名稱裡就包含了「DNA」，所以前面加上「以基因為中心的」也合情合理，而且很有必要。舉個例子，如果新聞中提到了最新發現的基因，如老年痴呆症基因、同性戀基因之類的（記得提醒我下次在網站上放一些文章，說說為什麼這些新聞報導不是錯得一塌糊塗就是過於簡單），那麼妳應該只要輸入 MDR1，就可以看到妳這條基因裡的所有等位基因了。但是最有用的工具可能還是我最開始提到的基於疾病的角度。等等，疾病聽起來太消極了，儘管在幫助我們預測疾病風險方面 DNA 非常關鍵，但是 DNA 的角色遠不只這些。我覺得我應該說健康視角，或者應該說生活視角，因為 DNA 涉及我們生活的各方面。

我在網頁上放了一張健康列表，每一項都對應特定的等位基因，讓客戶可以迅速找到跟自己最相關的資訊。我將這部分資訊分為了三類：疾病風險、性狀（我還在想一個更好的表述方式）、載體狀態（我等下再解釋這個）。疾病風險類目下面會包含類似於「肺癌」的內容。這一點我們已經討論過了；性狀類目下則包含我們喝牛奶或酒精等的能力特徵（跟我們前面討論的一樣）。

疾病風險部分的頁面顯示了一張簡單的條形圖，包含了重要遺傳資訊的各種失調現象，顯示了罹患該種疾病的風險程度。我決定在這兩種方法中選擇一種來顯示這些資料，如果不是顯示一生中罹患該種疾病的可能性，就是顯示相對風險程度。這兩種方法各有利弊。圖 15-1 所列出來的條形圖跟妳無關，我只是為了說明情況隨便畫了一個圖。這張圖沒有顯示所有用於風險預測的失調現象，否則的話，列出來的表單要長很多，而且還會越來越長。

## 相對風險

把一個人罹患以上疾病的風險程度與同種族的其他人相比，就可以得出上面的條形圖了，在這張圖中，「1」代表了平均程度。在此條形圖中，我們可以一眼就發現哪種疾病的風險程度異於一般程度，但是也存在兩種使資料失真的情況。一種情況是，低風險從 0 到 1，而高風險則是從 1 到無窮大，所以兩者的比例不一致。身為一個「一切以資料說話」的人，這讓我傷透了腦筋。透過對風險程度進行對數轉化可以改善這一情況，經過對數轉化之後，高風險係數和低風險係數就都接近於 0，而且比例一致，但是也可能會把人弄糊塗。第二種情況更重要，在這張條形圖中，「高風險」的「高」並不意味著妳患病的可能性「高」。患病的風險等於相對風險係數乘以患該種疾病的一般風險係數。我借用了上次在我姪女的郵件中看到的話來突出一個例子：如果她發現跟其他亞洲女性相比，自己得妊娠糖尿病的風險要高出 3 倍，她會有的反應。資料看起來很糟糕，但是如果這種疾病比較罕見，妊娠糖尿病本身也就是一種比較罕見的疾病，那麼高風險乘以低普遍性之後，可能得到的結果是罹患該種疾病的可能性較小。

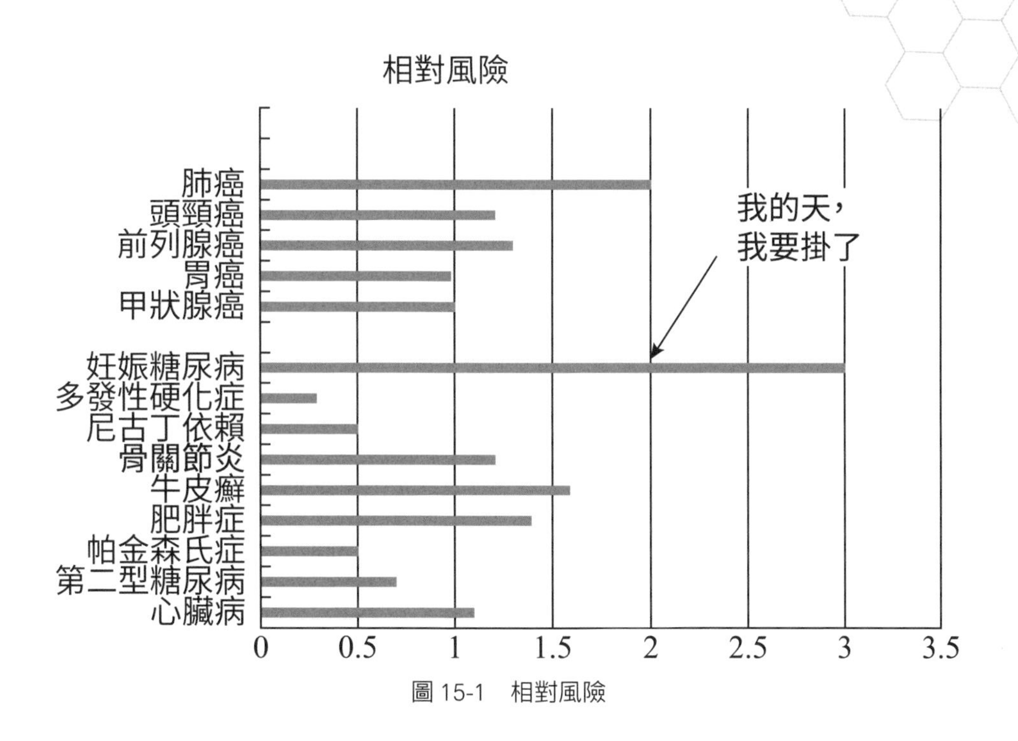


圖 15-1　相對風險

# 終生風險

同樣分析這種資訊，還有另一種方式。條形圖 15-2 顯示了一個人一生中罹患某種疾病的可能性，資料透過基因檢測得出，以百分比表示。終生風險係數有一個好處，就是它顯示了比相對風險更有意義的一些東西，但是它也存在問題。在上面提到的例子中，我腦補了我姪女因得知自己得遺傳性心臟病的風險很高而驚慌不已的畫面（我的天，我要掛了！）。但是這張圖並不能說明心臟病是一種常見的疾病，而且實際上，這張條形圖顯示她的風險程度接近於正常。

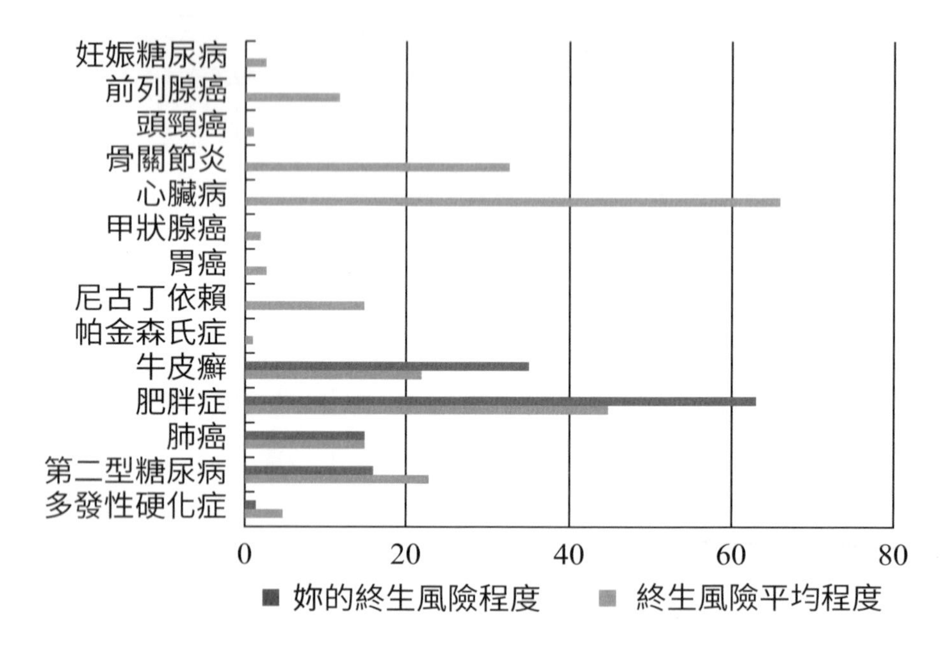


圖 15-2　終生風險

圖 15-3 所示為修改過的終生風險係數條形圖，除了添加一般人的終生風險係數用於比較之外，還根據其相對風險係數大小對疾病進行了排序。患病風險低的疾病用綠色標注，風險高的則用紅色標注。雖然這張條形圖比其他條形圖更複雜，但是卻不會讓人造成誤解。從圖中可以發現，雖然一個人患心臟病的風險較高，但是與一般人進行對比之後，會發現其患病風險其實只是稍高於平均程度。類似的，雖然她們患妊娠糖尿病的風險高於平均程度，但是考慮到妊娠糖尿病不太常見，可能也就不需要過於擔心（不過在懷孕期間還是要更小心謹慎）。

我最開始能想到的使風險預測資料可視化的方法就是這些了。我相信，以後肯定會有表格專家來對它進行完善的，可能會把平均風險係數和個人風險係數合併，雖然簡化了表格，但是結果會更加清晰明瞭。

雖然我從前兩週開始就一直在對妳灌輸相關的東西，但是大多數都比較好理解，不像這種表格圖形那麼複雜。當然我們也必須讓客戶能夠獲得更詳細的資訊，所以妳點擊疾病的名稱，就可以看到預測疾病風險的詳細步驟、對疾病的介紹以及如何使用得到的資訊。

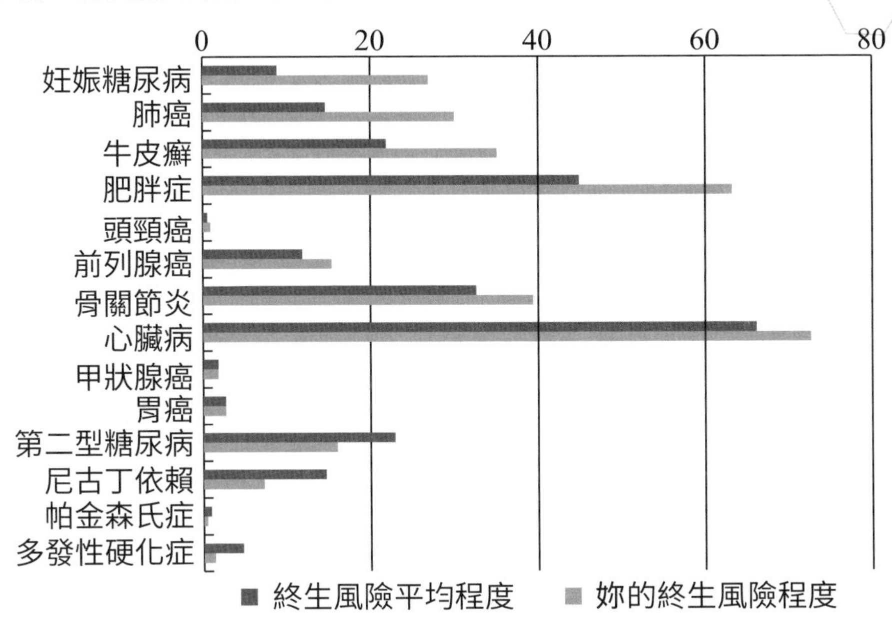


圖 15-3　修改過的終生風險係數條形圖

性狀，即人體的特徵（如乳糖耐受性），因為沒有相關資料，所以很難用圖表來描述。妳或者能忍受乳糖，或者不能忍受。我在基因型後面附了一張列表（基因型產生的影響，例如：可以喝牛奶、喝酒的時候會臉紅等等）。再次強調一下，點擊某個性狀就可以查看該基因型的相關資料了。表 15-1 中的資料不是妳的，只是為了證明如何快速顯示該資訊而舉的一個例子。這張列表也不完整，還存在很多與基因型相關的性狀。

表 15-1　性狀示例表

| 性狀 | 妳的性狀 |
|---|---|
| 喝酒臉紅 | 不臉紅 |
| 眼睛顏色 | 淺棕色 |
| 乳糖不耐受 | 乳糖耐受 |
| 肌肉性能 | 耐力優於爆發力 |
| 吸菸 | 容易吸菸過量 |
| 長雀斑 | 可能性低 |
| 頭髮顏色 | 可能是棕色或黑色 |

| 身高 | 平均值 |
|---|---|
| 智力 | 一般非文字智力測驗程度 |
| 記憶能力 | 平均程度 |

目前在「健康概述」頁面上還有載體狀態這一版塊。這一部分跟疾病風險有點類似，不過這些疾病的遺傳學原理相對容易描述，載體狀態因為缺少相關資料，所以描述起來比較困難。妳或者是載體，或者不是。實際上，區分疾病是否攜帶風險等位基因很容易跟量化疾病風險相混淆，但是我現在先不說這個了。載體狀態在以前很長一段時間裡都被當做遺傳學術語，所以醫生和新聞報導都會用到。與複雜疾病不同，有一些疾病可能只是由少數突變基因引起的，在人類基因組計畫提出之前，這些疾病的遺傳資訊就已經相當明確了，當時的人也會談論某人是不是風險基因的帶原者。因為這些突變基因通常是隱性的，也就是說在一個人罹患該疾病之前，必須具備兩個拷貝的突變基因，如果只具備一個突變等位基因（即風險基因），那麼是不會表現出任何症狀的。這種人就被稱為疾病帶原者。他們不用擔心會被這種疾病整垮，但是如果配偶也是疾病帶原者的話，那麼後代可能會有一定的風險。

例如囊狀纖維化可能是由囊狀纖維化跨膜電導調節（雄性生殖道）基因的突變引起的。這些突變基因會加速疾病的惡化，典型的症狀是因肺部堆積的黏液而導致呼吸困難。雄性生殖道蛋白會對肺內表面的細胞膜產生作用，即調節細胞鹽分的平衡。引發這種疾病的突變基因是隱性的，所以一個人必須從父母雙方那裡各得到一個拷貝的突變 CFTR 基因才可能患上這種疾病。在美國，大概每 4,000 名兒童中就有一個兒童生來就患有囊狀纖維化疾病，每 25 個有歐洲血統的人中就有一個人攜帶了一個拷貝的致病突變基因，但在其他民族（例如亞洲）中出現的機率則要低得多。在 CFTR 基因中已知的可能導致囊狀纖維化的突變基因就有幾十種，但是常見的很少。這意味著我們可以對少數等位基因進行抽樣，發現大約 90% 的帶原者。

再說一遍，這封郵件中的示例表不是妳的，只是為了說明如何顯示帶原者資訊而舉的例子。表 15-2 也不是完整的，對於大多數疾病，我們能夠識別的突變基因很少。在網站上點擊某種疾病，妳就可以查看該基因型的相關資料了。

表 15-2 攜帶突變情況示例表

| 疾病 | 是否出現突變 |
|---|---|
| 囊狀纖維化症 | 是 |
| 乳癌 | 否 |
| 范可尼氏貧血 | 否 |
| 血鐵沉積症 | 否 |
| 苯丙酮尿症 | 否 |
| 鐮刀型貧血 | 否 |
| 泰薩氏症 | 否 |

好了，妳就把這封郵件當做一個長長的導言吧，妳可以用這個登入網站去查看自己的相關資料：lchen ／密碼。網站現在還不完整，也沒有上列圖表所列出來的那麼多疾病種類。但是妳可以從中大概了解到「點擊獲取」自己的基因資料是一種什麼樣的體驗。如果有什麼問題請告訴我。

祝好！

史丹利

附：我還在補充我的資料庫，所以妳的頁面看上去會有點奇怪，有一些疾病至今還沒有任何資料，而只有預留位置。表格中會提示妳「無相關資料」，我很快就會進行補充的。看看吧，上面有一些關於疾病的新進展！

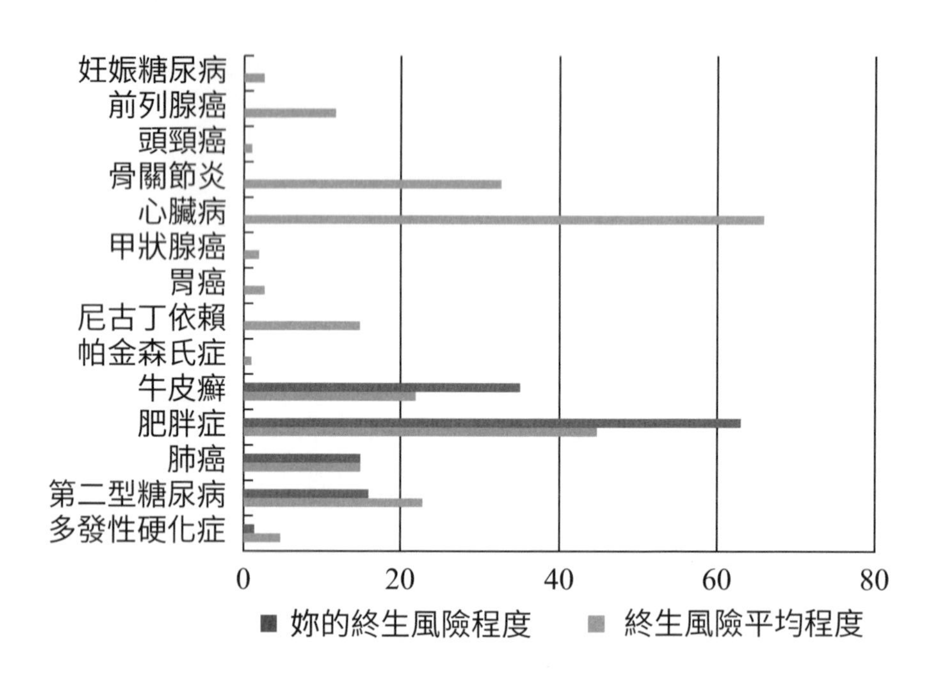


終生風險係數條形圖

| 性狀 | 妳的性狀 |
| --- | --- |
| 喝酒臉紅 | 不臉紅 |
| 眼睛顏色 | 淺棕色 |
| 乳糖不耐受 | 乳糖耐受 |
| 肌肉性能 | 耐力優於爆發力 |
| 吸菸 | 無相關資料 |
| 長雀斑 | 無相關資料 |
| 頭髮顏色 | 無相關資料 |
| 身高 | 無相關資料 |
| 智力 | 無相關資料 |
| 記憶能力 | 無相關資料 |

性狀

攜帶突變情況

| 疾病 | 是否出現突變 |
| --- | --- |
| 囊狀纖維化症 | 否 |
| 乳癌 | 否 |

| 范可尼氏貧血 | 無相關資料 |
|---|---|
| 血鐵沉積症 | 無相關資料 |
| 苯丙酮尿症 | 無相關資料 |
| 鐮刀型貧血 | 無相關資料 |
| 泰薩氏症 | 無相關資料 |

圖 15-4　結果查詢介面

## 肥胖

眾所周知，有一些人比其他人更容易變胖，而有一些人暴飲暴食也不會胖一絲一毫。感覺總是不真實的，一般而言，我們總覺得自己喝水都會長肉，而別人吃什麼都長不胖，由此可見，感覺與現實是有偏差的。不管怎樣，在調節自身體重方面，基因的確扮演了重要的角色，儘管基因如何影響肥胖是一個很複雜的問題。

肥胖基因很大程度上還是一個謎。事實證明它比我們想像的更為棘手。許多生理因素會影響這一複雜的特徵。鑑於肥胖可能是由於體內儲存和積聚了過量的脂肪所導致的，所以顯然肥胖與控制脂肪新陳代謝的基因有關。然而與肥胖關聯最大的是大腦的基因。透過控制飢餓感來調節體重似乎是一個主要的途徑。早期的人類可能生活在一個營養不良的條件下，食物中的脂肪和糖分含量就是判斷其是否有營養的標準（換句話說，有營養的食物就是卡路里高的食物）。在這樣的條件下，人們想出了一套複雜的方法來判斷自己是否是飽的，以及身體應該對所吃的食物做出何種反應。表 15-3 中主要包含兩個標記的檢測結果。我們找到了強有力的證據來證明這些基因的影響和作用。當然，還有很多基因會影響肥胖風險。在了解遺傳肥胖症風險的初級階段，這兩個標記可以造成輔助的作用。

肥胖是一個嚴重的個人及公共健康問題。正如我前面所說的，基因在肥胖中扮演了重要的角色。一般而言，基因至少可以使一個人多出約 2.26 公斤的體重。人的行為也是導致肥胖的主要原因（如上所述，基因會影響我們的飲食行為）。據聯邦衛生署的統計結果，大約三分之一的美國人存在超重的問題，而許多肥胖相關的疾病，例如糖尿病和心臟病，也是主要的致死原因。撇開我們的基因資料，不管其說明罹患肥胖症的機率是高是低，我們還是可以維持健康體重的。只是因為存在基因的影響，一些人可能得比其他人更努力才能做到這一點。

圖 15-5 說明了妳的基因型對表 15-3 中兩個標記的影響。黑色條形說明風險增加，而深灰色條形說明風險減少。淺灰色的條形說明該標記物的影響範圍。表 15-3 為每一個標記做了更為深入細緻的解析。

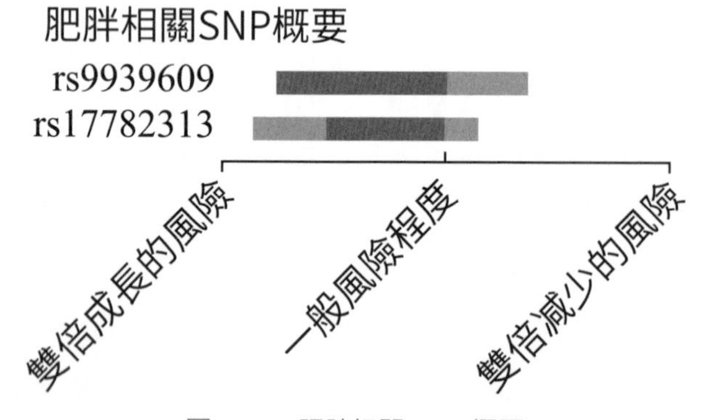


圖 15-5　肥胖相關 SNP 概要

表 15-3　SNP 一覽表

| 英寸 | 基因名稱 | 妳的基因型 | 該基因型普及程度（%） |
|---|---|---|---|
| rs9939609 | FTO | AT | 24 |
| rs17782313 | MC4R | CT | 29 |

# Note. 16 閉嘴

莉莉抬頭看了看，確保愛德華坐在自己的辦公桌邊，他正在用英語跟某人打電話，於是莉莉就在瀏覽器中點進了史丹利的 DNA 網站。她才發現了代理伺服器的存在，公司的電腦連接器上都安裝了安全設置，因此只能訪問少數幾個網站，借助代理伺服器就可以繞開這些安全設置了。她原則上贊同安全限制，他們公司本來就負責替別人保管錢財，如果系統被入侵，用他們 CFO 羅恩的話來說，簡直就是「一件腥風血雨的大事」。但是大多數時候她認為這種限制僅僅適用於別人，那個「別人」就是愛德華，因為他可能會情不自禁的點開一些不良網站，不經思考就點開可疑的郵件，或者發表自己根據迪士尼童話改編的低俗同人小說。但是莉莉自己懂得這其中的風險，所以只會登入允許訪問的網站，從日常煩瑣的財務資料工作中得到片刻的休息，以免勞累到人生觀崩塌的地步。

她在第三台電腦上點開了 DNA 大夫的網頁，除非站在莉莉和壁櫥之間，不然就看不到這台電腦上的內容。只有小美，那個前台／收銀／收發小妹，和其他真正在做事的人才會經過那裡。小美當然算正式的職員，因為她可以抵幾個愛德華。其實公司並不需要一個前台／收銀／收發小妹，只是因為愛德華堅持認為，如果公司連個前台都沒有，別人會質疑公司的真實性，所以她才會被聘用。也正是因為這樣，她經常被其他人所忽略。莉莉有時候會嘗試著跟她聊天：一方面，是想與她交個朋友，畢竟除她之外，小美是辦公室唯一的女職員；另一方面，也是為了表示對她獨立人格的尊重。但是小美從來不會主動說話，也不會提起莉莉事先準備好的話題，不會說「妳週末有什麼計畫」這種話。如果問了這個問題，那麼很有可能就會得到許多莫名其妙、難以理解的細節回答，所以她期望建立辦公室姐妹情誼的進展一直不太順利。

不管怎樣，只有她才可能看到顯示器上的內容，所以她並不在乎別人。莉莉進入史丹利的網站之後，看著網頁上顯示的摘要介面。瀏覽完史丹利郵件中提到的頁面以及網站上的其他頁面之後，莉莉很快就找到了自己的檢測資料，真是太好了。網站的編排有點混亂。網站上提到的大多數疾病似乎還沒有任何資料，因為它只顯示了「平均終生風險係數」，而不是「妳的終生風險係數」。至於她的疾病檢測資料，看起來還不錯，大多數檢測項的風險係數都低於或者接近於平均風險係數。然而「肥胖」是個醒目的例外，她的肥胖風險是其他人的兩倍。

莉莉心想，這大概就是史丹利社交技能低下的典型表現。當你問別人「這些基因會不會讓我顯胖」的時候，答案總是不會啊，難道他連這個都不知道嗎？

莉莉想著：我應該把這句話發給他的，這是件好事，他應該發薪水給我。

她還發現自己患第二型糖尿病的風險較低，一開始莉莉將這個歸功於自己健康的飲食習慣，心想這完全可以彌補肥胖症的高風險了。想了一會兒之後，她發現該基因資料揭示了內在的風險，而且史丹利製作圖表的時候並沒有考慮她的生活方式。就算她整天吃吃喝喝，她的基因檢測資料還是會顯示患第二型糖尿病的風險低。就因為體內有肥胖基因，難道她就應該直接放棄對飲食的控制嗎？如果有人盯著她看，她可能會翻白眼，發出憤怒的嘆息，並且向別人解釋：「我的胖是遺傳的，所以不要再這樣盯著我了。」她並不想找任何藉口，只希望衣櫃中的所有衣服都還合身。

她點了點圖上顯示肥胖的那一欄，打開了一個新的頁面。莉莉大概看了一下結果。心想，還真是他的風格。我的這兩個基因的基因型都比較罕見。她在頭腦中快速的運算了一遍，29% 乘以 24% 差不多等於 1/4 乘以 1/4，結果是 1/16。也就是說自己所知的每 16 個人中，有 15 個人的基因比自己的好，這就是她得出的結論。她的 rs99 或者不知道怎麼稱呼的基因顯示的風險簡直高出了一定境界，在圖表中他將該基因稱為 FTO。除了跟股市符號一樣的名字之外，這些基因難道就沒有個真實的名字嗎？

「看上去很好玩啊！」愛德華在她身後說道，她首先想到的是，他可以看到螢幕上的內容。「新東西？」愛德華問道。

莉莉看了看他，他正饒有興趣的靠著她的肩膀，仔細研究她的顯示器。她的嘴一時間都無法合攏，然後她再次轉身，關上了窗戶，事後才發現自己好像有點此地無銀三百兩了。

「愛德華，你怎麼在這？」她發問，還沒緩過神來。「這只是一些基因資料，我有一個親戚準備注冊成立一個公司，我正在看他發給我的一些資料。」她補充說道，試圖讓自己的反應看起來老練一點。「你為什麼躲在我辦公桌後偷看？」

愛德華笑了笑，轉身面對她身後的櫥櫃。「如果可以的話，我想要一盒新鋼筆。小美去了當地的稅務局，當然是去拿一些發薪資的單據，不然我就把這個艱巨而光榮的任務交給她了。在她回來之前，我們只能用之前的東西了。」

莉莉轉向桌子中間的那個顯示器，打開了一份電子表格，努力讓自己看起來很忙，沒有心情開玩笑。「不管怎樣，」愛德華在她身後繼續說道，「我希望有時間能跟妳聊聊。我聽說妳這週要見財富律師事務所的李松。我跟他們談過一次，很好奇他們最近在忙些什麼。」

莉莉心想，他到底是怎麼知道我與他們見面的事情的。「是的，我這週要跟他們見面，」她回答道，再一次轉身面對著愛德華，「只是開會討論一下可能的合作事宜，非常基礎的一些事情。說到這個，你為什麼會跟他們見面？印度才是你負責的地區啊。」「是的，我知道。但是我喜歡擴展自己，努力證明 Pantheon 對中國市場以及其他所有市場都是有價值的。」

是我肯定不會這樣做。莉莉在內心反駁道。

「不過他們當時的確提出了各式各樣的建議，」愛德華繼續說，「我很好奇他們有沒有給妳一些建議。當時我告訴他們，這些建議並不符合我們的行情。」

「愛德華，因為你不讓我過問你的行為，我當然不知道他們跟你講了些什麼。我們只是要討論怎麼讓外國投資者能夠在中國市場進行投資，大概是創立一家當地的、可以根據客戶要求購買 A 股的控股公司。」

「然後他們就會對控股公司的股票價值進行認證。我知道，我知道，我之前也聽他們講過。」愛德華打斷了莉莉的話，「妳不會以為這是認真的吧？」

「這次開會只是為了了解他們的想法，愛德華，而且一切都在我的掌控之中。如果他們有好的想法，我們應該發掘它，你也知道，如果這間辦公室想要繼續存在，就得有客戶。」

「莉莉，妳的本職工作是一名分析師，而不是代理交易。」愛德華反擊道，指著他從她櫥櫃中拿出的一盒筆。「而且他們提的建議是違法的。」

「他們沒有違法，我也沒有違法，」莉莉說，「現在只是商討這個提議，在我們決定實施方案以及正式實施之前不可能違法。我的工作職責就是幫助我們的客戶進駐中國市場，所以跟一家有名望的投資公司見面商討怎麼幫助客戶獲取更好的市場，這就是我的工作。」

「簡直荒謬！」愛德華說。移動手指的方式好像是在趕蒼蠅。莉莉注意到了，他的手指很長。「他們給妳的建議可能跟之前給我的一樣。雖然只有一個附屬的董事會投資，他們還是想創建一家新的公司。他們會以新公司的名義買入和持有 A 股，主要是中方的所有權。外部投資者可以以當前的市場價來購買經過認證的股票，必要的時候可以拋售這些股票。我理解的沒錯吧？」

「好吧，差不多。」莉莉說，「但是使用者可以指定公司所持有的股票，所以這與市場上的封閉式產品或交易基金不一樣。」

「這就是我說它會違法的原因。非中國公民不能購入 A 股，而且這家外殼公司也糊弄不了任何人。不然他們何必在現有的中國代理業務庇護下做這件事情呢？」愛德華說，再次指向了桌上的筆盒。

「有很多原因啊。」莉莉反駁道，急切希望小美能夠趕緊回來。「財富律師事務所的人極力推行這個想法，可能只是希望提高現有公司股票的價值，也有可能是因為他們想另建一家公司，用來處理小規模的交易。」

愛德華臉上的表情讓莉莉想起了什麼，基普第一次試圖坑艾瑪時，當時她的反應就跟愛德華差不多。「他們只是不想在生意失敗的時候承擔法律責任。而且他們也需要外國企業來引進訂單，把它作為代罪羔羊來更好的自保。他們希望我們能夠創建一家新的公司，然後增加和穩定股票交易量，對吧？」

「嗯，是的，好像就是這樣的。我們有他們需要的外國客戶，最起碼我們是有外國客戶基礎的，在跟外國客戶打交道方面也有經驗。創建一家新的公司並不是什麼大事，這裡的公司開的新公司多得像六月裡的蒼蠅。」

「如果是這樣的話，我們也要承擔大部分的責任，莉莉，難道妳連這個都不知道嗎？」愛德華大聲說道。他走回辦公室中間，莉莉也坐回了椅子上，沒有意識到他站在如此近的距離指責她的時候她有多緊張。他轉過身，繼續發表自己的言論：「他們知道自己可能會被中國證監會追究責任。如果他們能夠讓一個外國公司當代罪羔羊，那麼他們就可以逃過一劫了。他們只需要說我們在客戶性質或新公司的法律地位方面誤導了他們，然後 Pantheon 就會收到鉅額罰單，這還是最好的結果。還有可能變得更糟糕。」

「聽著，愛德華。」莉莉開始說道，似乎因為她與愛德華之間隔著一張桌子而變得自信多了，「目前這個階段還只是商談，我一個人是做不到這一切的，在討論深入之前每個人都有可能承擔責任。你太誇張了。現在對股票所有權的監管已經慢慢放鬆了，可能結構有點複雜，但是他們想在早期就把外部投資者引入市場。而且自從證券交易慢慢開放之後，不太可能有官員會想得罪像財富律師事務所這樣的大公司。」

愛德華張嘴想要回應，然後又停下來了，笑了笑。「莉莉，說不定妳說的有道理。」稍作停頓之後他說道，「可能我對他們有點偏見。而且就像妳說的，目前還只是商談。」愛德華將筆盒放在他的桌上，坐在了自己的椅子上。「實際上，」他繼續說道，「如果妳能讓我知道整個過程，我會感激不盡的，說不定會有一些對印度市場有用的東西。當然，印度不是交易最開放的地方。」

「當然了，愛德華，」莉莉同意，只要能讓愛德華住嘴，讓她做什麼都可以，「我肯定會的。」

「我經過的時候妳不需要遮遮掩掩，除非妳有一些不希望其他人知道的等位基因，亨丁頓舞蹈症（Huntington's disease, HD）或者之類的。」愛德華繼續說。

「噢，你對基因很了解嗎？」在思考如何避免與愛德華展開另一場對話時，莉莉試探性的問道，同時還在想亨丁頓舞蹈症是什麼。她一直以為自己才是這方面的專家，畢竟自己讀了史丹利發的所有郵件，莉莉突然覺得有點不公平。

「一年前，我以為這是個不錯的商機，所以看了一些相關的資料。」愛德華很隨意的說道，在這張桌子旁坐下。「在美國，已經有一些公司開始提供這種產品了。我覺得隨著人類基因組計畫的完成，這些公司可能會得到一些免費的庇護，雜誌社也想做一些類似『基因組計畫十年之後，目前將何去何從』的報導。如果他們有一個真實的產品，那麼我們早期就有機會參與了。」

「然後呢？」莉莉問道，都沒來得及思考這個問題會不會讓她顯得很蠢。「你投資了嗎？」

「沒有。有用的資訊太少了，沒什麼可操作性。而且我覺得監管機構很快就會介入這個行業，打著保護消費者權益的旗號來管制這種公司。」

你跟當官的人關係真的是不太好，對吧？「沒錯，這是一門新興的科學，但是如果認為它一點用都沒有，那你就錯了。想想我們在辦公室裡做的事情，我們也從來沒有得到過完整的資料。如果我們說『對不起，老闆，因為資料庫裡沒有任何市場相關的資訊，所以我無法回覆您』，你覺得羅恩還能讓我們保住自己的飯碗嗎？有一點消息總比什麼都沒有強，至少可以讓我們的理解更加接近事實。基因組學不也是這樣的嗎？我覺得要更加嚴格規範藥物試驗，不然沒有人會相信。如果一直這樣的話，我們可能會一直忽視自己的基因資訊，直到千禧年。」

莉莉覺得自己在複述史丹利的話。這都是他欠自己的。

「好吧，莉莉，再次聲明，我們可以保留各自的意見。妳肯定比我更渴望去冒險·如果妳在自己身上發現了什麼有趣的東西，也記得告訴我。」

「當然啦，愛德華，當然。」莉莉回答。心想，聊聊也沒什麼呀。

# Note. 17 對話上帝

## 6月5日

伯特說這篇日誌應該是跟上帝的對話。所以……嗨，上帝，你最近怎麼樣啊？收到我的話了嗎？

今天一開始我就把經文背誦了幾遍。所以我現在還記得：

懇求萬能的主！

使我不要求人安慰我，但願我能安慰人；

不要求人了解我，但願我能了解人；

不要求人憐愛我，但願我能憐愛人；

因為我們是在貢獻裡獲得收穫，

在饒恕中得蒙饒恕，

藉著喪失生命，得到永生的幸福！

阿門。

所以上帝，你要相信我已經抓住了重點。

伯特說我發現這首詩一般的涵義就可以了，所以我不會再瞎折磨自己了。如果你希望我在寫了「存在性焦慮／憂鬱」之後緊接著寫「我在彩虹之上」（我現在應該算是樂觀的人了），別想了，我不會再自欺欺人了。在這篇日誌裡，我要讓你知道我不會再被任何人愚弄了。

我覺得這首詩是想告訴我們，我們的生活、我們的信念應該是正向的、活躍的。我們不應該等著別人來替我們解決問題，而應該主動去找尋解決問題的辦法。我以前在一家教堂的食品儲藏室幫忙過，記得當時有一個普通的志願者，推著一箱高麗菜從我身邊走過。他笑了笑，十分激動的宣布：「福音就是有氧運動！」他有點像傻子，當我頭髮油膩且渾身是汗的時候，連逗我開心的人都會讓我討厭，但是我還是記住了這句話。仔細想想，我甚至不確定他是不是一個志願者，他可能只是一個顧客。他長得就像一個顧客，你懂了吧？

我才發現此時此刻我應該跟上帝聊點什麼，而不是憑空腦補伯特讀這篇日誌的模樣。把導師跟上帝混為一談會不會很奇怪？

我現在又開始自言自語了，真的是太詭異了。

噢，上帝，我說到哪裡了？你在認真聽，對吧？哦，是的，所以我覺得聖弗朗西斯的詩歌告誡我們不要等著事情自己完成，而要主動出擊去做……事情。我一開始以為這首詩歌是在告誡我們去發現和關注自己已經控制的東西，那時候我居然有一種莫名的熟悉感。但是我還不太理解其中關於做事的涵義。我沒有看懂這首詩歌中的所有動詞，這就是我的讀後感。

這首詩歌都是動詞。但是你看看它們出現的順序，然後你就會發現那個我不喜歡的動詞了。

1、安慰

2、了解

3、憐愛

4、貢獻

5、饒恕

6、喪失生命

現在你應該可以猜到我不喜歡哪個動詞了吧？我相信你已經懂了。這些動詞都是愛和善良的象徵，還有最後對於心甘情願去死的牢騷。我之前已經抱怨過最後一句了，但是我現在還是耿耿於懷。你非得成為萬事萬物的核心嗎？就像你愚弄約伯、約拿還有羅得可憐的妻子一樣，羅得妻子的故事尤其讓我火大。她只是回頭看了看自己的家，你就責怪了她。我一直很喜歡她回頭看的模樣，非常……人性化？但是你卻給了她那該死的鹽柱。我腦海中出現的畫面就是，你站在柵欄後面，一邊講述你是如何對待一個因不願離家而違背你意志的女人，還一邊與你的那群狐朋狗友擊掌叫好。在她最後一次回頭看家的目光中，我讀懂了她的善解人意和博愛，不管是所多瑪、蛾摩拉和家鄉的鄰居、家人還是朋友，她都以一顆寬容之心對待他們，就像這首詩歌告誡的一樣。真希望《聖經》能夠把這個故事說得更加形象生動一點。

十字架上的耶穌啊，我沉醉在這次冥想中無法自拔。我一開始保持謹慎的樂觀態度，但是現在我做的就只是讓自己忍住別罵你是混蛋。如果你一點幽默精神都沒有的話，那我大概很快就要下地獄了。要是羅得妻子的命運帶有任何暗示的話，那麼肯定是在暗示造化弄人。

我至少比愛德華強（你還記得辦公室的那場鬧劇吧）。他的生活方式，起碼是他在辦公室的生活方式，跟詩歌裡說的恰好相反。如果別人成功了，就努力扯他後腿；如果別人失敗了，就高歌慶祝，這種事要盡量少做。聖弗朗西斯教導我們要去創造，要去實踐。但是愛德華就喜歡去搶別人的東西，去打擊別人，他簡直就是反聖弗朗西斯主義者。我敢打賭連樹上的小麻雀都討厭他，他在街上走的時候都恨不得啄他一下。我應該引以為戒。我現在正在試著在中國市場發現新的投資商機，這個時候，他除了消極抱怨之外，一點忙都沒幫上（除非他收回那些話，對此我很懷疑）。甚至當我提起史丹利在遺傳學方面所做的努力時，他也沒說什麼好聽的話，只是裝出一副博學的樣子，在不是很了解基因組學意義和價值的前提下，就直接說基因學應該受到監管和約束，遠離平民百姓。好吧，這並不是他的原話，但是他大概就是這個意思。

我說到哪裡了？

我知道如果我把這些東西轉發給史丹利，他肯定會把這個跟他對遺傳學的思考結合在一起。他總是把我說的話變成某種對遺傳學的深刻認識，一開始我以為這只是因為他是個奇葩，只是他這個書呆子可愛的一面。但是我現在更能理解他了（我正在踐行詩歌中的教導，記得幫我加分）。他已經具備人文主義的視角，在這種視角下，我們是自己的衡量標準，了解我們的基因就是衡量自己的最新手段。如果沒有你作為依託，那麼他就只有自己，或者只有我們了。

最後一句話中代詞有點多。

我的意思是，如果沒有跟你這個萬物的主宰者對話，那麼史丹利就只有人性了。對於他而言，任何對人類本質的新見解，就是他所謂的基因學，都是對生活的重要理解。老實說，基因學好像還是一個相當有效的理解。

就事論事，他對於理解自身基因發表的一些看法還是有道理的。跟我現在反覆背誦的這首詩歌一樣，它鼓勵我們化被動為主動。有時候基因學相當簡單，如果有乳糖不耐症，那就應該避免喝乳製品。有時候基因學又非常微妙。他談了很多基於基因學建造的疾病風險預測模型存在的缺陷，幸好使用的統計學語言在我的理解範圍內。對於基因是如何運作的、如何確定基因對肺癌風險的影響以及基因對智商及其他的影響，我們目前所了解的都還不夠。但是，也許努力去探索我們可以挖掘到的知識這一行為本身就已經相當偉大了。我們對遺傳學的了解還不完善，但是經歷了一個又一個的第一次之後，如果說生活是一場戲，那麼我們就不再只是一名被動的觀眾了。它不是什麼靈丹妙藥，但是至少可以改變我們的思維架構，事實證明這一變化很重要。

繞了一圈之後回到聖弗朗西斯的詩歌，我得承認一點，我覺得所有祈禱都差不多。它不會給你速成的解決方法。它也不是一個你一步一步完成自己目標的計畫，雖然晚間電視節目上的那些傳教士常常這樣說。相反，祈禱可能只是我們透過安慰、了解、憐愛、貢獻和饒恕來融入別人生活的一種途徑。

看完上一段話之後，你可能會以為我跟你統一了陣營，現在還是不要有這種想法了。詩歌中提到了一點，我覺得正是史丹利透過基因學探索人性的過程中所缺少的一點，就是最後的一句：「⋯⋯藉著喪失生命，得到永生的幸福。」雖然可能會打亂詩歌的韻律，但是我還是要在最後補充一句，「但是也要當心第一步，第一步會令人受益終生。」

雖然史丹利的人文主義遺傳學與伯特的宗教信仰之間真的存在某種聯繫，但是兩者之間也存在一些本質的差異。多數情況下，我認為宗教跟人文主義的區別就在於，宗教應該是一個更廣闊的視角，生命並不僅僅是由我們的基因決定的。詩歌中的「永生」是不是指在布滿祥雲的樂土上永遠翱翔，這種神交方式已經超出我的理解範疇。也許死亡只是鑽進一大堆遺棄的奶油中，而永生則是自我的放逐。我承認我喜歡耶穌引用「天國」時玩的模稜兩可的把戲，這樣就阻止了我們過於簡單的描述天國。有時候，他說的天國好像是一個與你共存的真實地方，有時候他說的好像天國現在就存在於你我之間，這樣的體驗難能可貴，得立刻抓住，而不是等著天上掉餡餅。

總之，如果天堂是一個有雲層、豎琴和大份免費冰沙的物理空間，那麼為什麼至今沒有人發現呢？所以我認為天堂可能有點⋯⋯複雜。與塵世有本質的區別，但又是可以觸摸到的。不管怎樣，在你創造的東西和史丹利整合的東西之間，最關鍵的差異就在於對超越自我的追求。

說完那段積極正面的注解之後（假設是積極正面的），我今天的日誌就這樣結束了。請不要因為我稱你為酒鬼就把我永遠打入十八層地獄。阿門。

# Note. 18 基因組與天國

發送至：史丹利．陳
發送時間：6月6日下午10：35
主題：我是否有亨丁頓舞蹈症以及何為天國的遺傳學？

史丹利：

你好！

你整理了一些令人深刻的東西，很高興你的網站開始營運了。我覺得笨蛋同事反感任何積極主動的行動簡直就像在犯罪。他為了讓自己看起來更聰明，寧願破壞別人的努力。看著你努力整合基因組學點點滴滴的資訊和知識，他每天的無稽之談也就不攻自破了。

總而言之，我有兩個問題要問你。

一個問題是，這個笨蛋（同事）想知道你有沒有替我檢測出亨丁頓舞蹈症。我忽略了他，但是我完全不知道他說的亨丁頓舞蹈症是什麼，也就是說，這個人比我更懂遺傳學，這都是你的錯。我還以為你會讓我成為當地的專家呢！

另一個問題是，當我想到永生和天國的概念時，針對遺傳學中隱含的人文主義如何暗示我們廢除信仰等問題，我機智的反駁了上帝。我知道你沒有基督教背景，天國也只是《聖經》中的一個模糊概念，但是耶穌經常提到天國，而且他似乎想暗示上帝與其他人之間存在某種超常的關係，這種關係正是天國的一部分。遺傳學裡有沒有類似的東西？

先謝過了！

莉莉

--------------------------------------

關鍵字：天國

不好意思，您輸入的關鍵字：天國目前還未被收錄 WikiHealth 之中。

您想添加這一項嗎？

YES　　NO

--------------------------------------

新增條目：很抱歉，這一功能目前尚未開通。

--------------------------------------

發送至：陳莉莉
發送時間：6 月 7 日上午 12：31
主題：回覆：我是否有亨丁頓舞蹈症以及何為天國的遺傳學？

莉莉：

妳好！

如果我有一個董事會，我敢肯定他們是不會讓妳參與任何決策的，甚至不讓妳跟我談話，因為妳發給我的東西讓我與理性的商業模式漸行漸遠。好吧，不過妳提的第二個問題倒是會讓我在哲學世界中開心遨遊。不管怎樣，妳的第一個問題肯定只有 DNA 大夫才能解決。

先說第一個問題吧。亨丁頓舞蹈症是一種逐漸退化的神經系統紊亂疾病，與亨丁頓蛋白基因的突變有關。這種突變比較罕見（每幾百萬人中只有少數幾例），但是白種人的發生率比其他種族的發生率要高出幾倍（所以妳立刻就明白妳我都是沒有這種病的）。一個拷貝的該突變基因通常可以導致亨丁頓舞蹈症，常見的發病年齡在 30 ～ 40 歲之間，一旦發病，幾乎所有患者都撐不了幾年。

這就是一個兩難的困境。但是這一次，遺傳學完美展現了自己的預測性能（跟我們之前談論過的幾乎所有事物都不一樣）。針對肺癌等疾病，我們談論過遺傳學如何幫助我們觀察部分風險因素，這些資訊是有用的，但是並不能真正預測未來的情況。但是針對亨丁頓舞蹈症，我們可以觀察妳的基因，如果發現了某種突變，那麼就可以比較肯定的告訴妳可能會在 50 多歲的時候死去，而且目前還沒有可行的治療方法。如果妳只是在網站上隨意點擊查看妳的檢測結果，妳可能無法挖掘到此類資訊。跟囊狀纖維化、家族性乳癌及其他若干根據少數基因預測風險疾病的檢測報告一樣，疾病最可怕的地方被忽略了，這些資訊都包含在檢測報告的「載體狀態」部分中。但是站在道德倫理的立場上，我覺得這種行為是不恰當的。

目前我還不用面對這個問題，因為我現在使用的 DNA 晶片無法檢測那種突變（好吧，如果妳懂基因學的話，妳可以使用一種名為單體型分析的技術，根據我們對附近標記的測試來預測是否存在突變）。我們是否應該檢測亨丁頓突變基因，並且根據要求來公布這些資訊？我的直覺告訴我，這樣做之前我得找好下一個東家，但是我目前還沒有考慮過這個問題。

我一直以為遺傳資訊應該是可以為我們所用的，那些認為個人遺傳學資訊只能透過填鴨式的方式灌輸給大眾的人錯了，但是現有的道德倫理似乎跟我的信念有出入。我的確相信人們有權利了解自己的基因，那麼當妳提起亨丁頓的時候，我為什麼會猶豫不決呢？只可能是因為資訊獲取的及時性。舉個例子，就肺癌而言，生活中存在大量的肺癌風險因素，例如身邊有抽菸的朋友、在都市生活以及飲食不健康等，當我們對肺癌進行風險預測的時候，充其量只是在已有的風險因素列表上添加一個新的因素。對這種資訊的使用由來已久：生活方式和家族史就是觀察健康狀況的重要途徑，而且對此類資料的評估技術也已經相當成熟。遺傳學只是目前可走的另一條途徑。

然而，亨丁頓舞蹈症與預測心臟病風險不同，確診了這種疾病之後，在閱讀診斷報告的短短幾分鐘之內，我們的未來就從不確定的變成了有確定缺陷的。對於亨丁頓舞蹈症患者而言，疾病並不是最主要的死因，還有自殺，所以很明顯與這種疾病鬥爭是一個不小的挑戰。我認為人們有權利知道自己是否攜帶了亨廷頓等位基因，但是這種資訊不能隨意傳播，可能我現在投放資訊的平台是有問題的。

至於遺傳學和天國，雖然我對基督教了解得不多，但是我還真有一些話想說。大學的時候，我的一個女性朋友試圖讓我信基督教（後來絕望的放棄了）。其實我更喜歡她的教會朋友，這可能也是她放任我自我毀滅的一個原因。但是我需要一天的時間來整理這個問題。與此同時，妳不妨看看最新添加的基因資料，肌肉反應度及對於風險的厭惡程度。這兩個比較有趣，我覺得妳會喜歡的。

史丹利

---------------------------------------

發送至：史丹利・陳

發送時間：6 月 7 日上午 12：58

主題：回覆：我是否有亨丁頓舞蹈症以及何為天國的遺傳學？

你居然有過一個女朋友？我一直以為你是一個十足的單身漢呢。

------------------------------------------

圖 18-1　肌肉性能搜尋介面

遺傳學在運動表現中所發揮的作用是毋庸置疑的。有些人似乎天生就擅長某項運動，而在另一項運動上則表現平平。對於大多數人來說，基因只是決定其在某項運動中表現怎樣的因素之一。其他因素，例如訓練、決心和每天看體育賽事的時間，也很重要。但是對菁英運動員而言，勝利僅有分秒之別，此時基因可能會成為取勝的主導因素。實驗證明與運動中取勝有關係的基因有 100 多種。這些基因主要影響人的循環系統和呼吸系統，當然，還有肌肉。

α- 輔肌動蛋白 3（ACTN3）及其對肌肉性能的作用已經得到了充分的研究。有一些運動項目對爆發力要求較高，例如短跑和舉重等，有一種肌肉對在這些運動中取勝至關重要，α- 輔肌動蛋白 3 就主要分布在這種肌肉組織中。組成人體肌肉的纖維有若干種，而且肌肉的纖維構成主要取決於肌肉最常見的用途。那些需要長時間工作的肌肉，纖維層較薄，能儲存大量的氧氣。這種纖維收縮和舒張的速度相對較慢，但是可以在短時間內反覆運動很多次。雞和火雞身上的「黑肉」（禽類身上燒不白的肉）就是這種肌肉。在兩種肌肉纖維之間存在若干差異，但是其中關鍵性的一個差異就是是否存在 ACTN3。具有快速收縮力量的肌肉中包含這種基因，而收縮較慢但耐力好的肌肉中則沒有這種基因（更可能包含 α- 輔肌動蛋白 2）。

我們感興趣的是 ACTN3 基因中常見的突變。很多人體內攜帶了某種突變，以至於該蛋白基因縮短且失去原本的功能。因為其他輔肌動蛋白似乎可以取而代之，所以那些攜帶了該突變的人也不會有什麼不良反應，但是一般情況下會影響包含了該基因的肌肉的表現。若干研究顯示，需要爆發力的菁英運動員（例如奧林匹克運動員）攜帶有用的 ACTN3 基因的可能性更大。儘管不明顯，但有一些證據顯示那些耐力好的運動員，例如馬拉松運動員，則受益於體內兩個拷貝的縮短版 ACTN3 基因。這種突變對於平常很少運動的人影響不大。然而，在最初的發現研究和後續的驗證研究中，不管是菁英運動員，還是爆發力強的運動員，研究發現他們所攜帶的兩個拷貝 ACTN3 基因並不全是縮短版且沒有作用的突變基因。在最高水準的競技比賽中，遺傳學顯然是一個關鍵的致勝因素。

## 妳的資料

我們對 ACTN3 基因中的等位基因進行了檢測，發現在突變位點上或者存在一個 T，或者存在一個 C。T 的存在阻止了全長蛋白的產生。因此如果妳有兩個拷貝的 T，那麼在妳的快肌纖維中就不會存在有用的 ACTN3 基因拷貝。那些至少有一個 C 的人就會擁有全長蛋白。大多數短跑菁英運動員都是這種基因型的。

表 18-1　肌肉性能資料

| SNP | 基因名稱 | 妳的基因型 | 馬克的基因型 | 該基因型的普及率 |
|---|---|---|---|---|
| rs1815739 | ACTN3 | CC | TT | 27% |

妳的基因型是 CC。也就是說妳有兩個拷貝的 ACTN3 基因，而是都是有用的，妳的快肌也可以做出正常的反應。當然這並不意味著妳應該放棄耐力運動，只專注於力量運動。只有在最高水準的競技運動中，這種基因型才會成為致勝的決定因素。

---------------------------------------

發送至：史丹利·陳

發送時間：6 月 7 日上午 1：22

主題：我為你修復了代碼

老哥，你為這些基因型結果設計的代碼有問題。在段落中插入基因資料文本的時候，缺個插入的空位。就像這樣：

```
out.println("Make sure there is a space here-> "+ var +" <-and here")
```

不用謝！

莉莉討厭鬼

--------------------------------------

發送至：陳莉莉

發送時間：6 月 7 日上午 1：31

主題：回覆：我為你修復了代碼

親愛的令人討厭的老妹：換行輸出（「謝謝！」）

史丹利

--------------------------------------

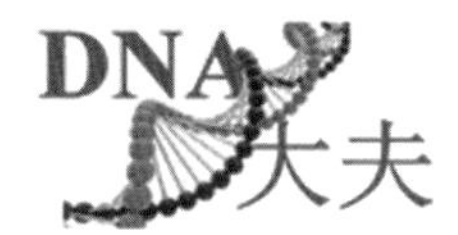


圖 18-2　風險厭惡意識搜尋介面

有一些人喜歡尋求刺激，覺得從橋上跳下去很刺激，用一根橡皮筋逃過了生死大劫也很刺激。還有一些人則喜歡宅在家裡，用厚厚的毛毯把自己裹得嚴嚴實實，一遍一遍看著《六人行》（除了羅斯和瑞秋分手的那一集，因為實在太傷感了）。兩者的差異也會受到基因的影響嗎？大量的研究顯示答案是肯定的。複雜的行為，例如決定付費跳橋，居然是由少數基因決定的，聽起來很稀奇吧。當然，這種行為也會受到多種因素的影響（與母親不夠親密肯定是關鍵原因）。然而，人在面臨風險時會做出什麼舉動，很大程度上取決於生物化學因素。為什麼那麼多人喜歡喝酒（或者吸食毒品），原因之一就是酒精可以暫時改變人的性格，讓其較平常更為外向，當然還有很多其他的改變，這只是其中之一。如果單項化學元素（酒精）的數量變化會對人的行為造成如此大的影響，那麼說單一基因也會產生很大的影響也就不足為奇了。

另一個影響行為的化學元素就是多巴胺。多巴胺是一種微小的分子，在中樞神經系統中（例如大腦和脊柱）充當神經傳遞物的角色。神經傳遞物是一個神經與其他神經交流所使用的一種信號。多巴胺透過多巴胺受體被識別，是一種包裹一些神經末梢的大型蛋白質，如果在周圍神經系統中檢測到多巴胺的存在，神經系統就會發射相關的信號。多巴胺受體會對多種行為及認知功能進行調節。多巴胺非常有趣的一個作用是它會控制人們決策的過程，神經學家和心理學家稱之為「獎賞程序」，是一種決定人如何認知行為風險和好處的方式。啟用多巴胺控制的獎賞系統會產生正向的情緒（高興），我們稍後會將其與產生這些感覺的行為聯繫起來。多巴胺在決策過程起著關鍵性的作用，也就意味著阻斷多巴胺運行的道路會導致各種精神障礙（過動症、進食障礙、酗酒和潛在的精神分裂症），而且多巴胺受體也是常見的藥物靶點。用於阻斷或者刺激多巴胺受體的藥物現在市面上也有販售。

充分的研究顯示基因中存在一種名為多巴胺受體 D4 的突變基因，這種基因似乎會影響人們決策的過程，特別是在認知風險的過程中。一旦受體上存在突變基因（即一系列的重複序列），該蛋白在遇到多巴胺的時候反應被弱化。這就意味著在引起與其他神經相同的反應時，攜帶該突變基因的人要比一般人釋放更多的多巴胺。有趣的是，這種神經生理學效應似乎與我們對風險的感知相對應。在其他測試環境中，攜帶該突變的人會表現出相對更大的風險承受度。與一個普通人相比，他們需要做出更為刺激的行為才能感受同等程度的刺激。特別是，攜帶該突變的人似乎更喜歡制定高風險的經濟決策。趕緊撤退，不宜打賭，拋售股票，從懸崖上跳下去，不要聽信信用卡公司的甜言蜜語等等，攜帶該突變基因的人很難有這些感覺，從而使得所決策的風險程度更高。

## 妳的資料

我們對 DRD4 基因中的等位基因進行檢測，發現該等位基因在化驗的位點上有一個變數重複序列。重複序列出現 7 次（或者更多次）就會阻止蛋白質在整合多巴胺的時候做出正常的反應。所以如果妳有兩個拷貝的 7R 等位基因，那麼在中樞神經系統中就不會有正常的 DRD4 蛋白拷貝，對多巴胺的反應也會不正常。

表 18-2　風險厭惡（risk aversion）意識資料

| SNP | 基因名稱 | 妳的基因型 | 馬克個基因型 | 該基因型的普及率 |
|---|---|---|---|---|
| D4.7 | DRD4 | 7R+ | 7R | 9% |

妳的基因型是 7R+。該基因型說明妳所擁有的 DRD4 基因對多巴胺的反應相對不那麼強烈，妳對風險的反應靈敏度比其他人弱。當然不是說妳應該懷疑自己的判斷。很多先鋒人物、投資者和偉大的領袖可能都屬於這種基因型，這種基因型使他們在別人畏縮不前的時候奮勇向前。擁有讓妳更願意承受風險的基因，可能會讓妳在別人離開的時候勇於承擔責任。

--------------------------------------

發送至：陳莉莉

發送時間：6 月 7 日上午 10：01

主題：基因組和天國都可以是妳的

親愛的莉莉：

妳在前面的郵件裡說……實際上，應該是在前三封郵件裡說到，我之前是否有過一個女朋友（是的，天啊，我現在都已經四十了，妳覺得呢？）……總之，妳說妳在機智的反駁上帝（對此我不會多問），關於遺傳學中的人文主義如何啟發人們可以在沒有神的情況下生活。但是當妳在遺傳學中找不到可以與永生或天國類比的概念時，妳又有點猶豫了。所以妳問我遺傳學中是否存在類似的東西？

答案可以用兩個字概括：沒有。

不過，遺傳學的確會讓我們去探索與天國相似的東西。在繼續說之前，請記住我跟基督教打交道僅限於大學的一段時間，那個時候我去教堂只是因為我在跟一個渴望拯救我靈魂的人約會，所以我對基督教的了解很有限，而且有點扭曲。她去教堂是雷打不動的習慣，所以我只能趕緊跟上。我想聽任沉浮，可是洗禮池的水又不是很深（順便說一下，這是我會的所有跟教堂相關的幽默故事了）。

總之，我想起來，在《舊約》裡，最開始提到的天國概念相當簡單，我想就是一個以色列附近等待被髮掘的真實國度。但是人類的基因組顯然不是這樣的，至少，我沒有發現。我想上帝可能早就解碼了一些隱藏在基因組中的資訊，一些隱匿在 DNA 某個區域的對白。在基因組的某個區域，肯定可以發現類似於「嗨，上帝在此」的訊息。但是在經歷了變化莫測的時代和幾十億的進化之後，它現在可能會被寫成這樣：「哈囉，@ 上帝在這裡呢。」

當然，我目前還沒有在基因中發現上帝留給人類的訊息。這個艱巨的任務還是交給密碼學家吧，不過，我覺得他們也不一定能找到。如果上帝想高調的話，我覺得他大可以把自己的名字刻在月亮上。

回到基因組構成的實際情況，至少在我看來是真實的。《新約》裡反覆提到了天國的概念，對我而言，《新約》中天國的概念比《舊約》中的更加模稜兩可。這肯定是在暗示天國是真實存在的，但是我記得耶穌也說過天國存在於人的內心之中（難道說那話的是托爾斯泰？或者普希金？反正是個俄羅斯人）。耶穌和保羅談論天國的時候，他們到底在談論什麼呢？我敢肯定對此有各式各樣的解釋。我去的那家教堂專注於一點，就是認為它是一個真實的國度，而且可以盡快創建，那些熱衷於轉變我們這些非教徒的人都這樣。根據我的理解，創建這個國家好像還得投票給共和黨，這樣才能好好保護自己。另外，我去的教堂也贊成一種平行的涵義，即這個國家此刻也存在。從這種角度來看天國，我們就可以對上帝敞開心扉（我認為這應該就是聖靈，儘管我一直不太懂三位一體是如何分工的），透過這種交流，我們就會意識到自己應該為創建更美好的世界做些什麼，那是上帝設想的真實世界，那是一個被更多和平和愛包圍的世界。獅子和羔羊能夠和諧共處之類的。但是伍迪·艾倫也說過，這種情況下，獅子可能會比羔羊睡得更踏實一點。

這是一個美好的願景。我並不嚮往地獄之火，也不在乎會不會被拯救，我不相信她教堂共和主義的那一套，但是我喜歡這一點。當然，這種觀點不是基督教徒才有的。我更傾向於佛教傳統，但是了解得也不多。佛教的目標之一是能夠實現沒有痛苦的存在，更簡單的說，就是開心的存在。我們相信如果一個人謹遵佛法，沿著這條道路走下去，就可以獲得啟蒙，實現涅槃，或者免於痛苦災難。這就有點類似於耶穌所說的天國了，不是嗎？一種和平的狀態，擺脫自我，與宇宙保持一種同一性和開放性，這些情況在現實生活中有可能存在嗎？

我認為其他的宗教中也存在類似的景象，並不是說所有的宗教本質上是一樣的，涅槃顯然也不是基督教徒的目的所在。相信我，兩種宗教我都接觸過了，我可以肯定的說佛教和基督教並不是同一事物的兩個方面。如果說讓佛陀和耶穌來場摔跤比賽，不到兩分鍾不准停，兩分鐘之後佛陀就會氣喘吁吁，可能耶穌更喜歡短跑或者散步等運動。生活中常常會出現一些分歧，不管是什麼宗教信仰，都會建議人們透過這些差異去看一些更基本的東西，本質上更好、更真實的東西。

信不信由妳，我在基因組中也看到了這種宇宙觀的痕跡。天國或者涅槃概念的基本理念之一就是，在更深層的現實之中人與人之間建立一種新的關係，建立一個沒有社會階級的社會，建立一個所有人都親如手足的社會。基因組也是這樣的，當然是以一種非常不同的、非常具體的方式來表示。主要分為兩種不同的方式：

了解基因組如何塑造人類的過程中有一段不怎麼光彩的經歷。等等，這個詞聽起來太負面了，應該是有一段變革性的經歷（我發現一份好的商業計畫關鍵的一點就在於多用同義詞和帶有正能量的詞）。在日常生活中，總有人提醒我們還有一些潛能尚待開發，會因為犯錯而承擔一定的責任。不管是在工作、家庭或健身房中，我們都能取得更大的成就，也會有不少不足之處亟待完善。在美國，不管是童話故事，還是歌曲和電影，無一不在給觀眾傳達一種信念，即只要意志堅定就可以克服萬難，無往不勝，失敗肯定是因為我們不夠努力，或者不夠重視。勝者與敗者的區別就在於是否有敢作敢當的態度！在醫學領域，我們也經常談論「生存的意志」，不健康的態度是否會影響生活的健康。當我們探討體育、音樂和藝術的發展前景時，其實我們是在探討追求卓越的精神。美國的經濟體系中也存在這種精神的蹤影，那些無法攀登社會頂峰的人肯定是因為自身的惰性。現在我不想阻止人類向上攀爬的腳步，但是強調個人卓越性的確給了我們很大的壓力，因為失敗而心灰意冷的可能性也很大。將那些沒有達到期望的人踢出朋友圈的可能性也很大。這顯然是一種反天國的概念。

基因組讓我們對此有了更微妙的認識。我剛剛發布了妳的輔肌動蛋白基因檢測結果，妳會發現，對於一些運動而言，我們早就可以預測妳是不是當奧林匹克運動員的料了。如果妳沒有合適的突變基因，妳很有可能無法出現在最高競技比賽的賽場上。目前對這個特殊基因的了解還不夠完善，還需要進行更多的實驗研究，但是有朝一日我們肯定可以發現若干具有相同作用的基因。大量的艱苦訓練，十年如一日的堅持自己的目標，只有這樣才可能達到菁英運動員的水準，但是對 ACTN3 基因作用的研究顯示，很多人沒有達到奧運選手的水準，並不是因為意志不夠堅定，而是因為缺少正確的突變基因。

對人體健康而言，基因組同樣起著很大的作用。比如說，那些被乳癌打敗的人之所以沒能活下來，就是因為她們缺乏生存的意志，態度消極，向上帝祈禱的時候也不夠誠心。她們有沒有病，主要由基因組及其對疾病的反應說了算。這樣說並不是想否定行為對健康的重要影響，有些行為肯定是對健康有害的。但是基因才是幕後的主宰者，就連能不能過上健康的生活也會受到基因組的影響。最近還發布了一份妳的檢測結果，關於多巴胺受體的，結果顯示這種基因的突變會導致若干危險的行為，包括吸毒。也就是說，一個人的生活方式是否合適，實際上是由其基因組決定的。

個性化基因學可以使基因組幫助和約束人類的方式更加透明化，由此可以使人們對生活及其與其他人的關係有更為深入的認識。也許不能，但這是客觀存在的。基因是如何將一個人塑造成現在的樣子的，基因學為我們形象的揭示了這一點。我希望遺傳可以讓人類沒那麼孤單，失敗和成功並不是專屬於某個人的，有著相同突變基因的人都會經歷這些。從跨文化的專用視角看待天國，雖然膚淺，但是我覺得天國有一個很關鍵的地方，就是呼籲建立一種更為深刻、更為真實、拋開一切文化和生活方式差異的現實社會。我之前在教堂裡看過一些法案和保羅的書信，我還記得其中提到資源共享是早期基督教社區的重要部分。我去的那家教堂一年會舉行幾次所謂的「主餐」（我承認我剛才還在查這個詞，時隔太久了）。「主餐」在希臘語中是「愛」的意思，在《新約》中出現了很多次，意味著無私的愛，比如說上帝對我們的愛，以及我們對同手足的愛。這聽起來可能有點老套，但是我真的覺得深入了解基因學有助於壓抑自我，釋放愛。但是我並沒有預見基因組會幫助我們實現救贖。我會做一個很可怕的彌撒，克萊格·凡特和詹姆斯·華生可能會接受這種說法。但是其中蘊含著一個深刻的真理，如果感興趣的話，不妨深入挖掘。

第二種方法即從研究祖先入手，這種方法越來越普遍了。（還記得我說過基因組在這方面提供幫助的方式有兩種嗎？）但是幸運的是，我做這一行已經很久了（還覺得像是新的）。雖然我早就準備好一份比較粗略的文章，但是目前還沒有上傳到網站上。所以妳可以稍後查看，我覺得還是挺酷的。

史丹利

附：我希望我說的話不會引起什麼爭議，我並不想調侃那些佛教徒和基督教徒。我對兩者的態度都比較嚴肅，但是也沒有那麼嚴肅，妳懂的。

---

發送至：史丹利·陳

發送時間：6月7日下午8：59

主題：回覆：基因組和天國都可以是妳的

史丹利：

我真的能在基因組裡找到天國的存在嗎？我還是很猶豫。不用擔心你郵件中的內容會冒犯我，我可是一個在日誌裡羞辱過上帝的人！我一不小心，說不定就會對耶穌講某個門徒的下流故事。所以你大可不用擔心。

莉莉

附：那個下流故事肯定跟彼得有關。（小聲說）我覺得他好像不近女色，你懂的。當然這沒什麼不好的，只是在教會學校中不常見。

# Note. 19　胡同冒險

莉莉把電腦調到「睡眠」模式，在手提包裡翻自己的手機和錢包，一併放進了夾克口袋裡。她發現了一個部落格，部落客是一個西班牙的女大學生，現在正在中國南部的雲南省騎行，莉莉深受啟發。部落客只上過幾個學期的中文課，但是似乎可以毫不費勁的與任何人交談。莉莉最近讀了她的一篇部落格，其中詳細介紹了她偷偷溜進雨林中一個村莊的小學裡，這個學校一年級到六年級的學生都在一個班上課，她花了大半天的時間來教他們，文中表現出了很多的快樂和觸動。雖然這跟莉莉每次上課的情景和心情完全不同，莉莉也並不完全相信部落格所說的，但是她還是把這個女大學生當成了榜樣。今天午餐時間，她決定去一個從沒去過的地方走走，與一些人進行有意義的互動，中文的互動。不管是誰。用中文。好吧，還是不要找太怪異的人了。他們應該也不想因一面之交而變成終生摯友。不管怎麼樣，今天必須跟陌生人進行自然的交談。

莉莉移動物品的時候發出一些聲響，愛德華突然從他的大型顯示器後探出頭來，接著又站了起來。莉莉心想，完了。這裡就有一個願意主動交談的人——不對，是披著人皮的狼，與這種人交談還是算了吧。

「莉莉，跟財富律師事務所的合作有什麼新的進展嗎？」愛德華邊問邊走向了飲水機，將快沸騰的熱水倒入了保溫杯之中，水流使窄窄的黑茶茶葉上下翻滾。他最近對茶很有研究，有點無趣。

「這不是什麼合作，愛德華，只是商談。而且到目前為止什麼也沒發生。我明天才跟他們見面，到時候再看吧。如果有什麼進展，會告訴你的。」

「那太好了，請讓我知道進展。我之前也跟妳說過了，妳提的框架裡可能存在一些可以擴展的內容，說不定可以促成一個統一的亞洲策略。」愛德華晃了晃自己的杯子，看著長長的黑茶慢慢展開。他喝了一口，扮了個鬼臉。「苦丁茶，」他解釋說，「苦丁茶對健康有利，但是大多數西方人沒辦法接受它的味道。」愛德華小心的又喝了一口，稍作停頓之後他說道：「說實話，我也不確定自己能不能接受它的味道。」

他畢竟也是普通人，莉莉走出辦公室的時候這樣想。

莉莉走進了午後明亮的陽光和嘈雜之中，天空因為雲層和霧霾而慘白，上週開始的倒春寒使得氣溫一直往下降，彷彿一下子又回到了晚春季節。她摸了摸夾克的口袋，手機帶了，說不定她今天會拍幾張照片。並不是說她跟那個西班牙女孩一樣，需要一個部落格，當然啦，如果她想的話，她也可以建一個部落格。職業女性融入當地人，完全像是在建立小孩與老祖母般的關係。不管怎樣，重點是她帶了手機。

莉莉穿過公司大樓旁的那條馬路，沒有繼續往長安街的方向走，平常她去伯特的公寓或者日壇公園的時候，就會走這條路，但是今天她在第一個胡同入口處停了下來，胡同通往一片四合院，四合院沿著街道的西側展開。她經常看到這些胡同，但是至今沒有走進去過。一個朋友，其實只是點頭之交，在她和馬克第一次來北京的時候幫了不少忙，後來就搬到了另一個地方，在哪裡來著？土耳其？總之，她在北京說過這樣一句話，只要那個地方有樹，妳就可以大膽往那裡走。在都市開發的過程中，如果道路邊沒有種上樹，那麼附近肯定就會有一些古老而有趣的東西。眺望脫離街道的胡同，莉莉在想那句話到底是什麼意思。她平常走的那條路，是一派繁華大都市的景象，連聲音都是。也就是說，除了帝都人民所面臨的生活壓力和交通壓力是個例外。沿著胡同走下去，莉莉彷彿進入一個全新的世界。磚塊錯落有序，堆砌成一道拱形入口，莉莉低頭，映入眼簾的便是一條窄窄的小道，在地面和空中瀰漫的灰塵之間搖曳，似乎還在煩惱應該使用何種材料來修砌。這裡應該是住宅區，道路兩旁的公寓大門敞開，還散布著一些小攤位，大概只能勉強裝下一個黑乎乎的木炭炊具或者散放著各色商品的貨架，彷彿在上演一場空間搶奪戰。她沿著走的那條街道叫白日街，明亮且嘈雜，但是被陰涼籠罩的胡同卻十分寧靜安詳。她在入口處躊躇時，感到旁邊有個人推了她一把，於是莉莉走了進去。

場景的變化突兀且戲劇化。胡同內的空氣更為涼爽，充斥著泥土和貓的氣味。之前沒有意識到街上有多嘈雜，此刻一切都黯淡了下來。就連樹木也不同於平常見到的那些。北京的街道兩旁沒有多少樹木，即便有，也都像是籠中之物被固定在某個地方。即使在公園裡，樹木也像是被小心管理和呵護的易碎物品，掛著標誌或者金屬製名牌。在這裡，樹木並沒有按照嚴格的標準來種植，而是任由其自由自在的生長，繁殖茂盛。有一根樹枝甚至跑到了別人的磚瓦圍牆內，縫隙被水泥封存，穿透屋頂。對莉莉而言，它們更像是真正的樹，到目前為止，她還沒有在其他樹中發現這種問題。

進入胡同的步伐漸行漸遠，經過一個攤位的時候，莉莉神祕的朝攤位老闆點了點頭，她發現並沒有人在意她的到來。她本來還擔心自己會成為私闖民宅的怪人，成為拿別人生活尋開心的笨蛋西方人。她知道自己的外表不像一個西方人，而且內心深處也清楚自己並不屬於西方人這個群體。她被忽視了，真是太好了。這並不是對她的接納，相隔五代之後回到故土，她一直到現在也沒能在中國感受到家的熱情，她明白這是白日做夢。別人的忽視只不過是一種容忍，容忍她在北京出現，給予她失敗和成功的自由。當然，這不過是她個人的臆想。這裡的攤位老闆並不會在意她有哪些美好的品德，不管怎麼樣，這條胡同給她的感覺就是這樣的。

在胡同中行走到一個十字路口，莉莉看向其他的方向——向左和向右的胡同，她一直行走在陰涼的小道上，一側是紅磚切成的房屋，另一側是矮小的棚屋。棚屋用圓形磚砌成，外部線條說不上流暢，水泥也塗抹得不太均勻，看得出來應該是屋主自己砌的。十字路口兩個角落裡都是餐廳，與周圍的房屋形成了鮮明的對比。餐廳內只放了一張桌子，還有一些桌子被擺放在路邊，餐廳外掛著霓虹燈招牌，離她經過的那些攤位也只有一步之遙。那些攤位只會給客人一碗吃的，至於怎麼吃就是客人自己的事了。而且也不包括洗碗的服務。莉莉在十字路口向右轉，她對這個街區並不了解，但是不知為什麼，她覺得她必須朝著這個方向繼續往前走。轉彎之後的那條路更窄，沒有攤位，在大門敞開的前面坐著一些人，都是頭髮灰白的老人，個子矮小，略好奇。覺得他們不會對自己怎麼樣，莉莉便繼續自己的冒險之旅。她努力讓自己不去觀察他們，但是還是忍不住偷窺門後的世界，深入觀察他們的生活。真正的北京人是如何生活的？當然，得排除她和她所認識的外籍人士。這裡的房屋較破舊，外表有脫落的痕跡，屋內會不會是一方完美且溫馨的天堂呢？可能整理搖搖欲墜的石灰和糟糕的油漆太煩瑣，只好放棄，集中精力去尋求更有用的方法？她有幾次沒忍住，偷看了屋內的景象，發現裡頭都是黑乎乎且粗糙的裝飾，所以看來後者更符合實際啊。

當她沿著胡同走到一半的時候，她看到胡同漸漸往左偏離，留出了一塊空地，幾個人在那裡放了幾輛那種超市用的購物推車。再穿過一個敞開的鐵門，莉莉再次來到了一條明亮的街道上。透過導航，她發現自己已然來到另一個街區，老北京的風格，住的都是北京人。一路走來，她都沒有跟別人說一句話，這才是此次出行的目的啊，但她還是覺得自己贏了。在進入主道之前，那幾輛推車倒是值得好好看看。

即使站在遠處，也可以輕易判斷第二輛推車是賣水果的，至於第一輛推車，她靠得越近，越不知道它是賣什麼的。推車本身是用窄木條和金屬薄膜做成的，一個是橡膠充氣輪胎，一個是金屬輪胎，只在平坦的邊緣上釘了一圈橡膠。小小的推車裡裝滿了一個廚房能用到的所有東西，碗、筷子、鍋、餐具，還有毛巾、浴巾、圍裙和各種用途不明的器具。這種推車應該只在童話書中才會出現吧，或者出現在奧克拉荷馬音樂劇那個小販的回憶錄中，那個人有點像瘋子，他只能跟叫 Gertha 或者 Ada 的女孩結婚。莉莉仔細看了看推車，覺得她此刻應該興奮的尋找一根新的髮帶，儘管她一直不明白故事中的那些女孩為什麼總是如此渴望得到髮帶，近乎痴迷。莉莉偷偷向推車老闆點了點頭，但是那個老人似乎只對手中的香菸感興趣，於是莉莉只好繼續往前走。

下一輛推車是北京比較常見的一種，雖然從沒在那種推車上買什麼東西，莉莉對此還是挺了解的。在北京，這樣的推車有很多，各不相同，從附近的農村弄來一兩種水果，拉到這裡來叫賣。一般由小馬拉著，第一次在北京看到這個的時候，莉莉還覺得非常浪漫呢，像是柯里爾和艾夫斯石版組畫（描繪美國 19 世紀風土人情等），直到她靠近那些小馬匹。那些小馬多半四肢不健全，掛蓆子的地方可能從來沒有清洗過。不管怎樣，牠們身上的味道總是很糟糕，遇到拉車的小馬只有一個好處，她終於明白了為什麼「臭得像匹馬」是個貶義詞。眼前的這輛推車附在一輛腳踏車車架後，跟由小馬拉的推車相比，相對不那麼臭。而且推車上的水果看起來很新鮮。有淺粉色的桃子和紅豔豔的漿果，莉莉總是叫不出它的名字。用 Google 搜尋「長得好玩的紅色漿果」可能也沒什麼用。

推車的主人是一個個子矮小的女人，穿著一件褪色的印花襯衫，帶鈕釦的那種，馬克騎車載他們回家的路上經常可以看到這種女人，矮小卻強悍的女人，坐在堆滿貨物的推車後面，像一個樹樁一樣立在那裡，臉色如柴。莉莉心想，我肯定可以跟她交個朋友。她可以教我她辛苦悟來的生命真理，我會教她除了把草藏在頭髮中之外還可以如何打理自己的頭髮。然後我們就會擊掌慶祝。

莉莉指著一個小小的紅果子。「這個是什麼？」她問道，希望最終能知道它們的名字。

「那些是楊梅，今年新鮮的，很好吃。一斤 20 塊。」

「嗯，『樣美』？那是『樣美』嗎？」莉莉問道，想弄清楚那到底是什麼。「羊美」，那可能是指漂亮的羊，或者外國漿果，誰知道呢。這已經不是她第一次苦惱於中文的音調了，正是因為音調的不同才使得一個音可以代表多重涵義。

「是『楊梅』啊，不是『樣美』，妳說得不清楚。」那個女人糾正道，視線從莉莉身上轉開，開始把壞掉的楊梅挑出來，扔進了一堆垃圾之中。

莉莉心想，哦，當然了，這是「楊梅」，不是「樣美」。可是聽著都一樣啊！「是的，我知道我說得不清楚，呃，對不起，我知道我的中文不好，我想買一些，一點？」

那個女人指了指一捆塑膠袋，莉莉一開始並沒有注意到。美國的超市也是用這種塑膠袋，莉莉居然有一種被欺騙的感覺，不過她也不清楚自己期待出現什麼。她告訴自己，她應該帶上鐵絲編的雞蛋籃子來買楊梅，這樣她就可以知道自己到底有沒有實現自己的中式鄉村幻想了。她扯下一個袋子，挑了一些漿果，遞給了那個女人。那個推車老闆把塑膠袋掛在一個小小的金屬桿末端，小小的桿子呈深色，中間是閃亮的銅色，她握在正中間的位置，另一隻手擺弄著掛在另一端的破舊金屬。一千多年過去了，這種簡單的秤卻沿用至今，令莉莉產生了一種原始的興奮。她知道，在喜互惠超市（連鎖超市）可見不著這種稀罕物。

「半斤，10 塊錢。」那個女人把秤砣反覆撥弄了好幾次之後終於開口說道。

「半斤……」莉莉小心的重複，「半斤是 1 塊，10 塊？不對，不好意思，我知道，是 10 塊，10 元。」莉莉心想，鬼知道「斤」是什麼呢。

「10 塊。」那個女人抬高了聲音，將手指交叉成 ×，比劃出「十」的樣子。

「噢，我已經知道了。」莉莉說道，更像是自言自語，因為她正在錢包裡找 10 元的紙幣。她只有兩張 1 元的紙幣和幾張 100 元的紙幣。她遞給那個女人一張 100 元的紙幣，微笑著表示歉意，其中也不乏一種優越感，沒錯，我就是那種只有 100 元紙幣的人，但她懷疑自己在老闆看來不過是一個麻煩的人。那個女人抿著嘴唇，視線定格在那張紙幣上，從莉莉手中奪走了那張 100 元。隨後她從推車的某個位置掏出了一大捲破舊的紙幣，像從一顆存放已久的高麗菜上剝去黃掉的葉子一樣，遞給莉莉各式各樣磨損和沉重的紙幣。

莉莉接過給她的零錢和一袋楊梅，走出這個小社區的大門，重新回到了敞亮的街道上。好吧，她想著，那並不能算兩個靈魂姐妹之間跨越文化障礙的友誼，但是我好歹還買到了一袋該死的楊梅，她用秤的方式大概可以追溯到寒武紀吧。她盯著鮮紅色的楊梅，想著在街上走的時候吃掉它們，但是她有點擔心上面會有殺蟲劑，誰知道還有什麼呢，所以她忍住了。

漫步的過程讓莉莉覺得很恐慌，現在終於可以放鬆一下了，重要的是不用在腦海中進行英譯中的工作了。她轉而開始思考，如果和財富律師事務所合作會是什麼樣子。他們可能會讓我擔任負責亞洲事務的副總裁，這樣我就成了愛德華的上司。他會不會立刻走人，在他走之前，我要不要修理一下他？難道正如他所說，這種方式只適用於印度，如果是那樣的話，我就可以送他去加爾各答建立一個地區辦事處。在那裡他會死於痢疾和霍亂，或者死於讓他部分器官衰竭的疾病。

就在她沉浸於愉快的幻想中時，莉莉的手機響了。她聽不見鈴聲，但是可以感覺到手機的震動，她在街上走的時候通常會把手機放在貼身的口袋中，因為這座城市過於喧囂，埋沒了手機鈴聲。看到螢幕上顯示的號碼，她知道是家裡打來的，應該是保母打的電話。

「喂，妳好？」莉莉問道。

「陳太太，對不起打擾了，我想說今天基普的老師說還沒收到你們交的1,100元學校午餐費。如果您家裡沒有這麼多現金，要去領錢。」

「噢，我的天，什麼？我聽不懂！妳說基普……受……受傷……他傷到自己了嗎？然後妳現在需要1,000元嗎？」

「不好意思，我也不懂。他沒受傷，需要付學校的午餐費。」

「他沒有受傷，但是妳還是需要這筆錢嗎？對不起，我不太明白到底發生了什麼。」聽著保母的中文語速漸漸加快，莉莉停頓了一會兒。一旦她沒有抓住對話的思路，她就聽不懂了，但還是會去聽那些熟悉的詞。就好像試圖跳上快速移動的跑步機，逐漸加速的時候可以保持身體的直立，但是如果跑步機早就開始移動了，再想跳上去就不太可能了。「不好意思，我聽不懂，我準備打電話給馬克，然後他會回電話給妳，再見！」

莉莉抬頭發現一對年輕夫婦經過的時候饒有興致的看著自己。她知道自己一半中文一半英語的說話方式對一個旁觀者來說很搞笑，但是她現在不需要別人的同情。

「馬克，」她撥通了馬克的快捷聯絡方式，「你得趕緊打電話給小金！」

「呃，當然沒問題，我現在和一個學生在一起，可以等等嗎？」

「我不知道。我以為她要告訴我基普受傷了。我真的聽到她說『受傷』這個詞了，我上週上課的時候才剛學。然後她說自己需要一筆錢來處理。但是我記得她又說基普沒有受傷。但是她也沒說自己不需要這筆錢了。所以肯定發生了什麼事情。你就趕緊打個電話給她，弄清楚是怎麼回事，我太累了，無法處理這件事。」

「好吧，我確定沒什麼事。先別慌，我會回電話給妳的。」

掛斷電話，把手機放回口袋，莉莉轉身準備回辦公室。她現在已經沒什麼心情在北京發展友誼了。在來時經過的那道社區大門前，莉莉猶豫了一會兒。她現在需要的不是新的體驗，而是辦公室帶來的那種安全感。經過那個女人的水果推車時她心想，無法跟妳擊掌歡呼了。

史丹利和伯特都談到了控制。要想學會控制，首先必須對自己有更深入的了解。幸福的生活還在對我出種種難題，而我卻什麼也控制不了。自我意識和內心的平靜如何幫我對付一門從未學過的語言，還有一個希望我被解僱的同事？

這時她的電話又響了。她看了看手機螢幕。是馬克。

「怎麼樣？」她問道。

「真的沒什麼，基普也沒有受傷。我不太明白妳從哪聽到了『受傷』一詞。她在跟妳聊過之後，只是簡單跟我說了一下。」

「謝謝，還真是一副外交官的風範呢。但是她說了什麼？我確定她提到了錢。」

「是的，這一點妳說對了。她說我們還沒有交學校的午餐費，明天得把錢帶過去。她想先跟妳說一聲，免得妳需要在回家的路上領錢。還有我們不應該加熱那碗黃瓜的，那是涼菜。」

「我確定她沒有提到黃瓜。你現在只是在讓我腦子更糊塗。」莉莉說。

「最後一點可能是跟我說的，有一次午餐時間我在家，她發現我在熱黃瓜。」

「我還以為你不喜歡吃黃瓜呢？」

「我討厭黃瓜，但是我打開冰箱，只有那個可以吃了，而且她當時也在廚房。如果我不吃的話，她就會發現我不喜歡吃黃瓜。」

「但那是事實啊，你的確不愛吃黃瓜。」莉莉說道，試圖釐清馬克的邏輯。

「對啊，但是我不想讓她以為我不喜歡吃她做的菜。」當莉莉思考如何回覆時，他繼續說道，「記住，在接受新事物和面對權威上，我可能有點問題。但是我接受我自己的性格，不過妳今晚可以吃黃瓜。」

「好吧，我知道了。不管怎樣，謝謝你幫我打了電話。所以沒有人受傷，對吧？」

「沒有，受傷的只有我們的錢包和基普的肚子，明年還得在學校吃那些午餐。」

「嗯，再次謝謝你打電話了，你現在可以回去陪你的學生了。我真是一個失敗的母親，一個失敗的華人，一個失敗的金融分析師，我想一個人靜靜。然後我們就可以繼續強顏歡笑的活著了。」

「呃，用手機可聽不出妳的諷刺意思。最後一句話還有其他的意味嗎？」

「還有很多呢，馬克。晚上見。」

# Note. 20　好消息呢

發送至：史丹利‧陳
發送時間：6月8日下午9：33
主題：好消息呢？

史丹利：

我正在看你給我的最新報告。在形而上學的層面上，我還存在一些擔憂，但是我正在著手解決這個問題，所以我們暫時先不討論這個。我現在問題就是郵件的主題，好消息呢？新聞中經常報導的一些耐人尋味的東西在哪呢？你從一種肌動蛋白和多巴胺一直延伸，告訴我能不能在奧運會中取勝，會不會在祕魯上空跳機，會不會刺殺一個山地部落的酋長，然後在庫斯科[9]過上奢侈的生活，毫不費勁的在百家樂（一種紙牌賭博）中獲得勝利，但是真正決定我們是誰的基因在哪裡？我的同性戀基因在哪裡？可能「結婚生子」並不是我的真實命運，我應該過上……一個典型女同性戀的生活。我的同性戀朋友都正常得有點無聊，但是如果我的基因是同性戀基因的話，我就要打破窠臼，按照老套的方式生活。我可以……開一家彰顯女權主色彩的二手書店，不間斷的播放美國國家公共電台？我可以的！我的天，說不定我真的是一個同性戀。我會把我的書店命名為「莎芙（Sappho）的書店」，或者「愛情女神副駕駛」。所以我的同性戀基因檢測結果到底怎樣？還有長壽基因和音樂基因？在新聞的科學欄目中，似乎每個星期都會

[9] 庫斯科：祕魯南部一省。原為古印加帝國的中心，觀光業發達。

報導一種基因。到底在哪裡？

你忠實的堂妹

莉莉莎芙

-----------------------------------

發送至：陳莉莉

發送時間：6 月 9 日上午 12：22

主題：回覆：好消息呢？

----- 原始郵件 -----

發送自：陳莉莉 [lchen@pantheon-inv.com]

發送時間：星期二，6 月 8 日下午 9：33

發送至：史丹利·陳

主題：好消息呢？

堂妹：

首先，「在庫斯科過著奢侈的生活、玩百家樂」？這樣的生活真的存在嗎？其次，天吶，我覺得在風險厭惡這一塊我可能還得再深入一點，雖然只有小部分，但是構成自我認知的部分因素是遺傳學決定的。如果妳還想知道更多的話，我也幫不上什麼忙了。不過，妳的請求也緩解了我這次冒險創業的緊迫感。我希望人們從新聞報導中聽說了同性戀基因之後，能去我的網站上看看自己的基因組，就跟妳說的一樣。但是妳想要的答案不在這裡。這裡沒有什麼妳希望從基因組中發現的好消息。至少現在還沒有。

這樣說實際上有點油嘴滑舌，但是我這樣說的原因有兩個：一個是，有點無聊，而且和金融相關；另一個是，也有點無聊但是存在複雜的價值（其實我的真實意思是，「這不是我的錯」）。

第一個原因，我目前還沒有檢測基因組中的所有等位基因，只選擇了其中的少數。我們最開始談論這個時候，就提到了這主要是成本的問題。我們也希望能夠盡快以最低的成本對全基因組進行定序，這樣的話，不管妳對新聞報導的任何一個等位基因存在疑問，妳都可以直接在網上查詢到相關資訊，而且操作方法很簡單。然而，到目前為止，我們只選取了妳體內小部分跟表型相關的等位基因進行檢測。所以妳現在還拿不到「同性戀基因」的檢測結果，目前這個基因還不在我們檢測的範圍之內。

第二個原因，不管是「同性戀基因」、「長壽基因」、「藝術基因」，還是本週科技探索頻道所報導的基因，它們都不是單獨存在的。一週之前還是更早的時候我們就談論過這個了，大多數疾病都比較複雜，由多種因素造成，遺傳、環境和生活方式都會增加一個人的患病風險。在這個方面，如果不比疾病更複雜的話，大多數人的個人是相似的。當然也有一些幾乎只與基因相關，比如說眼睛的顏色，但是如果還算上行為帶來的影響，那麼衡量基因的作用將會難上加難。

同性戀就是一個很好的例子。我記得我們曾經提到過雙胞胎試驗，當時我們討論的主要是，檢測結果的差異多大程度上是由基因決定的、多大程度上是受到了環境的影響。這種實驗會對同卵雙胞胎和異卵雙胞胎進行比較，結果顯示兩者之間的差異差不多 50% 由基因決定，另外 50% 則取決於其他因素。當涉及基因、文化、環境和成長經歷時，性取向這個問題就變得複雜且奇妙了。針對基因的影響力程度，不同的雙胞胎試驗給出的結果在 7% ～ 50% 之間。其他實驗，相比之下更注重對家族的研究，已經發現了一些可能會導致同性戀傾向的特定基因位點。順便說一下，家族研究是遺傳學上一種尋找遺傳決定因素的經典方法。家族史中如果出現了所研究的某些性狀或者疾病，那麼就可以使用各種映射技術來確定該性狀的決定因素在染色體中的位置。這種家族研究已經發現了一些可能會影響性取向的基因位點，在報導中最廣為人知的可能是位於 Xq28 的基因位點（用專業的語言來表達則是其位於 X 染色體上，在離中心相當遠的地方）。若干後續的研究也得出了同樣的結果，但是此單一基因位點的作用較弱，對一個人的性取向影響很小（儘管它顯然是可再生的）。攜帶此種突變基因的人很多都不是同性戀，而且任何一個同性戀都沒有此等位基因。

這裡的關鍵資訊就是遺傳決定論往往沒有那麼強的決定性。這就使得

「成為同性戀是一種選擇還是一種生物學上的命運」的問題更加複雜了。看似存在一種影響較大的遺傳因素(可能還有一些非基因的生物元素),但是個人的成長方式、經歷及其選擇也很重要。是否應該根據基因來決定一個人的性取向,決定應該如何過自己的生活?唯一肯定的一點是,這都不是我該管的事情。如果我們乾脆放棄,將複雜性狀簡單標籤化,那麼一切將會容易得多。不如我們採用克羅斯比、史提爾斯與納許(Crosby, Stills & Nash,簡稱 CSN)樂隊歌曲中的歌詞,「愛和你在一起的人」?

就遺傳學能夠為個人生活提供的資訊量來看,目前還無法根據基因來衡量一個人被男性或者女性吸引的可能性有多大,而且這種狀況將會維持很長一段時間。這個問題太複雜了。性取嚮應該是擇偶原始本能、繁衍生息的社會元素、對安全和刺激環境的個人傾向以及情感的不確定性的綜合體。以上幾點都包含了生物元素,其中有一些包含的生物元素可能更多,這些因素會在回饋和抑制的網路中相互作用,這種網路與影響個人生活的重大事件息息相關。也就是說,不要妄想透過簡單相加與性取向相關的基因來建造一個同性戀模型,因為這都是徒勞的。在 Xq28 基因的某個區域中發現一個與性取向相關的 SNP,然後可以上網查看自己基因組上的那個位點,這個方法仍有其價值和意義,不可否認,但是妳無法從中知道自己到底是真正的同性戀還是異性戀。

妳提到的其他現象也是類似的。長壽、藝術能力、智力,都有很強的遺傳特點,但是基因的作用往往是靠多個基因來完成的。對雙胞胎進行長壽試驗,與對雙胞胎進行性取向試驗相似,可知基因對壽命的影響程度為 25%,高於對老年人的檢測結果。然而對人類壽命影響最大的因素就是顯而易見的那幾種:如果妳想長壽,那麼妳就得活得健康,不抽菸,不在戰區或者沒有衛生系統的地方生活等等。到目前為止,仍然不確定決定長壽的重要突變基因是什麼。有些機構對壽命長於一般程度的人進行了取樣研究,然而至今也沒能發現任何確鑿的證據。儘管我們可以肯定存在某種遺傳因素,但是單一突變基因在其中所占的比例很小,因此很難發現。

智力也是相似的,但是研究起來難度更大。對長壽的研究相對而言比較簡單，年齡是一個非常簡單的衡量標準（除非妳的研究對象是電影明星，這樣妳就得考慮非歐幾里得量子準則和肉毒桿菌）。相比之下，智力的測量則要難得多；智商測試存在文化的偏見，而且「智力」這個統稱中應該包含多種類型的智力能力。例如，語言能力的遺傳因素就不同於認知技能的遺傳因素。智力測試是對一個真正的生物因素進行測量，還是對所有的資質進行測量，這一點目前尚不明確（至少對我而言是不明確的）。也就是說我們甚至不知道如何明確測量智力高低，這就使得其與其他複雜性狀相比更難找到遺傳影響因素。

此外，我們必須承認，智力在社會中占有特殊的重要地位。地球上一些落後地區的人們平均壽命短於其他地區的人們，這個說法並不會引起太大的爭議。那只是意味著平均壽命短的國家需要更好的醫療保健、營養、衛生條件，其他國家應該停止在那邊的戰爭。我覺得他們肯定不會在報紙上報導自己有多麼落後，連提都不會提到這個詞，但是妳懂的。我對那些國家的人民沒有任何偏見，只是覺得有些東西亟待改善。然而，如果說哪個國家人民的平均智力程度低於其他國家，好吧，那可能就會引起爭議，不是嗎？很多人會對這個觀點惡語相向，說都是由於種族間的智力差異引起的。智力的低下應該是由營養不良、缺乏教育、衛生差以及測試中的文化偏見所造成的，如果排除智商測試的不恰當應用，可能會面臨一場艱苦的戰鬥。

話雖如此，遺傳對智力的影響仍然是顯而易見的。儘管遺傳的作用很大程度上取決於被檢測的對象。雙胞胎和家族研究再次為我們提供了最可靠的資料。若干研究已經顯示，基因對兒童智力變化的影響程度在 25% ～ 45% 之間，對成人的影響程度則上升到了 50% ～ 80%。伴隨著人的成長，基因對智力的影響逐漸增加，這一現象至今令人不解，可能是由於檢測智力的方式不同而造成的，這一差異說明測試智力時對兒童和成人使用的是不同的標準。

更有趣的是，年齡與基因對智力的影響程度之間的這種關係可能意味著，在智力發展的過程中，可能存在一個會受基因影響的行為回饋過程。

發展智力的一個方面是需要刺激智力的環境，而成人在進入這種環境方面擁有更多的自主權，從而使得基因對智力的重要性明顯上升。我知道我一直對圖書館心存奇怪的喜愛，至少跟健身房相比是這樣的。我把這個作為一種選擇，但是在鮭魚選擇按祖先的路線向上游時，牠們可能也會認為自己做了一個明智的選擇。我想這有點搞笑，但是肯定存在某種遺傳因素，讓我覺得圖書館安靜和安全的氛圍十分舒適，也可能存在某種遺傳因素，使得其他人更樂於接受競爭和危險的運動，這並不是沒有道理的。

總之，這個例子解釋了將單一基因作為「同性戀基因」時可能出現的問題。類似這種複雜的性狀都會涉及很多生物學上對自我的認知，從簡單的生物化學到複雜行為之間的相互關聯，而且這些複雜的行為跟問題中的性狀並沒有直接關係。老實說，儘管我努力想把個人基因服務發展成為一門業務，但是就算可以成功，我也不確定什麼時候才能使用自己的遺傳資訊來準確預測自己真正有趣的性狀。可能是在未來的哪一天吧，現在妳要是想猜測別人的智力程度，那就別盯著別人的車看了：富豪旅行車，車上有NPR 貼紙，加兩分；車罩或車輪上有火焰的圖標，車窗上有 Hello Kitty 貼紙，直接扣五分。

所以，沒有什麼「好消息」。不過我在網站上又添加了一些新的內容，看看基因是怎麼影響妳對藥物的反應吧。這應該算是「好消息」了，對吧？如果妳發現自己對安舒疼[10]的反應正常，那和發現自己是個同性戀一樣令人興奮。事實就是這樣的。

附：哦，對了，還有音樂基因。新聞還報導了這個？與同性戀基因差不多，對音樂基因的討論也是由來已久。音樂才能，彈奏與聆聽音樂的能力，也是相當複雜，涉及肌肉技能、語言、數學、記憶以及辨別音高和節奏的能力，當然還涉及一個人的文化和教育背景。基因肯定也存在一定的影響。除了文化因素之外，其他方面都是跟生理機能相關的，從某種程度上說，也就是被基因組編碼的。

[10] 安舒疼：Advil，又名布洛芬（Ibuprofen），是止痛藥的一種，是一種非類固醇類消炎藥（NSAIDs）。

然而其中涉及多項能力，所以不可能存在獨立、單一的音樂基因，甚至都不止 100 個。有一項實驗對幾百個家庭進行了調查研究，主要研究其對聲音的辨別能力（例如完美的音高），發現了與音樂才能相關的若干 SNP。位於 GATA2 附近的一個 SNP 對內耳的發育存在某種影響。其他與辨別音高能力相關的 SNP 主要分布在 PCDH7 基因的附近，該基因可能會影響內耳和大腦的發育。所以基因肯定會影響一個人的音樂才能，但是即便具備了可以辨別音高的基因，如果沒有堅定的意志、耐心及相關的技能，可能還是無法走上卡內基音樂廳的舞台。

---------------------------------------

發送至：陳莉莉

發送時間：6 月 9 日上午 12：48

主題：基因和藥物反應

堂妹：

我在網站上添加了一些新的內容：基因如何影響藥物反應，可能沒有同性戀基因之類的內容那麼酷炫。但是這一領域凸顯了遺傳學對藥理學的重大影響。預測疾病風險很重要，但是大多數疾病的風險預測會涉及大量的基因，這一點越來越明顯。除此之外，即便已知某人患病風險很高，醫生應該怎麼做，這一點也還是不明確。因此，透過基因預測疾病風險，然後醫生據此給出治療方案，其中存在一定的延時性。然而，在患者服用某種藥物之前，如果能夠透過基因檢測出其服用正常劑量的某藥物之後不會出現不良反應，那麼醫生接下來該做些什麼就很明確了，至少他們可以知道一般處方難以取得預期的療效。

醫生開處方的時候肯定會需要這樣的幫助。美國的一項大型調查猜想，每年有 100,000 人因對處方藥物產生不良反應而死亡，其他的研究也已顯示大概 10% 的住院患者是因為對藥物產生了不良反應。我覺得這一重大發現的時間可以追溯到西元前 6 世紀，當時畢達哥拉斯 [11]（就是那個發

[11] 畢達哥拉斯：Pythagoras，約西元前 580 年～約前 500 年，古希臘哲學家、數學家。

現直角三角形的傢伙）提議戒除蠶豆，可能就是因為他發現有一些人吃了蠶豆之後會有不良反應。後來我們就發現了一種被稱為 G6PD 的突變基因，這種基因在地中海東部人口中相對常見，攜帶此基因突變的人吃蠶豆之後會出現貧血或黃疸的症狀。早期在大量與藥物代謝相關的基因中發現突變基因，為後來現代藥物基因組學的興起奠定了基礎。例如，細胞色素 p450 酶 CYP2D6 的遺傳缺陷就與大量常用藥物不同的代謝程度相關。

與藥物反應相關的基因大量存在，也就是說，服用藥物時身體會產生各式各樣的反應。藥理學家將人體代謝藥物的過程分為四大類：吸收、分布、生物轉化、排泄，簡稱 ADME。這四種基本的藥物代謝過程控制著藥物效果的釋放、藥物反應的大小以及藥物活性的持續時間。因此，ADME 基因包括藥物代謝酶、藥物轉運蛋白和藥物調節蛋白。任何 ADME 基因的多態性都會對藥物的療效和毒性反應產生極大的影響。

話雖如此，但是遺傳學尚未在藥物處方中得到廣泛應用。原因有兩方面。一方面，藥物反應的複雜程度難以想像。假設已知一個基因，叫 CYP2D6，它在特定藥物的代謝過程中至關重要。但是對攜帶該突變基因的患者及其對藥物的反應進行觀察，得到的是反應程度的一個區間。可能其他的 ADME 突變基因也影響了測試者對藥物的反應程度。另一方面，醫生通常會根據臨床試驗的結果來開藥。臨床試驗往往是人為設計的，主要觀察患者的基因型對其藥物反應的影響，其結果可能是醫生應該少給患者開這種藥，對此類研究的贊助公司來說，這可不是什麼好消息。因此大多數的藥物遺傳學研究只能尋求其他的贊助方式。鑑於第一點，即遺傳學對藥理學的影響較為複雜，因此現在亟需的是一個能將基因突變與藥物反應聯繫在一起的優質臨床試驗，也正是因為這個原因，目前此類研究相對較少。然而，既然藥物發展的早期階段中出現了遺傳學，那麼這一局面就有望被改變。請拭目以待吧。

一說到遺傳學對醫療決策的影響，那就不得不提腫瘤學了。在這種情況下，測試的基因位於腫瘤之中，而不是在患者的體內。人類癌症的起源，腫瘤細胞積聚大量突變和其他基因變化從而導致細胞發育不當的致癌過程，這種研究非常活躍。不少化療方法就與在腫瘤 DNA 中發現的某種基因變化有關，而且這也逐漸成為癌症治療的標準方法。然而，這已經超出了我的研究範圍。我的發展方向是針對健康族群的，不過衛生保健系統已經開始對癌症患者進行基因測試。

不管怎樣，我有一些檢測結果想告訴妳。點擊下方連結，就可以查看妳對華法林、非類固醇消炎藥、抗憂鬱藥和蛋白質泵抑製劑等藥物的藥物反應檢測結果了。

登入:陳莉莉　登出 Wiki　幫助 設定
搜尋: warfarin　顯示莉莉的結果▾
藥物反應:華法林

圖 20-1　華法林阻凝劑搜尋介面

華法林（Warfarin）阻凝劑是一種血液稀釋劑，常用於防止血液凝塊，血液凝塊會阻礙血液的流動從而導致中風或者心臟病發作。醫生通常會替那些心律不齊、深部靜脈血栓形成和剛做完手術的患者開華法林。華法林的劑量是一個比較複雜的問題，因為這種藥物的「治療窗」較狹窄，範圍在沒有效果與效果相反之間。只能先對合適的劑量進行預估，然後定期對患者的血液進行監測。研究證明，細胞色素 p450 酶 CYP2C9 中的兩種突變和複合維生素 K 環氧還原酶亞基 1（萬幸的是，可以縮寫成 VCORK1）中的一種突變對預測這種藥物反應至關重要。酶 CYP2C9 中的突變可以放緩人體化解華法林的速度，所以如果一個人體內有這種突變，那麼其所需的華法林劑量則相對較少。VCORK1 中的突變會弱化蛋白質的功效。因為華法林的作用就在於抑制 VCORK1，所以與沒有攜帶該突變的患者相比，攜帶這種突變的患者需要的華法林更少。

## 妳的結果

表 20-1 是對三個突變基因的檢測結果，可發現，妳對華法林的敏感度

可能高於大多數人。

表 20-1　華法林阻凝劑檢測結果

| SNP | 基因名稱 | 妳的基因型 | 馬克的基因型 | 該基因型的普及率 | 藥物反應 |
|---|---|---|---|---|---|
| rs1799853 | CYP2C9 | CC | CC | 100% | 正常，無影響 |
| rs1057910 | CYP2C9 | AC | AA | 12% | 降低 40% |
| rs9923231 | VKORC1 | TT | CC | 90% | 更敏感 |

溫馨提示：這並不是一個真正的診斷測試，建議妳還是去找醫生證實一下檢測結果並確定自己的最佳劑量吧。如果妳已經在服用華法林了，那麼不要根據這個結果來調整自己的劑量，也不要使用任何可能導致妳起訴我們的東西。

登入：陳莉莉　登出 Wiki　幫助 設定
搜尋：NSAID　顯示莉莉的結果
藥物反應：非類固醇消炎藥物

圖 20-2　非類固醇消炎藥物搜尋介面

多項研究顯示，許多非類固醇消炎藥物（如阿斯匹靈和布洛芬）都是經由細胞色素 p450 酶 CYP2C9 代謝的。基因中的兩種突變會影響對此種藥物反應的預測。CYP2C9 突變會放緩非類固醇消炎藥物的代謝速度，可能會造成不良反應，例如胃腸道出血。眾所周知，大劑量的非類固醇消炎藥物易導致胃腸道出血，而且多項研究顯示兩種 CYP2C9 突變都存在大出血風險。然而，研究結果有出入，而且作為研究對象的患者族群也不夠龐大，在使用非類固醇消炎藥物或其替代品制定治療方案的時候，也就沒有考慮這些突變的情況。

# 妳的結果

表 20-1 是對兩個基因突變的檢測結果，可發現，妳對非類固醇消炎藥物的敏感程度高於大多數人。

表 20-2　非類固醇消炎藥物檢測資料

| SNP | 基因名稱 | 妳的基因型 | 馬克的基因型 | 該基因型的普及率 | 藥物反應 |
|---|---|---|---|---|---|
| rs1799853 | CYP2C9 | CC | CC | 100% | 正常 |
| rs1057910 | CYP2C9 | AC | AA | 12% | |

溫馨提示：這並不是一個真正的診斷測試，建議妳還是去找醫生證實一下檢測結果並確定自己的最佳劑量吧。如果妳已經在服用非類固醇消炎藥了，那麼不要根據這個結果來調整自己的劑量，也不要使用任何可能導致妳起訴我們的東西。

登入:陳莉莉　　登出 Wiki　幫助 設定
搜尋: antidepressa 顯示莉莉的結果▾
藥物反應:抗憂鬱藥物

圖 20-3　抗憂鬱藥物搜尋介面

不同的人對抗憂鬱藥物的反應相差甚遠，這一點是有目共睹的。一些人對醫生推薦的首選藥物反應良好，有時候在找到有效的藥物之前則需要嘗試若干種不同的方案。希望基因學能夠盡快輔助制定最初的治療方案。ABCB1 基因，也被稱為耐多藥（MDR1）基因，編碼了一種蛋白質，該蛋白質能夠跨越血腦障礙物來傳輸一些藥物。該基因的突變可能會影響藥物在大腦中的濃度，從而影響其功效。一項研究顯示四種常見的抗憂鬱藥物（阿米替林 Amitriptyline、帕羅西汀 Paroxetine、文拉法辛 Venlafaxine 和西酞普蘭 Citalopram）都會受到這種基因突變的影響。據悉，相比那些沒有攜帶 ABCB1 突變的人，那些攜帶 ABCB1 突變的人反應更好。

## 妳的結果

表 20-3 是對 ABCB1 突變的檢測結果，如果妳用阿米替林、帕羅西汀、文拉法辛和西酞普蘭治療憂鬱症，那麼病情得到緩解的機率較正常。自我提示：需要更改資料庫語言使之與文本保持一致。使用目前的語言，即便

是最常見的突變，聽著也很負面，得修改一下，把常見的突變改為「典型的反應」，不常見的突變則是「可能會有反應」。

表 20-3　抗憂鬱藥檢測資料

| SNP | 基因名稱 | 妳的基因型 | 馬克的基因型 | 該基因型的普及率 | 藥物反應 |
|---|---|---|---|---|---|
| rs2032583 | ABCB1 | TT | TT | 93% | 對個別眾類抗憂鬱藥反應較差 |

溫馨提示：這並不是一個真正的診斷測試。建議妳還是去找醫生證實一下檢測結果並確定自己的最佳劑量吧。如果妳已經在服用抗憂鬱藥物了，那麼不要根據這個結果來調整自己的劑量，也不要使用任何可能導致妳起訴我們的東西。

# Note. 21 騙局

6月8日，嘿，上帝。記不記得上次我說過我不會在日誌中繼續狂躁、憂鬱的惡性循環了？好吧，我又開始寫這篇了（上一篇中，我叫你醉漢，可以算是生活的一大高潮了，朝著上帝的肩膀愉快的打了一拳。耶穌肯定一直是這樣對你的）。

總之，事情是這樣的：在我看來，這些冥想課程的最終目標，實際上也是一般宗教的主要目標之一，就是在生活中找到更深層次的真理。好吧，我並不相信這個真理的存在。你覺得呢？生活的意義是什麼？什麼都沒有。毫無價值。錯的。大鴨蛋。

上一篇日誌裡，我有了一個驚人的頓悟，還記得嗎？就是我發現自己一直重複的那首詩裡都是一些動詞（理解、慰藉、愛、諒解、給予還有你最喜歡的——死），所以這是對行動的呼籲，號召大家去做些什麼，而不是等著事情自己做好。

我現在想說的是，準備接招吧，我覺得做事簡直就是在浪費時間。我今天就出門辦事了，我想跟街上真實的人交朋友。我的祖先來自這裡，我也住在這裡，我想試著去學習當地的語言，按理說，我應該可以找到某個能夠理解我、給我慰藉和諒解的人，對吧？但是，我得到的就只有一袋楊梅（實際上楊梅味道還不錯，但那並不是重點），還有那個頭髮裡有樹枝的水果攤老闆娘，她對我感到很氣憤，就因為我給了她100元紙幣讓她找零。然後保母打電話給我，我又聽不懂，還以為基普被車撞到了或是受了什麼傷，所以她需要 1,000 元送基普看醫生。後來馬克回電話給她之後，才知道原來是跟黃瓜和學校午餐費有關。

我敢打賭，你肯定覺得我昨天出去吃午飯的時候很好笑，充滿了活力和期望，不是嗎？在莉莉高興得飄上天之前，還是讓她面對現實吧。自從開始工作後就沒有享受過這種趣味了，對吧？

而且即使那天我成功了，又能怎樣？你又不會給我們一只金錶，看我們會不會在有效的時限內完成所有的事情。每一天只不過是又一天，人還是得繼續前進。如果成為一名基督教就是在號召某種行為，那我可能得好好想想這是不是我想要的。難道就不能直接給我一個獎盃，讓我擺在書架顯眼的位置，向大家展示我是一個多麼優秀的基督徒，然後一勞永逸嗎？在生活的其他方面，我都有明確的目標，能夠在達到一定的境界之後光榮身退。工作的時候，如果我存夠了錢，我隨時都可以退休。當我重拾慢跑的習慣，重回少女時代，我會參加一些比賽，然後退出，之後就可以高冷的說「噢，是的，我也已經跑了幾個 10 公里了」，我可能表現得相當出色，但我並不想炫耀，特別是不想炫耀跑半程馬拉松的次數。

但是這並不符合基督教的教義，對吧？基督教教義總是，「你現在在幹嘛？」我總不能直接說：「我曾經施捨過窮人，我真是太棒了，你應該知道的。」史丹利就是這樣描述基督教的，佛教也是一樣，總是希望從人們身上得到什麼。你們那些神設置了奇高的門檻，還希望所有人為了達到這個高度而付出畢生的努力，無休無止直到死去。而且順便說一句，根據金錶的計時方式，這就有點晚了。我現在就需要它。這個世界上的所有人都受到了傷害，所以你為什麼不現在就來幫幫我們？

史丹利說的遺傳學跟你的騙局很像。遺傳學告訴我我是誰，但是並沒有告訴我是怎麼成為我的。我不得不採取一切行動，採取更多他 O 的行動。它可以告訴我，我體內有一種基因，可以讓我成為奧運會級別短跑運動員所需的基因；我應該避免抽菸；我有乳糖不耐症；可以大口喝酒；也容易因為壓力而對酒精或藥物上癮。好吧，真是太感謝遺傳學了。我應該

對此做些什麼？等等，先別告訴我。我敢肯定史丹利會解釋的，他會說這提供了很多我應該做些什麼的資訊。實際上他可能會發幾封郵件給我，跟我講我的基因決定應該怎麼做。關鍵是，如果你不準備幫我的話，那就別告訴我了。我不想做聖弗朗西斯詩歌中提到的那些事，也不想被我的任何突變基因牽著鼻子走。我今天就做了一些事情，只引起了麻煩。我一直努力做好自己的分內事。此時此刻，我只想一個人待著。

還有一件事情跟這個有關係。我今天突然發現，我提到詩中的所有動詞，唯獨沒有提到第一個動詞。「主啊，允許我……」「允許」，這就是我想說的那個動詞。你故意為我們設置了一個陷阱，當我們踏上冒險的征途，實踐了這些理解和慰藉的事情之後，你就會搶走所有的功勞，就因為你是如此無私的賦予了我們這樣做的能力。如果靠我們自己，我們可能只是坐在漫天沙塵之中挖鼻屎，對吧？你以為如果你沒有如此無私的賦予了我去愛的能力，我就會用棍子去戳其他人的雙眼，看著他們痛苦嗎？

這一點又跟史丹利的遺傳學很相似。如果我獲得了一枚短跑比賽的金牌（是的，我也知道不太可能），那麼實際得到金牌的不是我，而是我的輔肌動蛋白基因。如果我的身體健康，那也不是因為我的生活習慣良好，而是因為我的基因。你總是逼著我去做那些我不想做的事情，而且每一件事情的成功都不是因為我，而是因為你的神權或者我的基因。在辦公室也差不多是這種情況，如果我設法促成了與財富律師事務所的交易，愛德華也很有可能會搶走這份功勞。

我不知道我想要什麼。我只希望你、遺傳學和愛德華能夠離我遠點，讓我獨自去應付這些事情。我承認，這聽著有點淒涼。好吧，開除愛德華，他可以自己滾蛋了。但是我知道我希望某人或某物告訴我應該做點什麼，然後靜觀我的失敗。我今天努力跟水果攤老闆娘溝通的時候，你在哪裡？難道你就不能讓她嘗試著去理解一下別人嗎？我猜她可能是佛教徒、道教徒或之類的，但是你們這些神啊仙啊說的話都是共通的，對吧？像是某種約定？每次我們去北京附近的寺廟，馬克總會告訴孩子，雖然《聖經》教導我們不能敬拜其他的神，但是並沒有說不能跟他們交流。

好吧，我的這篇日誌創下了篇幅最短的紀錄。伯特之前提到基督教冥想存在不同的階段，那麼在我沿著這條道路前進的過程中，我要怎麼做才能進一步深化與你的聯繫？我覺得這種可能性很小。爭吵算是友情的一種表現嗎？至少當我朝你和遺傳學邁出兩步的時候，你們能夠朝我前進一步。這才是公平的，對吧？

# Note. 22 乳癌

發送至：陳莉莉
發送時間：6 月 9 日上午 11：11
主題：妳已經拿到妳的全基因組檢測結果

親愛的莉莉：

正如郵件主題所說，我已經在檢測 DNA 樣本上取得了很大的進步。到目前為止，我做的是對基因組中攜帶已知突變的少數位點進行 PCR 檢測。妳目前拿到的所有檢測結果，肺癌、乳糖不耐症等，我都是先選取了 SNP，對此位點設計 PCR 檢測，然後進行單獨的檢測。雖然實驗室設備相對簡陋，但還是輕鬆完成了。但是考慮到我要創建公司，所以我必須能對每位客戶的更多突變進行檢測。但是，因為 PCR 的擴展性能不太好，所以我就對妳和馬克的 DNA 樣本（當然還有我自己的）進行了 SNP 晶片技術處理。我之前給過妳一個連結，WikiHealth 上有一篇文章討論了這一基因分型技術。晶片技術，一片小小的晶片上有成千上萬的探測頭，可以一次性檢測到大多數的突變。不管怎樣，這一技術提供的資訊深度與全基因組定序提供的資訊深度不一樣，我檢測時使用的晶片可以一次性對超 500,000 的位點（基本上都是 SNP 的）進行檢測。所以在一次簡單的化驗中，我所觀察的位點數量就比之前多了 50,000 餘個。而這還只占了整個基因組中的 0.02%，但是因為人與人之間的關係十分緊密，所以它還是可以很好的解釋人與人之間存在的差異。

妳可能會思考，為什麼不能直接對 DNA 序列進行定序，然後觀察所有的突變，而不是只對 SNP 晶片中的小部分進行檢測呢？實際上妳可能完全沒有想到這一點，但是相信我，如果妳正在替一家個人基因組公司制定商業計畫，那麼這個問題很快就會出現了。主要原因還是成本。現在對全部 30 億個鹼基對進行定序需要鉅額的花費，我相信不久的將來其成本將會變得足夠低廉，然後我們就可以完成對全部鹼基對的定序了，但現在還不行。實際上成本就是全部的原因，如果成本足夠低，我肯定會對每個注冊 DNA 大夫的客戶進行全基因組定序。不然就要等到定序與一個 SNP 晶片的價格相當的時候了，而且定序所得的資訊大多數是沒用的。正如我之前所說的，每個人的 DNA 具有驚人的相似性，不同的人在 DNA 方面的差異程度在 1% 以內，而且我們也不知道大多數的突變意味著什麼。一個 SNP 晶片就可以為我們提供大多數全基因組定序所能提供的有用資訊了，所以不要因為我沒有對妳定序而覺得遺憾。

那麼，對妳而言這個新的「全基因組」分析到底意味著什麼？好吧，到現在為止，並沒有多大的意義，除了知道伺服器中的資料所帶來的成就感，妳也可以把它當做從基因的角度來記錄妳真實性和獨特性的一種方式。所有資料可以裝進一個 1MB 的文檔中，更具體的說，如果是一本書，大約會有 500 頁，比一篇珍・奧斯汀的小說長，但是比《戰爭與和平》短。換句話說，在不遠的未來，如果我們能從定序文檔發展到真正的複製，即便資訊只有這麼一點，我們仍然可以複製出一個「嬰兒版陳莉莉」，而且相似度很高。之所以說是「嬰兒版陳莉莉」，原因在於妳成年之後也就有了自己的生活，受到了所處環境的塑造，而這種環境是獨立於基因編碼之外的。所以嚴格來說，一份 1MB 的文檔並不能囊括陳莉莉的全部。但是複製會在多大程度上重現妳現在的容貌和行為？誰都不知道，不過我敢打賭：理論上根據基因編碼中的小片段所得到的複製體與人非常相似。雖然不至於像雙胞胎那樣難以區分，但是毫無疑問都是「我」。

然而除了這個，我儲存的其他資料可能都是無法立即使用的。再給我幾天的時間吧，我今天上傳了一些內容到網站上，都是對乳癌風險的補充說明，等下再來討論這個。對我來說，真正的全基因組定序、把所有的資料納入資料庫之中、網站伺服器能夠正常運行，這些可都是值得分享的大事。很快，我就會在資料庫中添加更多的性狀和疾病風險資訊，而且這些資訊會自動連接妳的基因組資料，然後顯示在網頁上。未來，如果晶片檢測到了新的位點，它也會與其他的性狀產生關聯，這樣我就可以把它上傳到網站上，即使不重複檢測，妳也可以使用自己的資訊。這就是基因服務行業市場行銷的一部分，就算人們很早就購買了測試產品，但是他們還是會希望自己能夠經常訪問網站，查看基因組相關的最新進展。我現在不太明白的是怎麼使這些資訊「貨幣化」（我正在學習商業計畫用語）。是收訂閱費呢，還是做廣告呢？

對於基因組及基因組之間的比較而言，全基因組資訊可以造成可視化的作用。例如，我剛剛測試的基因晶片中有一個正常的染色體，其中包含了大概 20,000 個 SNP。這意味著如果用一個 6 英寸的電腦螢幕來顯示，那麼每一英寸可以顯示 6,000 個標記，分辨率與一張照片差不多。也就是說基因組的分辨率相當高。如果我們對基普和艾瑪進行檢測，我們就可以發現他們基因組的哪部分遺傳自妳，哪部分遺傳自馬克，如果客戶的父母不是他們以為的那個人，可能就會有點問題。這點還得好好想想，這一方面，會引起婚姻衝突；另一方面，又是一個極好的廣告方式。

也可以把妳的基因組與其他人的進行對比，然後去追溯自己的祖先。我會盡快在網站上開設那個版塊，我覺得這個內容會為大家帶來很多趣味。也可以拿自己的基因組與具有種族代表性的人的基因組進行對比，估測自己祖先的發源地。妳我的都很好猜：中國，但是我們應該可以定位得更精準。而且隨著資訊的不斷增加，定位也會越來越精準，最後甚至可以定位到一個小地方、一個小村莊。馬克有好幾國的血統，所以肯定更複雜。那些歐洲人就是不安生。

雖然也存在隱私的問題，但還是可以使用這種資訊，透過將祖先生活年代比較接近的人作對比分析，就可以找到自己的祖先了。這些資料不能跟健康資料混為一談，即使某人是妳曾祖母的表弟的後代，妳也不一定想告訴他們你有黃斑部病變的風險。好在這個很好處理。

這有點像一幅美好藍圖，如果能夠對足夠多的客戶進行基因分型測試，搞不好哪天我們就可以重建祖先的基因組了。聽上去很瘋狂，是不是？

不過，這些東西今天無法上傳到網站上。我今天只更新了一些關於乳癌的資訊。我得重新寫一封郵件給妳，不然以後無法整理我發給妳的所有郵件。馬上回來！

史丹利

發送至：斯圖爾特・羅恩，CEO
發送時間：6 月 11 日下午 12：11
抄送：阿西伯納爾・羅恩，CFO；愛德華・龍
主題：7 月 10 日與財富律師事務所的會面
附件：draft_proposal7-10 (53 KB)

羅恩（和另一位羅恩，以及愛德華）：

您好！

我今天見了財富律師事務所的李松。我們大概討論了讓外國投資者能夠來華投資的計畫，特別是對目前外國投資者很難進入的 A 股市場。附件是一份比較粗略的提議草案，其中不包括最終決定時所需要考慮的所有條款。

基本的想法是，Pantheon 和財富律師事務所各自創建一家新的公司。財富律師事務所會資助創建一家當地的控股公司，根據客戶需求來購買 A 股。我們創建的新公司主要引進國外客戶，並為他們提供相關服務，有了財富律師事務所創建的新公司的股權認證，這些客戶就可以投資 A 股了。他們可以實際擁有股票，財富律師事務所在整個過程中只充當代理商的角色。

創建新公司只是為了應付當前對外國人投資 A 股的限制，財富律師

事務所利用自己的能力去購買這些股票，我們則負責招攬客戶。不同於目前市場上流行的封閉式產品和基金產品，在這裡，客戶可以指定自己想要購買的股票。這個結構比較複雜，這一點毫無疑問，附件中有更詳細的介紹。假設對持有 A 股股票的限制條件很快就會被取消，不久的將來這一市場將會發生急遽的轉變和擴張，透過創建新公司，我們就可以成為進入該市場的第一人了。

請查看附帶的草案，如有什麼想法可隨時聯絡我。我覺得現在還沒有到討論細節的地步，所以你們可以把這份草案當做一次腦力激盪的結果，可能還會有更好的辦法。請及時告訴我你們的想法。

莉莉

--------------------------------------

發送至：陳莉莉
發送時間：6 月 11 日下午 7：31
抄送：斯圖爾特・羅恩；阿西伯納爾・羅恩
主題：回覆：7 月 10 日與財富律師事務所的會面

莉莉：

妳好！

謝謝妳發了這份提議的草案給我們。妳能解釋一下「創建新公司只是為了應付當前對外國人投資 A 股的限制」這句話的意思嗎？

祝好！

愛德華

愛德華・E・龍
高級投資分析師，亞洲（印度）
Pantheon 投資有限公司
北京市廣華路 8 號
135-004-8868

---------------------------------------

發送至：愛德華‧龍

發送時間：6 月 11 日下午 7：58

抄送：斯圖爾特‧羅恩；阿西伯納爾‧羅恩

主題：回覆：7 月 10 日與財富律師事務所的會面

愛德華：

你好！

好吧，我覺得目的已經相當明確了。A 股只針對在中國注冊的公司發行，而且以人民幣作為交易貨幣，只有中國公民和交易所交易基金才能進行 A 股的交易。所以我們的客戶無法以個人的身份在上交所和深交所合法交易股票。創建新的公司則提供了一種新的方案，使我們的客戶可以繞過這些限制規定，最終進行 A 股股票的交易。夠清楚了嗎？

莉莉

---------------------------------------

發送至：陳莉莉

發送時間：6 月 11 日下午 7：58

抄送：斯圖爾特‧羅恩；阿西伯納爾‧羅恩

主題：回覆：7 月 10 日與財富律師事務所的會面

非常清楚，謝謝！

愛德華‧E‧龍
高級投資分析師，亞洲（印度）
Pantheon 投資有限公司
北京市廣華路 8 號
135-004-8868

---------------------------------------

發送至：陳莉莉

發送時間：6 月 9 日上午 11：58
主題：乳癌的遺傳學

親愛的莉莉：

其實寫這封郵件只是想發一個連結給妳，妳的檢測報告又有了新的資料。從遺傳學的角度來看，乳癌是一個比較有意思的健康問題。對乳癌影響很大的遺傳因素不多，大多數基因對乳癌的影響較弱，但是仍然會增加罹患乳癌的風險，此外，環境和生活方式可能也會影響罹患乳癌的風險，這一點還有待驗證。這些因素如何相互作用從而影響整體風險程度，仍然需要進行大量的研究。請點擊連結查看：乳癌。如果妳需要解釋得更詳細的話，請告訴我。我稍微改進一下圖片，嘗試著用一種新的方式來展示風險。

史丹利

圖 22-1　乳癌搜尋介面

## 乳癌的背景

乳癌是女性最常見的癌症之一，雖然在多數情況下是可以治療的，但乳癌仍然是女性第五大常見致死癌症。結合這種癌症的發生率及其可治性，可以將其歸為最普遍的癌症之一。也就是說，在現有的女性族群中，前幾年得過乳癌的人所占比例要高於其他癌症。

目前對乳癌的風險因子和病因的研究仍在探索階段。很明顯，年齡、種族和家族史是很大的風險預測因素。生活方式也會影響，酒精的使用和超重都會增加罹癌風險。有意思的一個現象是，經濟條件越好的女性罹患乳癌的風險似乎也越高。這些女性往往專注於自己的職業和教育，而延遲（或放棄）了生孩子的計畫，也有可能放棄了母乳餵養。因為生育和母乳餵養也是乳房發育的方式，所以這種決策可能也會影響罹患乳癌的風險。

在經歷了青春期的一系列變化之後，女性的乳房會保持相對穩定的狀態，一直到懷孕，懷孕時乳房組織會發生迅速且已設定的一系列變化。乳腺細胞自青春期開始就在為這些變化做準備，但是在迅速變化的同時，受到感染的可能性也相對增加。如果女性延遲或放棄生孩子的計畫，乳腺細胞受到感染的可能性也會增加。

遺傳學對乳癌的影響是顯而易見的。特別是那些乳癌和卵巢癌發生率很高的家族。對於猶太裔的女性而言，有兩種基因存在三種突變的情況，其中任何一個都可能會引發乳癌。這兩種基因分別是 BRCA1 和 BRCA2 基因（乳癌 I 型和 II 型易感性蛋白），攜帶這些突變的人得乳癌和卵巢癌的可能性很高。在猶太人中發現的 BRCA1/2 突變在其他種族人口中很罕見。而另外兩種突變在其他種族中也存在，只是普遍性相對較低。

當然，其他基因也會有影響，只是影響相對比較弱。患乳癌的風險中有 1/3 都可以透過遺傳學得到解釋。這就意味著其他的因素，例如年齡和環境因素，則是乳癌風險的基本決定因素。然而，遺傳因素的重要性不可小覷，而且隨著乳癌風險預測映射技術的日漸完善，一旦檢測發現風險很大，那麼就可以藉此指導各位女性及時進行乳癌篩查。在此類檢測被納入標準醫療體系中之前，有必要進行更大規模的研究。

## 妳的資料

我們測量了妳的三個基因。其他基因雖然會影響癌症風險，但是它們在亞洲人口中的相關性目前尚不明確。特徵明顯的 BRCA1/2 突變在亞洲人口中比較罕見，所以也沒有對此進行檢測。就對三個基因的檢測結果來看，與同種族的其他人相比，妳的風險係數為 1.02。

這非常接近於乳癌的平均風險值。但是，因為還存在其他因素會影響妳罹癌的風險，包括非遺傳學因素和未被檢測的基因突變，所以妳可以透過改變自己的生活方式來降低患乳癌的風險，例如減少酒精的攝取，避免節食。如果想根據非遺傳學因素來評估妳罹患乳癌的風險，那麼建議妳去做一下斯特曼癌症中心乳癌風險的調查問卷。

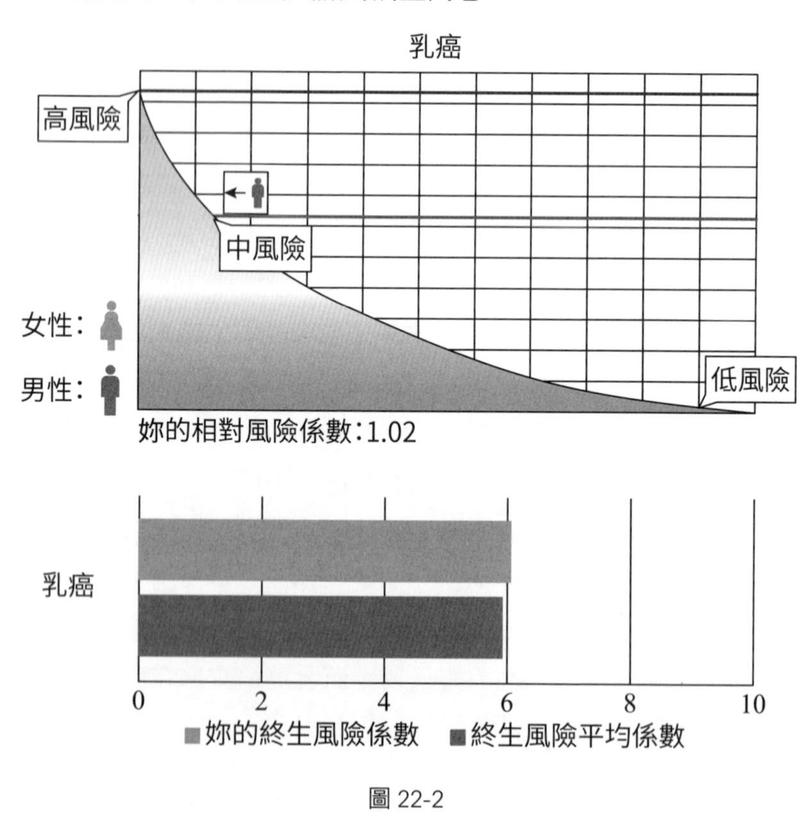


圖 22-2

# 詳細資訊

表 22-1　乳癌檢測資料

| SNP | 基因名稱 | 妳的基因型 | 馬克的基因型 | 該基因型的普及率 | 相對風險 |
|---|---|---|---|---|---|
| rs1219648 | 纖維母細胞生長因子受體 2 | AG | NA | 46.7% | 1.02 |
| rs3803662 | 假定蛋白質 LOC643714 | CT | NA | 44.4% | 0.89 |
| rs4784227 | 未知 | CT | NA | 24.4% | 1.13 |

### rs1219648：纖維母細胞生長因子受體 2

纖維母細胞生長因子受體 2 可以對使其與其他纖維母細胞生子因子的蛋白質結合的受體進行編碼。纖維母細胞生長因子是一種用於傳達和調節成長的單細胞，其突變如何改變一個人的癌症風險，這一點尚不明確。它們可能會影響 FGFR2 生成數量及其對成長因子的反應。FGFR2 是調節生長的關鍵因素，任何一個變化都可能會影響細胞是否以正常且可控的方式生長。

### rs3803662：假定蛋白質 LOC643714

目前還不清楚這種基因突變會怎樣影響罹患乳癌的風險，其作用也是未知數。這些突變可能會影響相鄰的基因 TNRC9，研究證明該基因與癌症的產生存在關聯。儘管目前對這種突變如何影響患乳癌的風險不甚了解，但是若干獨立研究都將這種突變與患乳癌的風險聯繫在一起。

### rs4784227：未知

這個位點存在於已知的基因之間。雖然不清楚它如何影響癌症的發展，但是它可能會影響相鄰的基因。一項對超過 10,000 名患者進行的大型研究（亞洲乳癌聯盟）顯示該位點是預測乳癌的重要因素。

--------------------------------------

發送至：史丹利·陳

發送時間：6 月 9 日下午 12：33
主題：回覆：乳癌的遺傳學
----- 原始郵件 -----
來自：史丹利 · 陳 [cstanley@dnadaifu.com]
發送時間：星期三，6 月 9 日上午 11：58
發送至：史丹利 · 陳
主題：乳癌的遺傳學

堂哥：

我知道這是男人的世界，但是在乳癌資訊圖上，把我設定為男性，而你卻可以作為女性，好像有點卑鄙啊。還有，老哥，拜託把你的 Java 語言改一改吧。就算公廁的男女標誌旁沒有印上那兩個字，我還是可以看懂的。

好吧，其實是因為經常在公廁上看到才認識的。不過，我還是可以看懂一些中文的，只是得先在手機詞典裡查清楚它們的意思。但是我可以看懂單一的漢字，比如說「低」、「風」、「險」，就像「保險」中的「險」一樣。放在一起就會得到「低風保險」嗎？這時我就得用上詞典了。原來，「險」自身就表示「危險」或者「崎嶇」的意思，和「風」字組合之後表示「風險」。懂了吧？有風的崎嶇之路是有風險的。漢字總是充滿了智慧。

# Note. 23 無錨的小船

莉莉坐在伯特辦公室的椅子上，看著自己的老師在筆記型電腦上打字。他打字的時候只用兩根手指，像極了她記憶中的父親模樣。那個年代的人可能很難學到打字的技能吧。報紙、雜誌和書還是成堆放著，一成不變。難道他就沒有想過替這些文件排個順序，還是說這堆東西是有生命的，一到晚上就會偷偷挪位置，也有可能是故事《精靈與鞋匠》中的精靈出現了，每天晚上都會整理所有的文件，整理到一半的時候，突然發現這是一個吃力不討好的工作，所以扔下這個爛攤子跑掉了。伯特的確有那種「舊時手藝人」的氣質，所以精靈的猜想似乎更切合實際。

突然，伯特敲了幾下桌子，似乎是做出了什麼決定，然後他轉身看著莉莉。「不好意思，我答應過別人要發給他一封郵件。歡迎，歡迎。妳這週過得怎麼樣？」

「噢，我覺得挺好的。整個週末我們什麼都沒做，孩子的朋友來家裡玩，我們也只好窩在家裡看看書了。我現在對寫日誌和參加冥想課有一些不理解的地方，我不確定我能得到些什麼。您想看看我寫的日誌嗎？」

「不不不，不用。我之前就說過了，日誌是妳和上帝聯繫的紐帶。妳讀了那首詩，然後分析了它的涵義，對嗎？」

「嗯，是的。」莉莉肯定的回答，驚異於自己居然做出了肯定的答覆。「但是這一點都不像是在冥想啊。我寫日誌的時候總是很緊張，總對上帝發火。我說上帝是酒鬼，只知道開一些教徒的下流玩笑。寫日誌的時候我內心並不平靜。」

伯特的眉毛微微上揚，笑了笑。「這些神可能真的非常喜歡喝酒，以前有一項傳統，我們吃飯之前要先分一部分給神吃，所以他們年輕的時候就喝了很多酒。說不定這就是他們酗酒的原因。」莉莉笑了笑，伯特繼續說道：「記住，這不是亞洲式的冥想。妳並沒有脫離這個世界，相反，妳與這個世界的聯繫越來越緊密了。說不定跟上帝吵架就是妳與世界建立聯繫的方式呢。」

「是的，我正在試著接受這個事實，不去想要不要放棄的事情，或者乾脆扔掉這些文件，躺在竹蓆上，只要有了啟蒙的意識，就敲一下鐘。難道我們的目標不是讓我更快樂嗎？」

「的確是個不錯的目標。還有呢？」

「那麼我有沒有更快樂呢？我還沒有認真思考過這個問題。」莉莉停頓了一下，將視線投向窗外，抬頭看著天空，她繼續說道：「不，我不覺得我更快樂了，但是這跟冥想課沒什麼關係。在這裡生活真的太難了，我一直努力去做自己覺得是對的事情，但是好像一點用都沒有。每次嘗試新的事物，最後都失敗了。我覺得過日子簡直就是在不停發現自己的缺陷。」

伯特聽完最後一句話之後笑了笑，然後說道，「我欣賞那些建國者和探險者，成吉思汗和亞歷山大大帝，因為他們賦予了界線或邊界更深刻的意義。很多人都覺得界線就是把自己和壞事分開的界線。但是探險家會覺得界線就是接下來要去闖蕩的地方。所以妳也可以說過日子就是妳探索自身界線的過程。」

「您可以這樣說，但是我不會。界線總會被人打破，除了那些瘋子、歹徒和腎上腺素超標的傢伙之外，幾乎沒有人會花上一輩子的時間去進入一個新的領域。但是宗教總是要求人們不斷靠近社會的界線。我們在中國的生活也是這樣的，史丹利的遺傳學事業也差不多，他總說一塊晶片可以一次性掃描成千上萬個位點，只有這樣他才能更新我們對基因的認知。沒有什麼是被設定的，一切都沒有終點。我這輩子都別想休息了。」

伯特點點頭，似乎有話要說，但是莉莉搶先了一步：「我不應該說一切都沒有終點，因為事情總會完成的，造福所有人。那首詩就是這樣說的，『正是在死亡中我們方能獲得永生。』不管是基督教還是佛教，宗教好像都不太想摻和我們的麻煩事。但是我現在活著肯定是有理由的，如果我去探索您說的那些邊界和界線的話，這個理由就更充分了。不過我死的時候，天上可能也沒什麼空位了。生活在這個充滿苦痛的世界，我現在最需要的就是幫助。」

莉莉在椅子上坐定，意識到剛剛說話的時候身體明顯往前傾了，伯特興奮的時候也總是這樣。一束束光線透過辦公室的窗口射進屋內，困住了那些飄浮的塵粒，隨著光線的波動，那些塵粒開始旋轉跳躍，她開始擔心自己罵上帝的時候是不是還手舞足蹈了。手舞足蹈了嗎？她記不清了。

伯特伸出一隻手，輕輕握住她的手，她才意識到自己的手一直放在伯特的桌上。他的手比她想像中更粗糙，像木材一樣。「很抱歉妳過得不開心。我們也不希望這樣。我記得妳之前說自己就像一艘迷失的小船。」

「我記得當時說的是逃離荒野。」莉莉補充道，露出了一個大膽且微妙的笑容。

「是的，妳用的詞很浪漫。然後我們就說到了要繼續研究信仰，還有信仰跟生活的關聯。在這方面妳做得很出色，妳應該感到自豪。我相信這是一條最終的幸福之路，因為在這個過程中妳也會更深入的了解自己，生活不會輕易拋棄一個人的。」

「就像一個軟木塞在海上漂浮一樣嗎？」

「就像一艘船沒有……呃……一種很重的、金屬的、用來停泊的東西？」伯特問道。

「錨？」

「是的，如果不深入了解自己的信仰，妳就會像一艘沒有錨的船。」

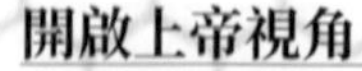


「因為我需要一個錨，所以我得去探索邊界嗎？我覺得您的隱喻用得有點亂。」

伯特笑了笑，一隻手在空中揮了揮。莉莉才發現他一直握著她的手，他拿起手的那一刻，她的手彷彿失去了重量和溫度。

她將自己的手抽回放在大腿上。「中文和隱喻更配，」他繼續說道，「我們有很多隱喻，幾個中文字就可以表達自己的想法，而且還可以隨機應變。我可以告訴妳磨刀不誤砍柴工，意思就是磨刀並不是在浪費時間。我的意思是，基督教告誡人們融入這個世界，深入了解自己的信仰就是其中的一部分。妳剛剛說的遺傳學也是差不多的，對吧？我們對自身健康還有很多不懂的地方，是因為不夠努力，還是因為基因，可能兩種原因都存在吧？對一個生物學家來說，遺傳學揭示了人的根基，揭示了人的起源。可能這就是一個錨，對吧？話說回來，妳在冥想課上也做得很好啊。難道是上課的進度太快了，所以妳需要更多的時間來思考學過的東西？」

「可能吧。」莉莉說，莉莉並不認同他的看法，只是覺得他在等自己給一個回應。「但是我在日誌裡寫了好幾次自己做過哪些事情。雖然您總說我做得很好，但是其實我只是在對上帝發牢騷。我過來找您的時候，大多數的時間裡都是您在安慰我，說我做得很好。那麼我什麼時候才能學會 levitate ？」

「不好意思，levitate 是什麼意思？」

「噢。不好意思，levitate，就是懸浮的意思，我一唸咒語就會從榻榻米上飄起來……伯特，我在開玩笑呢。」

「啊，好吧，下次上課講這個，要另外收費哦。現在，今天，先背誦一下那首詩歌吧。」

「啊，現在嗎？這是在考試嗎？這可難不倒我：

懇求萬能的主！

使我不要求人安慰我，但願我能安慰人；

不要求人了解我，但願我能了解人；

不要求人憐愛我，但願我能憐愛人；

因為我們是在貢獻裡獲得收穫，

在饒恕中得蒙饒恕，

藉著喪失生命，得到永生的幸福。

差點忘了。看吧，都告訴您沒問題的。」

「很好，再聽一遍吧。妳說妳覺得很沮喪，因為自己總是被逼著做很多事情，這首詩的確提了很多要求，但都是為了從這個世界的痛苦中得到解脫，妳之前說過一句很明智的話，『生活需要的就是這個』。這首詩要求我們去愛護、了解、安慰別人。並不是說基督教要求我們犧牲或放棄自己的生活。耶穌反對向生活過度索求，但是他並沒有要求我們脫離真實的生活。我們只需在現有的世界上過好自己的日子，好好呵護這個世界，就可以了。這就是這首詩的中心思想。」

莉莉深深陷進椅子中，感覺椅子的前腿慢慢從地面抬起，她的背部和頸部發出陣陣微弱的咯吱聲。她根本沒想到自己原來這麼緊張。「伯特，我也不清楚。」她嘆了口氣，向上盯著天花板。牆角白色的石灰牆面上印著煙塵的漩渦。可能之前有人在這裡用那種小木炭火盆做過飯，現在在市區很難看到這種東西了。「當然，您說得沒錯。那都是金玉良言，我喜歡聽這種話。我一直以為，這首詩歌、一般意義上的基督教、史丹利的基因學應該可以讓我精力更集中，讓我感覺到某種聯繫，但是好像什麼都不會發生。我努力融入這個世界，沒有任何回報，更糟糕的是，這個世界還反咬我一口。我現在只希望上帝和基因學都離我遠一點，至少在這段時間內離我遠一點。它們沒有給我任何幫助，只會要求我做這做那。您明白我的意思嗎？」

伯特點點頭。「我無法讓妳心境平和，我只能給妳一把利劍。」

莉莉仍然抬頭看著天花板。「哦，等一下，我想起來了，耶穌說過這

種話。我一直沒有弄懂它的意思。」

「我覺得意思就是上帝不會讓我們舒舒服服的活著，也不是要我們像 1960 年代的人一樣生活在戰火中，無比渴望得到愛。相反，就算這個世界充滿了危險，周圍的鄰居也不那麼友好，我們還是得接受。這可不容易，對吧？我們跟佛教徒不同，不存在涅槃一說。我們只能看到世界的表面，真實的世界非常複雜。耶穌也說過，世上總會存在窮人，我們能做的只有盡力解決貧窮問題。我們不能總是等著好事自己發生，現在我們必須去愛護、安慰和了解別人，雖然這樣做有點可怕，甚至可能會有危險。」伯特轉動自己的椅子，看著周圍成堆的報紙和雜誌，從鄰近的兩堆文件中抽出了幾張表格。「我在找我的《聖經》，我應該可以找到的。基督教老師要是不知道自己的《聖經》放在哪裡了……可不太好。」他轉過身來看著莉莉。「算了，不找了，我應該還記得。」伯特閉上眼睛，等了片刻才開口。「《創世紀》第一本書的最後一節這樣寫道：『上帝看著自己創造的一切，凝神注視著，很好。有晚上，有早晨，這是第六日。』」他睜開眼睛說道，「太好了，我的確還記得。這一小節很簡單，但是我覺得很重要。意思是說人是好的，可能我們經常會做些壞事，但是生活的世界和我們的本質還是好的。基督教的中心思想……」伯特頓了頓，低頭看著自己的辦公桌，好像在找什麼東西。「身為一個老師，現在要對妳講重點了，我是不是應該把它寫在黑板上？不過現在的學生都不喜歡做筆記了。基督教的基本信條是上帝喜歡……珍惜……接受……上帝接受人性的本質。這就是基督教的基本信條，我要確保自己的英語沒說錯。耶穌非常人性化，他會生氣，會覺得餓，當然也會死。雖然上帝說現在的世界已經很美好了，但是更美好的生活和世界還是一個不小的誘惑。如果我們說，『謝謝上帝，不過我更清楚自己應該成為什麼樣的人。』《創世紀》肯定會認為這種說法是錯的。」

伯特假裝自己握著一支粉筆，並保持這個手勢繼續說道：「基因學中可能也有某種信條吧？我覺得妳堂哥正在做的這個研究很好，跟我們的討論十分有關。」伯特停了下來，低頭看了看自己的桌子，然後抬頭露出了笑容。「其實我喜歡他的研究還是因為它讓我想起了自己在美國讀書的時候。

那個時候的舊金山還是很有趣的。」

「不難想像。」莉莉說，「但是，老實說，真的想不出來您參加聚會的時候是什麼樣子的。」

「是的，我的私人生活沒有意思，挺無聊的。我有一些朋友認為我可能是尼克森那一派的，因為我太『正直』了，後來我就開始穿牛仔褲，但是只在週末穿。回到我們的談論上，遺傳學可能只是研究上帝創世的一種新方法。它說，『你就是這樣了。你可能想成為其他人，但你就這樣，也挺好的。』」

莉莉身子前傾，椅子直立，前椅腿重重敲擊著地板，發出敲擊厚重的混凝土地板的沉重響聲。「明白，明白，您一直告訴我要撇開浪漫，去發現基督教的實用性。您和史丹利說的話差不多。史丹利說遺傳學會真實反映人體的健康狀況和性狀，那都是實際存在的潛能。了解自己的缺陷和優勢，就是您說的界線，這樣我們就可以盡情發揮自己已有的實力了。很合情合理。」莉莉邊說邊比劃，伯特盯著她看了一會兒，什麼都沒說。

「妳不同意？」伯特問道。

「也不是，我覺得這肯定是一個真理。只是對我來說不一定是真理。不管是基因學還是基督教，都不是。為什麼我必須接受和擁抱生活的世界？珍惜我的人性？我就不能一個人待著嗎？我知道我總是這樣說，但是這真的只是一個簡單的請求。」

「當然可以。只要妳想，我們現在就可以不說了，不用再討論基督教詩歌，不用去想自己和上帝需要什麼。但是妳在來這裡之前就已經這樣做了，而且妳是……」

「一艘沒有錨的船，我知道。但是接受這一切不一定就會幸福。可能上帝覺得這一切很好，但是祂離我們十萬八千里呢，還有您，整天被一堆論文包圍著，這裡簡直就是一團糟。你們都只是一次又一次的告訴我應該做些什麼，又不幫我完成這些事情。」

「這並不容易。」伯特表示贊同。「但是忽略問題並不意味著問題就不存在了。」

「噢，有時候我覺得就是這樣的。」

伯特笑了笑，點點頭說：「不錯，妳說得很對。妳不要覺得我想把妳變成一個基督教徒，想讓妳去信仰某個東西。我們只是在冥想，讓妳去找到自己的信仰，讓妳去跟上帝聊聊天。祂比任何人都更了解妳，妳也比任何人都更了解祂。妳離上帝越來越近了，但是這個時候妳又覺得自己應該暫時轉移下注意力。之前和我約會過的一個女人是這樣告訴我的。說不定她是對的。」

莉莉忍不住笑了。「天啊！我想起我寫日誌的時候好像也寫過類似的話。我覺得您的話不完全正確。我可以忽視這個世界，但是我不能拒絕，反正也不會得到什麼好處。基因學也差不多。我可以選擇不去了解我體內的所有基因，但是一旦我了解了它們，我也了解了自己。那就是我。您和史丹利都在對我施加壓力，我都不確定自己是不是準備好了。」莉莉停頓了一下，繼續說道，「好吧，可能有點誇張了。我不想這樣的。你們好像在挖掘什麼我不想知道的東西。要是知道的少一點，說不定我會活得更開心。當您想灌輸我新事物的時候，您起碼應該先弄清楚我需不需要這個，想不想知道這個。就算事實客觀存在，也是正確的，並不意味著我就需要它。」

莉莉再次停頓，靠回椅背上，抽出自己的腳放在面前。「我也知道自己總在抱怨，我只是不確定以後會怎麼樣。我希望自己的生活能更有序，我想找到生活的重心。但是實際上我只是在不斷從您和史丹利那裡得到資訊，形而上學、宗教和基因學，我都不知道該怎麼處理這些資訊。」

「上冥想課的時候，妳一直表現得很好啊。」

「您總是這樣說。我沒有……」莉莉準備開口的時候，她的手機傳出了海豚的鈴聲，是簡訊。馬克認為海豚鈴聲是所有鈴聲中最好聽的，有一次馬克發現她的手機沒人管，就替她設置了這個鈴聲。這會不會是鯨魚的聲音？她已經不記得他說過什麼了。她把手伸進手提包中，拿出手機，用手指滑過「接聽」的圖標。中文。他們說的是中文。莉莉很快讓自己集中在電話上。太好了，我現在正需要這個呢。

「是小金嗎？妳能重複一遍嗎？請再說一遍。」

「喂，陳太太，這裡是小金，對不起，打擾了，我們現在在基普的學校，需要問您一下。」

「小金，沒問題。妳在基普的學校嗎？為什麼？發生什麼事了？」

「今天早上基普的老師打電話給我，說他在廣場上被同學撞倒了，額頭上有一個小傷口。我看了一下，覺得不需要去醫院縫針，可是老師要我來問您。」

「啊，什麼？哦，妳在說什麼？我不知道妳說了什麼。基普做什麼了？」

「基普受了一點傷，可能需要您回家看看，確定他要不要去醫院縫針。我想傷口很小，不需要。」

「小金，不好意思。我不知道妳在說什麼。我馬上讓馬克打電話給妳。稍等，馬克很快就會打電話給妳，好不好？」

莉莉點擊「結束通話」，然後在手機上翻馬克的聯絡方式。

「有什麼麻煩事嗎？」伯特問道。

莉莉從手機稍稍抬起頭，手指仍然在手機上翻著馬克的名字。「聽到她說了好幾遍基普的名字，我敢肯定跟我兒子有關係。除了這個，我也毫無頭緒。聽她的語氣，基普肯定還活著，其他的我也不知道。」

馬克接電話之前，莉莉稍作停頓。「馬克，是我。抱歉又打擾你工作了，但是保母又打電話給我了。她現在在基普的學校，我不知道發生什麼事。應該是什麼麻煩事。你可以打個電話給她嗎？」

「好的，等等，我先去走廊。」馬克回答。莉莉聽到了開門聲，隨後就聽到了明顯的嘈雜聲。他的辦公室裡現在肯定有學生。「好了，」馬克說，

「妳說基普在學校發生了什麼麻煩事嗎？」

「我不知道，可能吧。我不知道她為什麼打電話給我。你打個電話給她，看看發生什麼事了。」

「好，我等等就打電話給她。不過妳跟她講話的時候大可自信一點，妳的中文不比我的差。」

「我知道你是一番好意，但是我現在真的不希望再來一個人告訴我應該做些什麼。我知道我不算一個合格的母親，工作也是一團糟。好歹留點尊嚴給我吧，讓我證明自己還是可以傳個話的。我知道你現在很忙，但是每次小金打電話提到基普，我總是擔心發生什麼緊急情況，我的大腦就亂了套。」

「好啦，」他笑著回答，「但是我覺得應該沒什麼，我馬上就打電話給她。其他的都還好吧？妳好像很緊張。」

「哦，好得不得了。我都不知道我在這個家、這個公司、這個國家還有這個宇宙中到底算個什麼。我現在正在伯特這裡上課，抱怨基督教和基因學，不知道為什麼我覺得這都怪他。而且我才想起來我今天應該交課程費的，但是我忘了……伯特剛剛還皺了皺眉，他現在正在看一篇論文，所以應該沒怎麼注意我們說的話。除此之外都挺好的，你呢？」

「呃，我覺得我還是先打電話給小金好了。等下再回電給妳！」

# Note. 24　帥氣的警官

莉莉打開公寓的大門，問了句「有人在嗎？」但是房子裡一個人都沒有。想到保母打給她的那個電話，她知道自己應該擔心，但是她居然忍不住為擁有個人的閒暇時間感到開心，保母剛打掃過屋子，現在還很乾淨。夕陽低低的懸掛在天上，發出柔和的紅光，穿透臥室朝西的窗戶。這是她今年第一次看到這樣的景象，夕陽昏暗的紅光點亮了房間，現在肯定不早了，太陽也快下山了。或許現在可以躺在沙發上看本書，不知道馬克有沒有留點上次買的薑汁啤酒給她。

這時她發現鞋櫃上有一張便條紙。「肯定不是什麼好事。」說著拿起了便條。是馬克寫的。

小莉：

基普在學校摔倒，額頭劃傷了。我覺得不是很嚴重，我還告訴他小女生就喜歡有疤的男生，但是我覺得讓醫生看看也不會怎麼樣。保母還有艾瑪跟我們一起去了醫院，保母幫忙當翻譯。很快就回來。

附：我手機欠費了，所以無法傳簡訊給妳。妳明天能幫我繳下電話費嗎？

「好吧，是我想多了。」說著整個人就滑進了沙發裡，把那張便條又讀了一遍。不過，這不算太糟糕，對吧？自從來到中國，孩子一直都非常健康，所以可能只是存在一些總會發生的麻煩事。她不知道讓保母陪著馬克合不合適，保母之前陪她一起去買過家具，銷售員跟保母講中文，然後保母再用中文告訴我。這明顯是多餘的。可能小金只是比一般的店員和護理師更有耐心，她可以不停重複對話，直到馬克弄懂。

好在馬克還會讓她幫忙繳電話費，在中國生活，這是她比較擅長的事情了。他的手機每隔幾個月就會當機一次，對此他很無語，他之前還看過一篇文章，講的是在購物網站上可以花 90 元買到 100 元的電話卡，這讓他更無語了。莉莉剛剛就在轉角的報攤上買了一張電話卡，花了 95 元，只是沒有告訴他。

莉莉盯著窗外，夕陽現在躲到了對面那棟公寓樓的後面，公園北邊建築物的窗戶上折射出金色的光。雖然她想利用這片刻的安靜好好讀本書，但還是拿出了自己的電腦。史丹利可能對我的生活又給出了新的解釋，總有一些是有用的。

然而此時傳來了一陣敲門聲。通常如果有快遞的話，管理員會打電話的，難道他們已經回來了，還忘了帶鑰匙？這太像馬克的風格了。莉莉艱難的將自己的腿挪出沙發，把筆記型電腦從肚子上移開，喊道：「等一下，稍等！」

她開門的時候發現門其實並沒有關。如果敲門的不是馬克，那會是誰？莉莉打開門，發現門口站著三個警察。起碼他們看起來像是派出所的。藍色制服，銀色鈕子，還有徽章。北京的警察分很多種，莉莉都懶得記住對應的制服。當然了，馬克和基普倒像是這方面的專家。基普還認識一些等級徽章，對此莉莉覺得心有不安，馬克則是倍感自豪。莉莉心想，這次又是因為什麼。難道是簽證的事情？我還以為馬克的工作已經解決了簽證呢。「你們好。」她說，想著如何用中文表示「警官」。「有什麼需要幫忙的嗎？」

「您好，您是陳莉莉嗎？我們有一些關於您工作的問題，可不可以進來？」

噢，是工作的問題啊。現在是怎麼回事？馬克人呢？

「不好意思，警官，我不會說中文。等一下，我丈夫馬上就回來了。或者你們下次再過來？」莉莉說。

「沒關係。」三個警察中比較年輕、個子比較高的那個人回答道，莉莉發現他穿的制服跟另外兩個人身上的不一樣，更合身，難道是定製的？最近肯定熨過。「您想讓我說什麼語言？」他繼續說道。

「法語？」莉莉弱弱的說。還是值得一試的。「好吧，」高個子長官說道，「我只會一點點法語，不過我的英語非常好。」

莉莉嘆了口氣。雖然是一次不錯的嘗試，但是一點用都沒有。「說英語也可以，請進來吧。」她說道，側身從鞋櫃中替警官拿拖鞋，手還是扶著門。她提醒自己，一定要為警官挑雙好鞋。「要不要喝點茶？」才把三個警官請進門，莉莉總覺得自己應該說點什麼，而且她也不希望感覺到「審問」的氛圍。莉莉自己從來不喝茶，而且完全不會泡茶，所以她希望他們會拒絕。她曾經看過「燙壺」，完全不知道那是什麼意思。

「不需要。」莉莉遞拖鞋給那個高個子警官的時候，他這樣回答道。莉莉居然覺得他長得還挺帥的。有點像迪士尼動畫片花木蘭中的李尚將軍，她之前替艾瑪買過一個李尚將軍的玩偶，希望能夠為她樹立一種積極向上的亞洲女性形象，讓她別再看那些迪士尼和芭比的動畫片了。另外兩位長官則長相一般。矮一點，胖一點，年紀稍長，顯然已經結婚了，聞著還像是老菸槍。「我是向巡長，被分配到證監會工作。」

尚和向，聽起來差不多嘛，此刻她還是有幽默感可言的。「我們想問問您在 Pantheon 投資有限公司的工作。」巡長繼續說道。

希望是愛德華搞砸了什麼事情。可能他遇到麻煩了，也有可能是我遇到麻煩了，對吧？「當然，沒問題。請坐。您的英文非常好，您是怎麼做到的？」

「家父是舊金山的領事，我之前在那裡讀高中。現在來聊聊 Pantheon 投資有限公司吧？」巡長開口說道，從自己的小公事包中拿出了幾張表格。

---

幾個小時之後，莉莉打開客廳的門，大聲歡呼：「我回來了！我親愛的基普怎麼樣了？」

「莉莉！」馬克大喊，丟掉手中的雜誌，從沙發上起身。「我的天，妳去哪裡了？」

「你沒看到我留給你的便條紙嗎？」她問道，努力在鞋櫃中找到一點空間。

「妳的便條紙？當然看到了，但是上面寫的是，『去警察局接受審問了，希望能盡快回來。』到底發生什麼事了？妳想表達什麼意思？妳遇到什麼麻煩了嗎？」

莉莉滑進另一個沙發，將腳抬起。「沒有，我覺得挺好的。孩子睡了嗎？基普的額頭怎麼樣了？天啊，我昨天又搞砸了，謝謝你照顧他。」

「沒事，沒什麼大礙。」馬克說。

「需要來杯什麼喝的嗎？妳看上去很累。」他停頓了一下，然後說道，「電影裡不都這樣演嘛。不過家裡應該沒有酒了，除非妳喜歡喝小金炒菜用的料酒。」

「那還是算了吧。」

「好吧。現在是晚上 11：30，孩子也都睡了。基普沒什麼事，醫生只是在他額頭上貼了一張蝴蝶狀的 OK 繃。所以到底發生什麼事了？妳不能被警察逮捕了卻什麼都不說啊！」

「我應該沒有被捕。我只是……被審問了。我也不知道是在哪個辦公室。裡面有很多穿制服的人。最後嚇得我都崩潰了，告訴他們你是個販毒的。他們明天會調查你，所以記得穿乾淨的內褲。」看到馬克臉上的表情之後她繼續說道，「好吧，開個玩笑啦。那些人跟中國證監會有合作關係。之前我一直說的和財富律師事務所合作的事情，他們都知道了，真的是什麼都知道了。」馬克臉上露出疑惑的表情，莉莉重複了一遍：「財富律師事務所，我們一直在說這件事情啊，你之前還說我會因為這個進牢房呢。」

「哦，我想起來了，妳想打擦邊球，繞開對外國人購買、出售、投資和其他跟金錢有關的規定。」

莉莉環視了一下房間，好像房間裡還站著一個警官，說不定就躲在一把椅子後面。「我沒有想過『繞開』任何東西。我們只是想找一種新方法來……吸引投資者。總之，他們掌握了我們公司的一切，郵件、文件草案，還有一堆我覺得是財富律師事務所的東西，因為用的都是中文，所以我也沒看不太懂。因為他們發現了這個，所以就要求我去他們辦公室做個聲明。」

「哇，」馬克說，「必須按他們說的做嗎？不能拒絕嗎？要不要請個律師？」

莉莉皺了皺眉，也沒有轉過身看著馬克。「我肯定不知道啊。」她說，手舉過頭頂，揮了揮，像是在趕走一隻蒼蠅。「我覺得我們可以打電話給大使館。不過他們好像也沒說我做錯了什麼，我一開始還以為他們是因為簽證的事情才來的。可能財富律師事務所申請了一家新公司，這只不過是整個流程的一部分啊。但是他們是怎麼拿到所有文件的呢？」

「好吧，但是妳剛剛說了『一開始』？」

莉莉又往沙發裡滑了一點，這樣她就可以把頭靠在沙發扶手上了，腳上的襪子都沒脫，莉莉把雙腳蹬向了天花板。「是的，一開始。」她嘆了口氣。「後來我發現，他們問問題的時候主要是針對我個人的。他們問我知不知道外國投資者是不允許買賣 A 股股票的，我這樣做有什麼意圖，我有沒有向公司的其他人透露過自己的意圖，我是不是只是拿財富律師事務所做擋箭牌等等。」

馬克發出態度不明確的咕噥聲，現在不適合說「我早就告訴妳了吧」，還是等等再說吧。

莉莉準備繼續說，但是又沉默了。繼續說晚上發生的事情似乎沒有任何意義。她不知道那意味著什麼。馬克肯定也不會知道。連警察都不一定知道其中的原因。此時就好比洪水暴漲，我們都被困在了一個地方，被洪水捲到了一個未知的地方。莉莉突然發現這間公寓的皇冠造型還真是好看。馬克一直不想在美國的家裡裝這種東西，他覺得自己做太難了，僱人來做又很花錢。但是真的很好看啊！不過上面堆積了不少灰塵，角落裡黑黑的東西也不知道是什麼。在北京生活久了，我的肺是不是也會變成這樣？

「我還是覺得這件事跟簽證沒關係，倒是跟我個人有關。」莉莉繼續說，「不過，那個巡長還是挺友善的，跟李尚將軍一樣可愛。」

馬克又咕噥了一下。他陪艾瑪看過電影，知道李尚將軍是誰，並不喜歡這個人。

「談話的時候，他總是提到我發給愛德華的一封郵件，大概意思就是我想『逃避』法律規定。這個詞他說了很多遍，還問我是不是有人讓我這樣做。我當時應該把責任推給一位老總的，就說是他們讓我這麼做的，但是當時我只是不停重複我們這樣做只是為了讓客戶能夠合法參與 A 股交易。」莉莉再次停了下來，過了一會兒又說，「事實就是這樣的，對吧？我今天晚上說了太多次，都搞不清楚真假了。」

莉莉繼續說的時候，馬克開始試著給出一些有用的看法。「一直以來，愛德華真的很想打垮我。雖然我經常拿他的狡猾和小聰明開玩笑，但是這件事絕對是他做的。我以為他不敢直接去證監會檢舉我的，但是還是有可能的。接下來，他應該會去找財富律師事務所的人，告訴他們有人準備揭發我們和財富律師事務所在進行違法的勾當。然後財富律師事務所就會先發制人，先去證監會，告訴他們是 Pantheon 公司要求他們做的。這樣的話，責任就都在我了，他還是清白的。」

「好吧，妳的疑心有點重啊。」馬克插嘴說，「可能還是因為簽證的事情呢，只是那些人剛好發現了一些有疑問的事情。我知道愛德華是個蠢蛋，但是陷害妳，讓妳被中國警察逮捕，這也太卑鄙了吧。不是應該公平競爭嗎？」

聽完，莉莉深吸了一口氣。「現在電影裡的反派角色基本都是英國人演的。寄宿學校把他們都給毀了，把他們變得沒有安全感，還老是帶著敵意。」莉莉停下來，盯著天花板沉默了一會兒。「他們一直問同樣的問題，好像想知道更多東西。我有沒有其他『逃避政府對非中國公民在交易所進行交易的規定』的計畫？財富律師事務所私下跟我談過什麼？一開始是誰讓我有了這個念頭？挖不到更多的資訊，他們覺得很沮喪，不過我覺得他們還是信了我說的話。他們應該不會認為我們公司在搞什麼大陰謀，不過我也無法證明是不是真的。」

「但如果是財富律師事務所去找監管機構的，他們不可能說瞎話，他們肯定希望事情越簡單越好，不然他們也會被捲進去的。聽妳的意思，他們只是想自己擦屁股，不會讓警察繼續調查。」馬克反駁道。

莉莉再次坐直，將手肘放在膝蓋上，雙手扶住額頭。「我知道，」她對著地板說道，「我知道，這根本說不通啊。難道是財富律師事務所跟他們檢舉之後，他們去找了愛德華，愛德華又說了什麼？」莉莉嘆了口氣。「我的飯碗可能保不住了。不管愛德華說了什麼，只求老總不要發飆。希望調查結束之後他們還會站在我這邊，我還是可以在那上班。而且他們告訴我，在事情得到解決之前，我不能出境。」

「啊！」馬克說，努力表現出支持的口氣，但還是差了那麼一點。「這不是電影裡才有的台詞嘛，現實生活中居然也有。他們拿走了妳的護照？」

「沒有，沒有，我又沒有入獄，他們還沒準備嚴刑拷問我，玩『好警察／壞警察』的遊戲。整個過程其實挺無聊的，現在只希望不會出什麼事了。」這時，她看到咖啡桌下的櫃子放著電視遙控器。「今天晚上，我要看電視。」她宣布。

「什麼？」馬克說，話題變得太快，馬克有點措手不及。「看電視？現在看電影有點太晚了吧？」

「不是，是看電視，我好久沒看過電視了。不過，我要先去看看基普和艾瑪，要是弄出點聲音把基普吵醒了，他就會發現我去看他了，就會知道我還是在意他的。然後我就過來看電視，電視上放什麼我就看什麼。我今天真是為自己的命運操碎了心。我拚命在中國金融界開闢一條新道路，最後卻落得一個被警察調查的結果。還有史丹利，他也利用我們來開闢新的領域，讓我們做他基因檢測的小白鼠。不管了，現在我要看電視了，管電視上放什麼呢。我要好好享受。」

「電視節目都是講中文的。」馬克繼續說道。

「馬克，我今天終於知道我們現在在中國生活，你愛信不信。」莉莉回答道。

# Note. 25 被解僱

發送至：陳莉莉
發送時間：6 月 12 日上午 1：20
主題：回覆：Pantheon 投資有限公司可能存在違法活動

親愛的莉莉：

很抱歉，我不得不發這封郵件給妳。一直以來，妳都是 Pantheon 公司的一位得力幹將，在幫助客戶進入中國市場方面妳也取得了頗有成效的進展。但是目前看來，妳好像濫用了我們對妳的信任。希望妳只是因為被誤導才會做出這些不當的行為，而不是為了進一步提升自己在 Pantheon 公司的價值故意濫用自己的職權。

總之，現在我們都知道了，妳的行為對我們在中國的工作造成了相當大的損失，可能是暫時的。在取得進一步的了解之後，我們會詳細探討解僱妳的事宜，憑這封郵件，妳就不再是 Pantheon 公司的一員了，也不再是一名獨立的經銷商了。

很抱歉。

斯圖爾特・羅恩
Pantheon 投資有限公司 CEO

---- 原始郵件 -----

來自：愛德華・龍 [elong@pantheon-inv.com]
發送時間：6 月 12 日上午 12：47
發送至：斯圖爾特・羅恩，CEO；阿西伯納爾・羅恩，CFO
主題：Pantheon 投資有限公司科可能存在違法活動

羅恩：

您好！

很抱歉得告訴您一個壞消息。我本來想親自打電話說這件事的，但是您的手機好像沒電了。證監會的合作警署來過公司，拷問我，還備份了硬碟裡的所有資料（從技術的角度來看，他們的隨身碟真的很好，記憶體非常大）。目前整體情況還不太明朗，但是我對莉莉跟財富律師事務所合作的擔心似乎成為現實。他們主要調查的是莉莉和她最近做的事情。她違反了幾項關於境外投資的規定，可能是故意的（這是他們說的，可不是我亂說的）。

現在還不知道事情會怎麼發展，但是短期內這顯然會嚴重影響我們跟投資者的有效合作，也有可能為公司帶來重大的金錢損失。我沒有危言聳聽，不過我真心建議您或阿西伯納爾近期來一趟中國，我會在公司盡力處理這件事情的。

我必須把這個壞消息告訴你們，真的很抱歉。早上我會再打電話給您，如果方便的話，您也可以隨時聯絡我。

祝好！

愛德華・E・龍
高級投資分析師，亞洲（印度）
Pantheon 投資有限公司
北京市廣華路 8 號
135-004-8868

---------------------------------------

發送自：陳莉莉

發送時間：6 月 12 日上午 1：46

我就知道是你向財富律師事務所或證監會告的密。如果你再跟老總說我的壞話，我保證不會放過你的。我現在需要幫助，而不是一個拚命讓我被炒魷魚的混蛋。

發送自：愛德華·龍
發送時間：6 月 12 日上午 1：48

莉莉，妳的事可不歸我管。妳現在是自作自受。我會把妳發給我的所有簡訊和郵件都轉發到公司信箱。

發送自：陳莉莉
發送時間：6 月 12 日上午 1：49

你和你證監會的狐朋狗友都滾一邊去吧！

------------------------------------
發送至：陳莉莉
發送時間：6 月 12 日上午 2：19
**主題：回覆：親愛的基因組，我覺得我們應該看看其他的……**

親愛的莉莉：

妳發來的郵件真是太了不起了，感激不盡！實際上我寫這封郵件是為了方便把它傳到 WikiHealth 網站上，所以如果聽起來像演講，而不是寫信，請見諒。

妳之前提到了一個問題：還想不想繼續了解自己的基因組。如果妳想停止，也沒關係，跟我說一聲就可以了。但是聊聊也無妨，還可以順便聊聊妳郵件的主題：「親愛的基因組，我覺得我們應該看看其他人」。是不是女性都喜歡用這樣的句子？我已經不止一次看到這樣的話了。

妳說妳可能還沒有準備好接受基因組中的資訊。還說一旦開始了解這個，學到的東西就無法還回去了。但這就是妳啊，永遠都是。妳最後引用的那句話很棒，『不能因為事實客觀存在且正確，就說我需要知道它』。這句話為我提供了一個新的視角，而且很有道理。

對妳提出的問題很難給出完全正確的答案，這個只能由個人決定。基因組一直伴隨著我們，它就是我們的全部。基因組還可以解答「我是誰」的問題。我覺得了解基因組的涵義是一件很有趣的事情，而且有時候還能派上用場。早在幾年前就已經證明了，基因組連結著生命、人體以及每個人。

不過那只是我個人的觀點。為了客觀起見，我得引用一篇發表在《新英格蘭醫學》雜誌上的研究文獻。該研究徵用了近 3,000 個參與者，來自斯克里普斯的研究人員對參與者使用基因組分析的反應進行評估，這種基因組分析方法與 DNA 大夫提供的非常相似，主要分析參與者罹患 20 種不同疾病的風險程度。不少參與者在知道結果之前表示很焦慮，最後發現其實沒什麼問題。超過 90% 的參與者沒有表現出任何形式的焦慮。而且在得知自己的基因組資料之後，他們的焦慮平均值有所下降，不過差別很小，沒有什麼參考價值。

早些年波士頓大學也進行過一項研究，得出的結果與上面的結果非常相似，而且都發表在《新英格蘭醫學》雜誌上，波士頓大學研究的是人們在知道自己罹患阿茲海默症的風險係數之後會有什麼反應。這項研究被稱為 REVEAL（阿茲海默症的風險評價和教育），研究對象是有阿茲海默症家族病史的人，主要分析他們在得知自己罹患阿茲海默症的風險係數之後的情緒變化和壓力，預測的依據則是載脂蛋白 E 基因型（APOE）。如果一個人遺傳了一個拷貝的風險標記物，即 ε4 等位基因，那麼他罹患阿茲海默症的風險可能會翻兩番；如果一個人遺傳了兩個拷貝的 ε4 等位基因的，那麼他罹患阿茲海默症的風險則會增加 15 倍。與斯克里普斯規模更大的研究相似，參與者在知道結果前後情緒上並沒有多大的波動，連那些知道自己罹患阿茲海默症的風險增加了的人也是這樣。

如果想評估人們對於了解自身基因組的看法，可能還得做更多研究，但是這兩項研究顯示，把基因組資訊納入日常生活之中並不是什麼難事。斯克里普斯的研究還給出了一個結果，即在可行的跟進週期內，人們即使了解了自己的基因組，也不會因此過多調整自己的生活方式。而且，他們還發現疾病風險與患者參加篩查項目的數量多少無關。比如說，如果發現罹患大腸癌的風險增加了，那麼妳可能以為患者就會去做大腸鏡檢查。雖然這不是該研究的內容，不過，高風險族群的確會希望做這種準確度更高的大腸鏡檢查。可能一年的跟進週期太短了，無法發現前後對比差異，但是想做的事情和能做到的事情之間往往就是有出入的，這很正常。另外，阿茲海默症研究的確發現那些罹患阿茲海默症風險增加的人買長期保險的可能性更高。

了解自身基因組可能不會帶來過多的焦慮，由此導致參與者不會過多改變自己的生活方式。我之前也提到過，這種測試並不能提供最前端的資訊。風險任何時候都客觀存在。我們知道自己的家族情況，了解自己的飲食和運動習慣，也明白生活中存在哪些風險。我們每天都在使用這種資訊，有時候可能覺得自己應該多做點事情，但一切都是一成不變的，不管怎樣，我們還是使用過這些資訊了。有些人不抽菸（打算戒菸），避免吃高熱量的食物，有時候也需要看醫生。雖然現在還不知道多吃一塊蛋糕對糖尿病會有什麼影響，而且有些人抽了一輩子的菸還是可以長命百歲。雖然這樣，我們在日常生活中還是需要簡單評估可能的風險。

在評估風險方面，基因組資料都是相似的。雖然比常規的根據家族情況預測風險更為直接，基因檢測也只能預估罹患某種疾病的可能性。而且只有對類似於亨丁頓舞蹈症等少數幾種疾病，基因檢測才能給出明確的答案。至於其他可以透過基因檢測的疾病，基因檢測只會告訴我們患病的風險是增加了，還是減少了，還是維持不變。我們知道應該怎樣處理這種風險，這就是人體健康狀況的一部分。

最近這個問題被上升到了政治的高度，一些立法機構和說客組織說這種資訊太危險了，不能任由人們隨意使用。而且他們還認為專家有義務為大眾分析解讀基因資訊，不然大家就無法正確理解。就好比只有醫生才能告訴患者乳房 X 光檢查得出了什麼結果，只有醫生和獲得授權的自動販賣機才能為大家提供處方藥。

「填鴨式的告知他人」，聽著帶點偏見，對吧？如果我把這個上傳到 DNA 大夫網站的話，就必須把這個刪掉，這違背了工團主義（syndicalism）的精神。但是有一點我很肯定，即人們必須明白：了解自身基因不是一種任務，不是醫生或者高管拍腦袋帶來的什麼好處，要確保自己不會被利用。

上一段在上傳的時候必須刪掉！回到剛剛的話題，就是妳的那封郵件：準備好接受隱藏在基因組中的祕密了嗎？應該吧。基因組很實用，也很有趣，而且跟妳每天都使用的資訊差不多。要對自己有信心啊。

至於妳結尾說的那段話，「不能因為事實客觀存在且正確，就說我需要知道它」，這就是另一回事了，這裡妳提出了一個全新的主題，即人們對新技術的整體接受能力。因為我基本上算是一個技術宅了，所以不太適合討論這種問題。我一直很希望飛行汽車和個人噴氣背包能夠成為現實。或許妳可以讓妳的冥想老師為妳講講這個？

----- 原始郵件 -----
來自：陳莉莉 [lchen@pantheon-inv.com]
發送時間：6 月 10 點下午 10：28
發送至：史丹利・陳
主題：親愛的基因組，我覺得我們應該看看其他的……

親愛的基因組：

你很不錯，但是我們還是做朋友吧。我可能妨礙了你大展神威：生成蛋白質、控制我的生活、隨時對我定序……老實說，我還沒準備好讓你知道我的一切，這種疾病、那種性狀等等。每天都會出現新事物。明天，我可能會了解另一種新的基因，一種「智力」基因，一種新的乳癌基因，一種「舞蹈」基因，誰知道呢？晚上我就會逼自己上網看看有什麼新資訊，看看自己攜帶了什麼突變。然後你就掌控了我一部分的靈魂，生死由你決定。這些東西我必須知道嗎？知道之後我會開心嗎？不知道這些，我應該會更自由吧？不能因為事實客觀存在且正確，就說我需要知道它。

你的朋友

莉莉

發送至：陳莉莉

發送時間：6 月 12 日上午 3：06

主題：回覆：更新

抄送：斯圖爾特·羅恩；愛德華·龍

親愛的陳女士：

這封郵件是要告訴您，您在 Pantheon 上班期間的行為可能比我們預期的更不負責任。中國政府相信我們可以推動中國金融市場的發展，而您卻嚴重辜負了他們對公司的信任。所以，您被禁止接觸 Pantheon 的所有客戶、合作夥伴、聯絡人以及員工。否則我們將使用中美境內一切可行的法律手段來確保客戶和投資者的權益。您的行為使 Pantheon 的收益蒙受了嚴重的損失，可能還會面臨罰款和訴訟費用。我們正在協商是否需要對您提起訴訟，讓您賠償我們的所有損失。很抱歉我們只能這樣做。

抱歉！

阿西伯納爾·羅恩

Pantheon 投資有限公司 CFO

---------------------------------------

發送自：馬克·索恩

發送時間：6 月 13 日上午 10：52

整理辦公室的東西還順利嗎？愛德華怎麼樣？我們一起吃午餐怎麼樣？

發送自：馬克・索恩
發送時間：6 月 13 日上午 11：33

莉莉，妳怎麼了？

--------------------------------------
發送至：陳莉莉
發送時間：6 月 13 日上午 11：56
主題：找莉莉找錯了地方

莉莉：

我發了好幾條簡訊給妳，但是好像因為手機關機了，所以沒收到。整理辦公室物品進行得怎麼樣了？妳沒有打愛德華，對吧？想去什麼好地方吃午餐嗎？

--------------------------------------
發送自：馬克・索恩
發送時間：6 月 13 日下午 5：42

愛德華，你好，我是馬克，莉莉的老公。她今天去辦公室整理東西了嗎？我已經一整天沒有她的消息了。謝謝。

發送自：愛德華・龍
發送時間：6 月 13 日下午 5：43

今天沒看過，說實話，沒人會想她的。她最近給我們造成的麻煩已經夠多了。

發送自：馬克・索恩
發送時間：6 月 13 日下午 5：50

用你的中文去虐自己吧，混蛋。

發送自：馬克·索恩
發送時間：6 月 13 日下午 7：54

莉莉，告訴我妳在哪裡好嗎？我不想報警（免得他們瘋掉），但是如果我無法盡快找到妳的話，我也只能報警了。

來自：12008192540494
發送時間：6 月 13 日下午 11：20

我是莉莉（透過網路發送的，所以電話號碼看起來會有點奇怪，而且你打電話或者發簡訊給我，我是無法看到的）。對不起，讓你擔心了。我有點憂鬱，只能離開一陣子，一直不知道該怎麼聯絡你。我現在在那個林中小屋裡，之前我跟你講過的，在北邊的那個小屋，我就想一個人靜靜。我挺好的，沒有那麼糟糕。現在孩子可能睡了，但還是替我親親他們。

來自：12008192540494
發送時間：6 月 13 日下午 11：31

我剛剛把一隻死貓扔出去了。我太強了！

來自：12008192540494
發送時間：6 月 13 日下午 11：49

我知道你現在想搞清楚這個網路地址，這樣你就可以打電話給我了，但是我現在想睡了，明天再聊吧。

來自：12008192540494
發送時間：6 月 13 日下午 11：53

仔細想想，我剛剛扔出去的可能不是一隻貓，有點像是狐貍。特點：毛茸茸的，有尾巴，死了很久，有臭味。記得明天早上告訴基普，我是一個勇敢的女人。

# Note. 26 林中小屋

## 6月14日

上帝啊，你最近真是一個不折不扣的混蛋，為了怕你沒注意到，我來告訴你好了，我現在不在北京，而是在哈爾濱北部的一個小屋裡。你知道聖弗朗西斯的那首詩嗎？就是我一直在跟你講的那首詩？有沒有這樣的一首詩，講的是自己的同事處心積慮把她送進牢房，然後奪其位的？

沒有嗎？

好吧，那就滾吧。

## 6月14日早上9：00

我又來了。為了讓這個地方看起來不那麼像是貓（或者狐狸，你是上帝，你應該知道是什麼）的妓院，我花了兩個小時來打掃。我還花了一個小時用 Google 翻譯拖把桶上用斯拉夫字母寫的便條。在不知道這些字母意思的前提下輸入這些字母，你有沒有嘗試過？應該沒有吧，算了，還是別回答了。總之，我覺得這個便條的意思是：「不用費心拖地了，已經很乾淨了。」寫這個便條的人大概不太想過文明社會的生活，因為現在這屋子裡一股泥巴的味道，刷地板的混凝土品質太差了，滲水之後都變成了糨糊。我只好抱著自己的筆記型電腦縮在這把椅子上，雙腳踩在椅子橫桿上，我可不想把自己陷在這攤汙泥裡。然後我就把這些泥漿掃了出去，肯定比以前乾淨得多。匿名的俄羅斯兄弟，不用客氣。我現在覺得自己非常勇敢，不過那首詩裡並沒有說「正是在清潔地板之時我們的靈魂被洗淨」，所以你又輸了一分。

## 6月14日上午9：15

我真的應該打個電話給馬克，告訴他發生什麼事，但是我真的太累了。你可以控制他的大腦，讓大腦釋放一些腦內啡（endorphin）讓他不用擔心我嗎？我會感激不盡的。

## 6月14日上午9：30

跑到這個小屋來是不是太蠢了？現在網頁正在下載（難道我要在西伯利亞附近的森林裡抱怨網速太慢了嗎？），此時我回想自己昨天就這樣逃走了，覺得有點瘋狂。但是在北京坐著等死好像更糟糕。

那首詩中有一句話，理解起來一點難度都沒有，「主啊，我不企求……別人了解我，但願我能了解人」。如果我都不能了解自己的話，我憑什麼請求別人來了解我呢？他們可能只會告訴我如何過好自己的生活，我媽媽也可以啊，而且完全免費。我也希望自己能像詩中說的那樣去了解別人，但是你倒是給我一個了解的對象啊。

剛來北京的時候，我以為自己流的是中國人的血，所以一定可以操控自己的「職業」生涯，身為一個成年人，必須有一份職業，所以這裡我用了引號，實際上，來了中國之後，我才找到了一條最輕鬆的生活道路。我從不覺得「苟且偷生」或者「隨波逐流」是一種真正的職業。所以我滿懷希望，但是最後得到了什麼呢？我的同事希望一躍成為亞洲金融界和工程師領域的新星，受到老闆的重視，然後我就成了他最大的威脅，然後我被解僱了，警察在調查我，Pantheon 投資有限公司也威脅要起訴我和我的家人。職業又有什麼用呢？

建立對你的信仰也不是什麼容易事。但是我正在努力。我嘗試著去上冥想課，按照伯特的說法，現在跟你聊天也算是冥想的一部分了，但是有什麼用呢？我現在內心平靜嗎？到目前為止我理解那首詩了嗎？你的要求太多了，而且得不到任何的支持和幫助。你告訴過我應該成為什麼樣的人，應該有什麼感受，但是你沒有告訴我怎麼做到，連個像樣的工具都沒給我。我們在美國買的跑步機還可以放影片呢。但是你給了我什麼呢？《十誡》？傳教若干年之後離開的彌賽亞？

再來說說史丹利的遺傳學。我有這種等位基因，我有那種等位基因，我得這種疾病的風險增加了，我得那種疾病的風險下降了⋯⋯然後呢？然後又怎樣？對於我是誰和我要去哪裡，我有太多太多的疑問了，卻沒人給我任何幫助。如果一個人不能教我做我應該做的事情，那麼就算他為我揭示了自己的基因，又有什麼用呢？

你，這個社會，還有基因，為什麼你們不能讓我自由去探索自己的人生道路呢？

這話並沒有什麼意義，對吧？我一直想出去走走，但是來了之後就沒有出過門，除了把死貓扔出去的那次，因為「黑的」送我到這裡的時候已經天黑了。看樣子，我必須打個電話給馬克，不然他會瘋的。

## 6 月 14 日 10：00 左右

我懶得看時間了，因為沒有打電話給馬克，我覺得非常內疚。剛剛收拾小屋、打掃灰塵的時候，我把自己弄得有點狼狽，現在必須出去走走。我會回到這間小屋，但是我不會繼續寫這篇日誌了。

我之前是不是也說過這樣的話？但這次我是認真的！

我本來只想矇混過關，過著快樂的小日子，但問題是，你、遺傳學和工作讓我根本閒不下來。我的……我不知道那個詞是什麼了……不管你將我們度過一天又一天的方式稱為什麼……我的經歷，我的生活，我的「應對技能」？總之都是在生活的過程中學到的。我們學會累積經驗來面對日常生活中的大小事、快樂和挫折。但是一旦發生變化，我就得被迫接受新的資訊，我之前的方法和設想，我的經歷，就都不真實了，不再有用了。理性的生活分崩離析，我只好重建前進的道路。

好吧，我知道了，不好的事情總會發生。有時候，這並不是哪個人的錯。生活中總有些不完美的時候，我不會怪這個世界，也不會怪你（可能你就是活該）。不管是誰，只要他改變了我的世界，那麼他就打亂了我的生活，他就應該承擔責任。本來莉莉只是從版本 1.0 升級到了 1.1，愛德華做這些齷齪事的時候，莉莉 2.0 已經整裝待發了。所以到底是誰在控制我？誰在牽著我的鼻子走？伯特、史丹利和愛德華這些人好像掌控著我的生活。他們能夠改變我的世界，他們掌控著我，我不喜歡這樣子。他們決定著我生活的意義以及未來的走向，我被迫改變自己，這樣才能入他們的眼。我變成了一粒棋子，是非由別人決定。

我必須工作，別無選擇，所以辦公室有人鉤心鬥角的時候，我就很難躲過一劫了。生活是否存在客觀目的，一旦出現這個問題，我就不可避免的想起宗教。但是宗教、上帝、信仰等，又有什麼意義呢？宗教應該成為生活的一部分嗎？值得我去思考嗎？不要覺得我不相信你的存在，中西方歷史上太多人在這個問題上犯了錯。還有遺傳學。自從史丹利和他的同行開始研究基因組，人們就開始朝著基因組的時代不斷前進，我們必須了解自己的基因組，必須學會如何使用基因組資訊。為了不落伍於形勢，為了不在文明的世界裡做文盲，人就必須去了解人體內的每一個細胞，去了解在人體內重複了一兆次的基因編碼，不然就是無知了。

這是你的錯嗎？是史丹利的錯嗎？是伯特老師的錯嗎？我也不清楚。

可能還真的就是你們的錯呢。不過愛德華肯定是有錯的，絕對就是他的錯，沒有人比他更蠢了。其他人呢？我就不知道了。我可能就想一個人靜靜吧。不讓別人掌控自己的生活，我還有這種機會嗎？應該有吧，誰知道呢。

# Note. 27　林中漫步

淡薄的雲朵向著太陽移動，森林中的光線從明亮的淡綠色變成溼潤的灰色，晚春的溫度與光線一同逃離了這片森林，莉莉也加快回小屋的腳步。好像要下雨了。小屋的屋頂比較結實，應該不會漏雨。突然雲朵都飄散了，明亮的陽光再次撲向這片森林。還是得回去了。空氣中瀰漫著雨後初晴的氣息，聞著像是苔蘚。不管屋頂怎麼樣，總比沒有屋頂好。北邊是一片白樺樹樹林，高高瘦瘦的，讓人好像身處魔幻故事中，說不定什麼時候就會出現一匹狼，求她與之相愛。

回小屋的那條路通暢且清新，只有一隻手臂那麼寬。土是褐色的，潮溼的泥土中安靜的躺著去年的落葉，小路蜿蜒，銜接著樺樹林、楊樹林和雲杉林。莉莉不想第一次出門就迷路，所以走了一條最寬敞的路，這條路明顯不會讓她回去的時候滿腳泥。好像自己走得也不是很遠啊。因為鎮上公路不太好開車，所以這裡的人出門主要靠步行。這條路肯定不是筆直的，所以莉莉在一棵大樹那裡掉了頭，繞遠路才回到一開始的目的地。如果自己是一匹馬，會不會更懂這條路呢？

莉莉在一個水窪邊走著，那些樹葉看似已經乾枯了，但是走在上面卻感覺自己的鞋子不斷往下陷，莉莉不禁笑了起來。溼溼的鞋子無法讓她放鬆，但是卻讓人覺得很舒服。同事為了送她進牢房，想給她安一個罪名，這可不容易。溼鞋算不算犯罪？如果算的話，那她絕對擅長。就算鞋子乾了，過個差不多 12 小時，鞋子又會被弄髒，可能還會縮水。但是，跟愛德

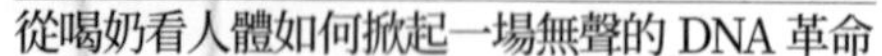



華相比，這都不算什麼問題。

打電話給馬克之前出去走走是個明智的選擇。屋外的空氣涼爽，預示著夏天的到來。藍藍的天空分外明亮，而且很柔軟，在北京很難見到這種景象，北京的天空只有灰濛濛和沉重的海軍藍兩種模式。雖然莉莉對樹不太了解，也知道那些樹真的很棒。中國南方的樹跟這裡的樹不太一樣，看起來像是外星上的樹。而且莉莉只要一看到竹子，腦海中就會自動浮現出中國的水墨畫。莉莉之前去過佛蒙特州的森林，於是開始思考如果一個中國人去了那裡，會不會有一種回到故土的熟悉感。不對，不能讓外國人霸占我們的森林。

莉莉知道在開闊的道路上行走幾乎不可能迷路，所以她走路的時候彷彿小屋就在眼前，沒有任何擔心，非常輕鬆。透過頭頂細小樹枝上的新葉，莉莉發現天上又積聚了一些雲朵，但是一時半會兒應該還不會下雨。太陽在薄薄的雲層上方移動，正午火辣辣的陽光與柔和明亮的光線在森林中交替綻放。被太陽照射的時候，森林中散發著夏日的氣息，凹凸的樹皮、潮溼的泥土和蠕蟲都被陽光烘烤著。太陽被雲朵遮住的時候，森林立刻就回到了春天，連空氣都是冷冰冰的，看不見任何溫暖和明亮的東西。獨自一個人穿越中國北部的森林，這算是一件了不起的大事了吧。我是一名獨立自主的女性，一點都不擔心西伯利亞虎會突然出現，不擔心會迷路，就算一不小心跨越了俄羅斯邊境也不怕，我的夢想還是有希望實現的。瑪格麗特·米德[12]和我肯定會相逢恨晚的。瑪格麗特會不會喜歡我呢？那些具有探險精神的女性不都是同性戀嗎？我會接受她的喜歡嗎？她會跟我一起開那家書店嗎？

來到小屋前的那片空地，莉莉想找點草或者一塊大一點的石頭把自己滿是泥巴的鞋子刮乾淨，但是周圍只有棕色的落葉、露出地面的樹根和泥土。她站在小屋的走廊裡，努力用一塊樹皮把鞋子刮乾淨。換了涼鞋之後，莉莉把地板又拖了一遍，掃除乾掉的沙土。地板變得很乾淨，莉莉瞬

[12] 瑪格麗特・米德（Margaret Mead，1901-1978）：美國人類學家，美國現代人類學成形過程中最重要的學者之一。

間就有了成就感及家的歸屬感。雖然把死貓扔出去、把地上的泥巴弄乾淨不是什麼大事，但是莉莉覺得很有意義。

她重新環顧了一次這間小屋。昨晚對小屋的印像有點模糊，只記得是大晚上到的，屋子裡有死貓或死狐狸。難道中國北方就是這樣的？中國有狼獾嗎？不，若是些皮毛珍貴的動物才好呢。雖然貂很小隻，但是皮毛很貴重。因為受到那些反皮草廣告的影響，莉莉從沒擁有過任何皮草，對此莉莉後悔不已，這根本就是在壓抑自己內心的欲望。貂？還是鳥？不，貂就夠了。狼獾也行。

總之，現在看來小屋是個不錯的居住地，至少短期居住還是沒問題的。這個小屋顯然是某人為了自己過得開心才設計的，都是木頭做的。木質的天花板，木質的牆，用水泥地板可能只是為了變一下顏色。稍微裝飾一下又不會怎麼樣，不一定得是鮮花，就算是那種小小的十字架，也可以讓小屋看起來沒那麼單調。而且家具很明顯不是必需的。小屋裡只有電暖器、帶 DVD 播放器的平板電視（有一些影碟，主要是俄羅斯動作片）、小冰箱、一張沙發床、一張廉價的金屬桌子、一個又小又破的木櫃子，還有一把木椅子。小小的櫥櫃裡放著一盒化學除臭劑，並沒有想像的那麼糟糕嘛。屋外有一台很大的發電機，大得似乎可以替一座小鎮發電，發電機被一條很粗的鐵鏈綁在一根鐵柱子上，這根鐵鏈搞不好是從哪個大港口偷來的。用衛星天線上網可能是非法的，但是沒人打擾自己看電視也挺好的。不過，他們應該在這個地方留了本書吧，哪怕只是用來做裝飾的。

這裡什麼吃的東西都沒有，幸好她昨晚在附近鎮上買了一些吃的喝的，櫥櫃裡有半打伏特加，還有幾瓶雜牌的烈酒。因為有狼獾（草原狼可能更好聽一些），不在小屋中儲備食物顯然是明智的。不過放幾瓶水應該不會怎麼樣。屋外有一個抽水馬達，但是不確定水可不可以喝。做飯怎麼辦呢？設計小屋的時候可能遺漏了這一點，小屋裡只有一個電磁爐和一個鍋子。除了一個破破爛爛的勺子，莉莉什麼餐具都沒找到。她翻遍了小屋，只發現這個勺子躺在抽屜裡，像在嘲笑單身男人的粗糙生活。除了這個之外，其他什麼都沒有。

不能再拖了，現在必須打電話給馬克了。希望他沒有生我的氣。我不想打給家裡，難道只是為了逃避我拋棄了家人這個事實嗎？莉莉又回到外面，啟動了發電機。她第一眼看到發電機的時候還覺得有點害怕，操作這麼大一台機器可能要經過專門的培訓吧。但是其實一個大號的開關就足夠了。回到屋裡，她打開自己的電腦，電腦正在連接 Wi-Fi。在一個不到十坪的小屋裡，他們真的需要 Wi-Fi 嗎？ VoIP 已經連網了，莉莉撥通了馬克的手機。

「嗨，馬克。」馬克接通了電話。

「莉莉，我的天吶，我正在想會不會是妳打的電話呢。我收到了妳昨晚發給我的簡訊，說什麼逃到了一間木屋，還有打敗了一隻狐狸之類的。妳還好嗎？妳在哪裡？」

「我在一間小木屋裡，而且我真的弄走了一隻死狐狸。我沒有胡說，只是在自由想像，我發簡訊的時候是有意識的。」莉莉停頓了一下，讓自己聽起來沒那麼滑稽，「我很好，對不起，讓你擔心了。我昨天的確有點瘋狂，但是我必須逃離北京、逃離 Pantheon 公司、逃離一切的一切。坐等愛德華的簡訊轟炸，思考怎麼應對他們的陷害，等著警察上門提出更多的問題，真的太難了。所以我選擇離開。你還記不記得，伯特老師之前對我說過，他朋友有一間小屋可以借給我用來冥想。這事說來有點無聊，還是說說其他重要的事情吧，孩子怎麼樣了？」

對於這個問題，馬克似乎有點迷惑：「孩子？他們當然很好，妳不用擔心家裡。我告訴他們妳又出差了。基普在學校，艾瑪在托兒所。妳說妳在冥想嗎？這個時間？如果警察又上門了怎麼辦？妳一個人嗎？什麼時候回來呢？」

「我知道一切都很奇怪，但就算是為了我，你也得保持冷靜啊，現在你就是我唯一的依靠了。但是說真的，除了中國警察正在調查我、我失去了工作、我們所有的資產都可能會被沒收之外，一切都挺好的。好吧，這樣說並不好玩，你現在在家照看一切，對不起嚇壞你了。但是我必須來這裡，如果待在家裡的話，壓力只會越來越大。至於警察那邊，他們現在還只是有些疑問，到目前為止，還沒有正式逮捕我。如果他們又上門的話，我也不知道該怎麼辦，就跟他們講我在廁所吧。是的，我現在當然是一個人。還有那隻死掉的狼。你不用擔心我，我離鎮上不太遠，所以嚴格來說我並不是完全一個人。」

「狼？妳剛剛不是說是一隻狐狸嗎？那妳什麼時候回來呢？我總不能每次都跟警察講妳在廁所吧。」

「也有可能是狼獾，我還在思考。噢，你和基普可以在他的動物學書中找找看，就是有大腳怪和狼人的那本書。要是有『哈爾濱野獸』就太好了，這可就太棒了。」

「野獸……妳確定自己還好嗎？妳是不是喝醉了？」

「還沒呢，不過我挺想試試這裡的伏特加。我會早點回去跟警察解釋的。現在，我只是需要一些時間理清頭緒。給我點時間，最多5天。」莉莉停頓了一下，「我知道我讓你很為難，但是離開那裡對我而言真的很重要。我從來沒有做過這種事情，對吧？」

馬克嘆了口氣，然後笑了起來：「那倒是真的。我會好好照顧基普和艾瑪的。但是妳現在在哪裡？」

「其實我也不確定。我知道怎麼找到這個地方，但是我不確定這到底是什麼地方。大概在哈爾濱東北部的森林裡。這也是他們稱之為『哈爾濱野獸』的原因，因為牠生活在哈爾濱附近啊。我把『哈爾濱野獸』的屍體扔到了森林裡。」

「把什麼稱為……噢，那隻死掉的貓啊。妳確定自己沒有喝醉嗎？而且妳到底是怎麼到那個地方的？我們剛到北京的那幾個星期，妳連地鐵都不敢一個人搭。」

莉莉再次停頓了一下：「現在想想，我昨天大概是瘋了，來這裡也只是一時衝動。你說得沒錯，真正的我應該不會做這種事情。可能是超級莉莉占據了我的軀體，帶我來到這裡，當然還有伯特寫給我的導航便條。昨天早上我搭地鐵去了建國門，然後步行到北京火車站，在售票處買了一張去北安的票，北安是哈爾濱北部的一個地方。那時候還真是糊裡糊塗的，可能那個女售票員也看出來了，還記得當時她又說中文又說英語，最後我才理解了她的意思。然後我就坐上了去哈爾濱的火車，我在賣零食的女人那裡買了一盒餅乾，那個時候我覺得我跟她之間好像有某種聯繫。我在哈爾濱轉車，從一個ㄙ開頭的城市出發去終點站北安。伯特給了我一個電話號碼，讓我打電話給看守小屋的那個人，我在火車站見到了他，因為塞車，我們等了很久，時間長得都夠我從地底掏出點什麼東西來了，然後我們在漆黑的夜晚翻山越嶺，到了這裡。路上我基本都在睡覺，但是我感覺兩個小時的時間裡其實也沒走多遠。他說自己一般用馬車，但是因為我是外國客人，所以找自己的兄弟借了輛車，也有可能他說的是自己會用馬車去接外國客人，但是馬車被他的兄弟借走了。總之，他提到了馬。除非他指的是他媽。『媽』和『馬』，聽起來一樣，只是音調不同。」

「嗯，我知道。可能他說的是馬路。這太神奇了。我現在正在網路上看地圖。妳在北方的北部。小屋在北安的什麼方向？」

「好像在北邊吧。小屋離市區不算很遠。最多 50 公里。」

「嗯，好吧。如果妳再往北走一點，妳就到西伯利亞了。」

「哇，太神奇了。告訴基普，因為中國警察在追捕媽媽，所以她就逃到西伯利亞了。對於一個 8 歲的男孩而言，這個故事足夠他炫耀一番了。」

「可能吧。好了，給我一個星期的時間來習慣這一切吧，我也會對所有同事炫耀這件事情的。我的頭到現在還是暈的。妳有什麼計畫嗎？」

「這裡有一櫃子的伏特加，外面還有一些不錯的木柴，點堆火，喝喝酒也挺好的。而且我還帶了自己的電腦，電腦裡大概有 100 本阿嘉莎·克莉絲蒂的小說。我一直很想找個機會什麼都不做，只是坐著，跟瑪波小姐建立聯繫。」

「瑪波小姐？」

「就是阿嘉莎·克莉絲蒂[13]小說裡的那個老處女，她的老管家提醒她小心電報局助理，她才化解了謎團，知道嗎？」

「不知道。但是那不重要，聽上去比較理性。妳確定這樣做不會更麻煩嗎？」

「我覺得還好。我昨天可能不太理智，但主要是因為工作上的事情，還有愛德華，我並不是為了躲警察才逃跑的。向巡長其實還挺好的。他很懂行情，他應該專門負責經濟法這一塊的工作。他還說了一些很有趣的想法，例如我們釋放自己的時候需要承擔的潛在責任。他從來沒有正式指控我，只是……我不知道，可能他只是想了解更多的資訊吧，想弄清楚我們到底在做什麼，我在做什麼。我覺得愛德華可能言過其實了。他從沒說過我只能待在北京，只是說我們需要多談談。」

「好吧，我也不想嘮嘮叨叨，而且在小木屋中待幾天肯定是有益健康的。我希望我們一家人都能在那裡待著，但是好像不太符合精修的目的。妳準備好吃的和喝的了嗎？除了伏特加之外。」

「水應該夠了。伯特說那個馬達能抽出乾淨的水。不管怎樣，我還是把水燒開了再喝。至於吃的，雖然談不上均衡飲食，但是我準備了各式各樣的泡麵還有餅乾。那天開車送我來這裡的人說他今天會帶給我更多吃的，之前住過的人總讓他幫忙帶東西。他好像就是這樣說的。他說了一些關於『明天』、『食物』還有『客人最喜愛的』之類的話。favorite 就是『最喜愛』的意思，對吧？」

「是的，但是妳之前說小屋是一個俄羅斯人的，所以 favorite 也有可能是『羅宋湯』和『香腸』的意思。說實話聽起來很不錯啊。」

「是的，我覺得我會過得很好的。只是待個幾天而已。然後我就會回家了。」

---

[13] 阿嘉莎·克莉絲蒂（Agatha Christie，1890-1976）：英國偵探小說家、劇作家，三大推理宗師之一。代表作品有《東方快車謀殺案》和《尼羅河謀殺案》等。瑪波小姐則是其作品《牧師公館謀殺案》中的偵探人物。

「妳會沒事的。今天晚上打電話給我好嗎？」

「沒問題。還有基普和艾瑪，他們都還好吧？如果只有你一個人，我完全把你丟在家裡待上幾天。這樣你要是餓死了，那可就太了不起了，而且你真的得學學怎麼做吐司之外的食物了。但是孩子不同，我不想讓他們覺得我拋棄了他們。一定要告訴他們我只是在躲警察，不是在躲他們。」莉莉停頓了片刻，然後繼續說道，「仔細想想，基普會喜歡這個的，艾瑪可能不喜歡。那就告訴艾瑪媽媽在森林裡努力學習精靈的祕密，回去之後，我會把這幾天學到的東西都告訴她的。」

「太棒了，真的嗎？相比妳的冥想課，我覺得這個更好懂。能不能也跟我講講。」

莉莉故意大聲嘆氣：「好吧，我也會把從精靈那裡學到的東西都告訴你的。愛你。」

# Note. 28 DNA 尋祖

發送至：陳莉莉
發送時間：6 月 15 日上午 1：29
主題：祖先和 DNA

親愛的莉莉：

希望妳一切都好。昨晚馬克打了一通電話給我，問我前天有沒有跟妳聯絡過，還問我知不知道妳可能在哪裡。後來他又發了一封郵件說「沒什麼了」，現在一切都好了。妳跟馬克之間還好吧？家族所有人都覺得馬克是個不錯的對象，但是如果他做了什麼混帳事的話，我一定打斷他的腿。我第一次做這種事情，還得麻煩馬克幫我挑個工具，畢竟他對這個很了解，對吧？

我還在思考妳上次發給我的郵件，當時妳問了一個問題，「我必須知道這些嗎（妳指的是我們的基因學工作）？那會讓我更快樂嗎？不知道這些會不會更自由？不能因為事實客觀存在且正確，就說我必須知道它。」說實話，我從沒想過這一點。人類基因組中肯定蘊含了大量的資訊值得去挖掘。一直以來，我也是這樣做的。但是我覺得妳說得也有道理。這是一種選擇，而不是什麼特權。妳還想繼續了解基因嗎？或者現在停止？我從來不會質疑新技術，我一直都想嘗試新事物，所以我把新技術當做上天的福音。如果我們用批判性的眼光去評估每一項新技術，那麼世界真的有可能會因此變得不一樣。當新技術的影響不明顯的時候，我們怎麼判斷這一點呢？

不過，寫這封郵件的初衷是為了告訴妳一個新的檢測結果。當然，妳不是非得看這個結果不可。到目前為止，我們已經透過 DNA 檢測除了性狀、疾病風險和藥物反應以外的相關資訊。基本上已經檢測了妳的各方面，這也是稱其為個人基因的原因。為了便於理解，我們將採取對比的方法，把妳的結果跟其他人的進行對比，所以以下都是「相對風險」。

但是 DNA 的確可以揭示人與人之間的關係，因為透過 DNA 可以追溯到人的祖先。到目前為止我們所觀察到的突變都稱為常規突變。這種突變存在於很多人中，而且由來已久。乳糖不耐受基因沒有在妳我身上同時出現，但是我們祖上好幾代人都存在這個問題。當然，這不僅僅出現在我們家族中，我在之前寫的那篇文章中也說過，成年人的乳糖消化能力比較奇怪，而且這種基因突變在不同時期的不同民族中出現過。同樣，幾乎所有影響人體健康和生活的基因突變都普遍存在於家族中，而且往往是祖先遺傳造成的。透過觀察分析大量相同的基因突變，我們就可以推測出不同族群之間存在何種關聯。如果重點在於某一個人，那麼這些基因突變也可以解釋出其與誰相關聯，及其祖先來自何方。

我另建了一個頁面來羅列查看該資訊的方式，妳可以試試這個連結，看是否有用。透過基因研究人的祖先並不難理解，不過怎麼呈現這一內容，我還得想想。如果妳有什麼好主意，記得告訴我。

祝好！

史丹利

登入帳號:陳莉莉　登出 幫助

母系祖先
妳的母系祖先起源於何處？

父系祖先
妳的父系祖先起源於何處？

?

我的親人
是否存在其他與妳相關的DNA
大夫使用者？

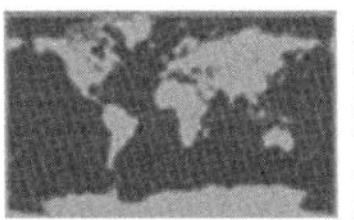

起源儀
利用原有基因資料將妳與其他
族群進行比較

圖 28-1　妳的祖先

# 母系祖先

妳的母系祖先（妳母親的母親的母親……）起源於哪裡？

可以透過妳體內的粒線體 DNA 來追溯妳的母系祖先。

粒線體 DNA 可以用於研究母系血統。粒線體是存在於人體細胞中的一種細胞器（字面意思即「微小的軀體」），是細胞能量的關鍵來源。人體內的粒線體（也就是粒線體 DNA）來自於母親的卵子，而母親的粒線體又來源於她的母親，以此類推。男性也會從母親那裡遺傳粒線體，但是他們無法將這種粒線體遺傳給自己的孩子。

圖 28-2　女性粒線體的遺傳過程

因此透過觀察粒線體 DNA，我們就可以在資料允許的範圍內盡可能追溯我們的母系血統。在進化遺傳學領域，我們常常將一類人稱為單體群，他們共享一系列的 DNA 突變，而且這些突變可以追溯至歷史上的某個特定時期和地點。透過鑑定粒線體 DNA 中常見的單體型並映射出其常常出現的區域，我們就可以推測在洲際遷徙普遍化之前與我們關係最為密切的母系祖先起源於何地。現在所知的是與人類關係密切的祖先都起源於非洲。日後，單體型分析不僅可以推測出母系祖先的居住地，還能夠用於追蹤母系祖先在全球遷徙的路線。

# 妳的結果

妳屬於 R9b1 粒線體單體群，這是 R9 單體群的一個子集群，而 R9 單體群又是 R單體群的子集群。

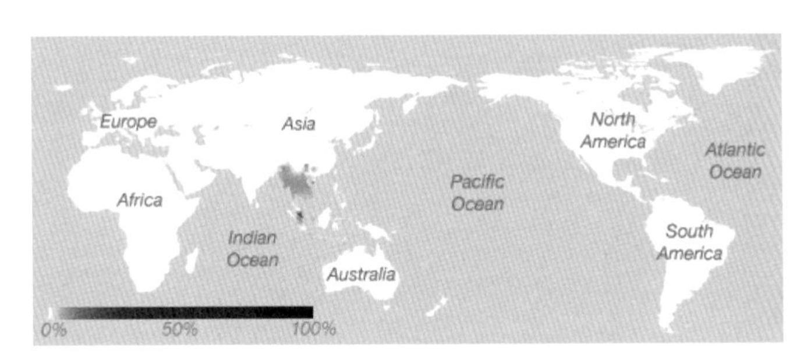


圖 28-3 R 單體群分布圖

R 單體群可能起源於 50,000 多年前的南亞。這一祖先群體的成員遍布歐亞大陸，並且有很多單體群後代的分支。

約 50,000 年前，R9 單體群從自己的母集 R 單體群中分離出來。該單體群及其子集群遍布東南亞、中國南部和臺灣，以及一些太平洋島嶼地區。

更具體的說，妳所屬的 R9 單體群起源於約 20,000 年前的東南亞地區，散布於馬來半島地區，後遷徙至印度半島和中國南部。該單體型在馬來西亞中部的閃邁人（Semai）和 Temuan 人中很常見。閃邁人指的是半定居於馬來半島中部的土著，擅長園藝，以其禮品經濟和非暴力理念而著稱。Temuan 人則是在馬來西亞中部發現的又一土著族群。

R9b 單體群在亞洲的其他地區並不常見，但是在部分越南人、泰國人、印尼人、中國南部的雲南人和廣西人中發現過。

-----------------------------------

# 父系祖先

妳的父系祖先（妳父親的父親的父親……）起源於哪裡？

人體內的 Y 染色體決定了其所屬的父系單體群。Y 染色體遺傳自父親。男性體內的每個細胞都包含了一條 X 染色體和一條 Y 染色體，而女性的細胞中只包含兩條 X 染色體。因此母親只會把 X 染色體遺傳給後代，父親既可以遺傳 Y 染色體，這樣生出來的就是個男孩；也可以遺傳 X 染色體，這樣生出來的就是個女孩。

因此透過觀察 Y 染色體，我們就可以在資料允許的範圍內盡可能追溯自己的父系祖先，跟我們觀察粒線體 DNA 的方式非常相似。

## 妳的結果

不適用。因為妳是女性，所以體內沒有 Y 染色體。妳父親遺傳給妳的是一條 X 染色體（妳的母親也是），因此妳無法透過 Y 染色體來追溯自己的父系祖先。如果妳的父親、兄弟或者親叔叔之類的人接受檢測，那麼他們的檢測結果就是有用的。

--------------------------------------

陳莉莉：嗨，史丹利，在嗎？

上午 2：03

史丹利·陳：我才剛看到妳發給我的訊息，妳還在嗎？馬克昨天發了一堆奇怪的郵件給我。一切都還好吧？

上午 2：24

陳莉莉：一切都挺好的。我現在在躲警察，藏在西伯利亞邊境的一間小屋裡。

上午 2：24

陳莉莉：聽起來是不是很神奇？我說的可都是實話，但是現實情況是我在努力去掉屋裡死貓的臭味。

上午 2：24

史丹利·陳：警察？難道這是個陷阱，接下來妳是不是要讓我匯點錢讓妳買機票？

上午 2：25

陳莉莉：不不不，這不是陷阱。也不是找你要錢。我都懶得問你怎麼去掉死貓的味道呢，因為我已經成功了，我就是那麼的優秀！

上午 2：25

陳莉莉：但是如果我需要錢的話，你也會給我的，對吧？親戚不都這樣嗎？

上午 2：25

陳莉莉：總之，我只是想跟你聊聊你剛發給我的那封郵件。就因為我沒有 Y 染色體，你就不幫我找我的父系祖先了嗎？還有，你的網頁設計簡直不能更爛。

上午 2：25

陳莉莉：你這是性別歧視。不是指我對你網頁設計的評價，而是指你說我沒有父系祖先這件事。

上午 2：26

史丹利・陳：說真的，好神奇，我從沒這樣跟別人聊過天。看到妳發的訊息之前，我根本都不知道 VoIP 程式還有這種功能。但是首先，什麼情況？警察？西伯利亞？

上午 2：26

陳莉莉：噢，那個呀，說來話長了。我並沒有躲起來（希望如此），只是工作上出了點麻煩，最後牽涉到了警方，還害我被炒了魷魚，所以想休息下。然後我就把自己藏在了西伯利亞附近的一間小屋裡。

上午 2：26

史丹利・陳：還有一隻死貓。這就是全部情況了嗎？

上午 2：27

陳莉莉：是的，但那不是一隻死貓，我覺得是一隻狼獾。這樣聽起來更酷炫。如果基普可以在哪本書中找到所謂的「哈爾濱野獸」，那這個就是一隻「哈爾濱野獸」了。

上午 2：27

陳莉莉：也可能是一隻草原狼。

上午 2：27

陳莉莉：至於其他的，真沒什麼好說的。這邊的森林很美。其實那些警察長得很帥的，特別是向巡長，別告訴馬克，他會吃醋的。至於我的那幫同事，都是混蛋，都應該得絕症而死。

上午 2：28

史丹利・陳：好吧，現在這樣就夠了。如果妳還有興趣談論性染色體的話，那妳肯定沒有遇到多大的危險。

上午 2：28

陳莉莉：不，這個危險是持續性的。我旁邊的桌上就擺著一瓶伏特加、一條超大的麵包棒、一根跟我手臂差不多粗的香腸，屋裡的餐具只有一把可以砍死一頭熊的大刀和一把勺子。這跟優哉游哉的生活相比差太遠了。

上午 2：29

陳莉莉：我只是對……非常感興趣。等等，讓我查查那個詞。

上午 2：29

陳莉莉：單體群。

上午 2：30

史丹利・陳：還有妳為什麼沒有父系單體群這個問題？需要我幫妳複習一下男性和女性是怎麼產生的嗎？

上午 2：30

陳莉莉：不要在我面前掉書袋，講下我的父系單體群就可以了。你肯定會跟馬克講的。

上午 2：30

史丹利・陳：那倒是真的，因為他有 Y 染色體，那是我們用來確定父系單體群的依據。但是妳沒有。如果妳有的話，妳就不是莉莉了，妳可能就是拉里，或者其他的人了。

上午 2：31

陳莉莉：我才不要當拉里呢。

上午 2：32

史丹利・陳：萊斯特？蘭斯羅得？

上午 2：32

陳莉莉：拉科塔。拉科塔這個名字，聽起來非常厲害、剛健有力，而且很感性。想像一下拉科塔獨自沐浴在黃昏下，全身上下只有腰間裹著一塊布……等等，不，我要當洛根，就是《洛根的逃亡》裡的那個主角。我說的是電視劇，不是電影。馬克特別喜歡《洛根的逃亡》，如果我回去的時候成了洛根，他肯定會一直黏著我的。

上午 2：32

史丹利・陳：好吧。我還是忽略拉科塔吧。他是不是某本愛情小說的封面人物？

上午 2：33

陳莉莉：不過母系單體群真的好神奇。網頁上說，我居然是某個原始森林部落的後代。

上午 2：33

陳莉莉：……半定居於馬來半島的土著，擅長園藝，以禮品經濟和非暴力理念而著稱。

上午 2：34

陳莉莉：這太像我了，喜歡送禮，愛好和平，還躲在一個森林裡。或許你可以用遺傳學來解釋一下我為什麼躲在森林裡。

上午 2：34

陳莉莉：還是趕緊說說我的父系單體群吧。我的父親可能是海盜的後代，從馬來西亞某個森林的原始部落裡搶走了我的母親，作為不再掠奪的賄賂。

上午 2：35

史丹利・陳：我不想打擊妳對遺傳學的熱情，但那都是很久很久之前的事了。實際上，目前對粒線體單體型和 Y 染色體單體型的了解還不夠。希望我們以後能在這一領域有更大的進展。

上午 2：35

陳莉莉：更大的進展？不行，我就是閃邁人，我可以感受得到。那個「禮品文化」說的真的就是我。我喜歡禮物。不光喜歡收禮物，也喜歡送禮物，聖誕節的時候我還送了一件很漂亮的毛衣給我媽媽呢。好像是圍巾，我記不太清楚了。反正是個不錯的禮物。

上午 2：36

史丹利・陳：我並不想掃妳的興，但它就是還不完善。粒線體和 Y 染色體單體群都是一脈相傳：妳母親的母親的母親等等。如果能夠回到一萬年前，妳的祖先會多得多。具體有多少很難統計，因為據猜想不少父母之間本身就存在比較親密的血緣關係（從歷史上來看）。但是這個數字肯定成千上萬。所以某個單體群分析結果其實只能發現妳的一小部分祖先。

上午 2：37

陳莉莉：我就是閃邁人！

上午 2：37

史丹利・陳：妳這樣說難道是因為妳父系祖先是個海盜？

上午 2：38

陳莉莉：這種血統有時候會戰勝原始部落的血統。但是我的祖先不可能分布於世界各地，那個時候交通可沒有現在這麼發達。他們應該就住在不遠的地方吧。

上午 2：38

史丹利・陳：可能妳說得沒錯。不過我還是更希望用基因資料去追溯祖先，這樣才能有全面的了解。

上午 2：39

陳莉莉：閃邁人，閃邁人，閃邁人！我特別喜歡吃鳳梨飯，那不就是馬來西亞的嗎？奶奶之前也做過的。

上午 2：39

史丹利・陳：鳳梨飯應該是泰國的吧，而且我們的奶奶只會用罐裝的鳳梨做飯。不過，我同意單體群很酷的說法。我剛剛分析了馬克的母系血統，他屬於 Hc2 單體群。

上午 2：40

陳莉莉：我就知道他不是 R9b 單體群的，他完全不懂我們的田園式非暴力哲學。

上午 2：40

史丹利・陳：可能吧，但是透過對已知的單體群進行研究分析，我們就能夠推測出祖先從起源地遷徙到其他地方的路線了。差不多 40,000 年前，H 和 R 單體群分離，可能是在土耳其附近。馬克的祖先北上，妳的祖先則去了東方。所以他算是妳的堂哥，隔了不知道多少代的堂哥。當然他也是我的堂哥，隔了不知道多少代的堂哥。幸好近交係數下降了，這樣對你們的後代有利。

上午 2：41

陳莉莉：到目前為止，孩子好像都挺好的。我現在都可以腦補出當時的畫面了。曾祖母當時還只是一個年少的少女，他來到她父親的村子做生意，她對他一見鍾情，喜結連理，然後跟著新婚丈夫一起去東方，走的時候戀戀不捨，不停回頭望故鄉。

上午 2：42

陳莉莉：她的哥哥，一個破罐子破摔的人，有一次還被抓到拿綁山羊的麻繩當菸抽，一年前他離開家鄉去了北方。他離開了，家裡人並不覺得難過。但是他們會思念雲雀，沒錯，她的全名是「對著月亮唱歌的雲雀」。她的父母攜手站在圓錐形帳篷的門旁，注視她離去……。

上午 2：42

史丹利．陳：妳最近肯定在讀什麼愛情小說，對不對？那種封面印著法比歐．藍佐尼（Fabio Lanzoni）的愛情小說。

上午 2：43

陳莉莉：今天讀的都是阿嘉莎．克莉絲蒂的愛情小說。我答應自己要讀完她的所有作品。

上午 2：43

史丹利．陳：不過場景描述得很有詩意。如果多強調一下哲理性的內容，少一點吻戲，我說不定會讀一讀這本書。

上午 2：44

陳莉莉：我們的祖先都充滿了激情，恐怕這種浪漫是不可避免的。

上午 2：44

史丹利·陳：好吧，來看看追溯祖先的其他資訊。目前我還在弄一個「尋找妳的遠親」的功能，這需要大量的客戶才能做好，不過我還是先寫了一份簡單的常見問答。可能會使用所有的基因資料去追溯祖先，那就不僅僅是 X 和 Y 染色體了，但是這個目前還不夠準確。

上午 2：45

陳莉莉：為什麼？你不是已經拿到研究需要的所有染色體了嗎？難道不應該更準確嗎？

上午 2：45

史丹利·陳：這個問題不錯。說到底還是因為資訊過剩了，雖然有一定的可能性，但還是很難。馬克的 Y 染色體遺傳自他的父親，他父親的 Y 染色體又遺傳自他的父親，以此類推。這樣問題就簡單多了，用少數的單體群就可以解釋大量粒線體和 Y 染色體的突變。但是在遺傳的過程中部分染色體會被混淆，這個過程也稱為減數分裂，這就使得根據現有的知識來追溯人類起源難上加難。

上午 2：46

陳莉莉：也就是說，你還無法根據我的 DNA 來判斷我是不是閃邁人？

上午 2：46

史丹利·陳：現在還不能，現在只能說妳的祖先帶有明顯的中國南方人特徵。這只是一種推測，但是如果我們從足夠多的人身上獲取了足夠的基因資料，應該就能夠「重建」共同祖先的遺傳突變性了。

上午 2：47

陳莉莉：什麼，你想複製一個曾祖父嗎？你把他叫醒的時候，他大概會覺得很吃驚的。

上午 2：47

史丹利·陳：我可沒這麼想過。這簡直是噩夢一樣的存在，但從理論上

說，我們應該可以收集更為詳細的歷史資訊。就像單體型資料一樣，但是比它更完整。恐怕這個假設還得花上好多年才會實現。

上午 2：48

陳莉莉：難道你的升級版網站裡沒有這個嗎？

上午 2：48

史丹利・陳：可能會在 DNA 大夫 2030 版本中出現。我在想要不要用一個動畫短片來演示祖先遷徙的路線，除了透過粒線體和 Y 染色體 DNA 追蹤到的兩條線索之外，還會有成千上萬條線索，在洲際遷徙的過程中產生並相互影響。

上午 2：49

陳莉莉：聽起來像是在替一千本愛情小說擬一條故事線索，而且存在於每個人的基因組裡。

上午 2：50

史丹利・陳：這不就是回顧歷史的一種方式嗎？每個人都像一座圖書館，存了上千本歷史愛情小說。有些重要的細節遺傳學可能無法說明，例如他穿著什麼衣服，但是遺傳學可以說明大概的時間及地點，甚至可以重現他們的模樣，不過現在的科學技術還做不到這一點。

上午 2：50

陳莉莉：我就知道你是個浪漫的人，史丹利。

上午 2：50

史丹利・陳：我敢肯定，妳看到我 Java 代碼的注釋行之後會抓狂的。

上午 2：51

陳莉莉：史丹利，你說的都挺有道理的。我現在得下線了，這邊已經快凌晨 3 點了。

上午 2：51

史丹利·陳：妳確定妳還好嗎？妳前幾天發來的一封郵件挺有意思的，說妳在跟自己的基因組鬧分手。我都不知道那是可以人為選擇的。

上午 2：51

陳莉莉：我挺好的，不信你去問馬克。我幾天之後就會回北京了。至於我和基因組，我也不清楚。除了我可能是閃邁人這一點，其他的對我來說都太難了。我現在還不想聊這個。謝謝你跟我聊了這麼多，用基因資料追溯祖先真的很神奇。

上午 2：52

# 我的親人

很抱歉，該功能尚未開通，請稍後查詢。

# 關於「我的親人」的常見問答

### 「我的親人」是什麼？

DNA 中的突變使得一個人不同於其他人，整體而言，這些突變都是透過遺傳獲得的。自發的基因突變比較罕見，除非您在核反應堆中心工作。相反，大多數 DNA 突變都遺傳自我們的父母，而他們體內的 DNA 突變又是從他們的父母那裡遺傳得到的。遺傳學家可以透過這種突變來分析兩個人之間的關聯程度。兩個人之間共同的突變越多，兩者之間的聯繫也就越緊密。透過「我的親人」功能，您可以自願聯繫其他與您有相似突變的 DNA 大夫客戶，與您有著相似的遺傳突變也就意味著您和那個人有一定的親屬關係。透過分析共享段的數量和長度，我們還可以預測兩者共同的祖先所生活的年代。與 DNA 大夫父系和母系單體群分析的結果相反，這一結果觀察的是體染色體的染色體，即除了 X 和 Y 染色體之外的 22 條染色體，這樣就可以檢測出完整的基因遺傳資訊了。

**其他使用者可以看到我的什麼資訊？**

雖然可能存在親屬關係，但是保護隱私還是很重要。「我的親人」只會顯示少數共同的 DNA 資訊，您的健康狀況和性狀等資訊都是不可見的。不過，如果你們雙方決定共享資訊，那麼對方能看到的基因資料也會更多，至於多多少則由個人決定。告訴家人自己的健康狀況是必要的，如果對方不是非常親近的親屬，那麼您可能會更傾向於保護自己的隱私。

**我為什麼需要更多的親人？**

這種分析發現的往往是遠親，第五代堂親甚至更遙遠（也就是說，你們共享同一個曾曾曾曾祖父）。為什麼說這個很有趣呢？如果您對族譜有研究的話，您可能會發現自己的族譜之前出現了分支，或者有很多空白。您非常確定自己的曾曾祖父是海勒姆·史密斯，但是不知道他的妻子是誰。一項記載中說他的妻子是阿比蓋爾·韋斯利波頓；另一項記載中則說是佩內洛普·哈根索佩。所以不是海勒姆結過兩次婚，就是其中一個紀錄是錯誤的。如果能夠找到第五代堂親，您就可以了解堂親的族譜，並與自己的族譜進行對比。說不定您會在其中找到耶利米·哈根索佩的第六代堂親（可能是佩內洛普·哈根索佩的父親）。這就說明佩內洛普可能是您失散已久的曾曾祖母，族譜中的某個謎團就解開了。

**這與母系或父系單體型分析有何不同？**

單體型分析可以發現幾千年前與其他群體區分開來的大群體。單體型分析比較簡單且有趣，可以一直到追溯到人類共同的非洲祖先，還可以追蹤祖先的遷徙路徑。這種追溯祖先的方式相對比較全面。與之相反，利用 22 條染色體中的突變追溯祖先，這種方式更側重於尋找關係密切的親屬，這些親屬與我們相隔不超過 10 代。有時候能夠在完整的族譜中找到這些親屬，但是有時候他們只活在家族傳說中。

---

**Your Ancestry**

## 起源儀

大約 45,000 年前，人們第一次離開非洲，30,000 年之後差不多已經遍布全球。這次浩大的遷徙之後，一直到大規模國際旅行盛行之前的 500 年，人口居住地一直不穩定，類似於蒙古人這種愛好冒險族群的存在，以及冰河時期的到來都促進了人口的遷徙。經過幾千年的遷徙，這些族群的基因中積聚了大量與眾不同的突變。起源儀就是追蹤人類起源的一種工具，它會檢測具有參考價值的族群之間的差異，從而判斷妳與這些族群之間的相似性。與母系、父系單體型分析不同，起源儀主要分析染色體中的 SNP。現在假設，妳與一個參考族群的相似性越高，妳與該族群起源於同一個地方的可能性就越高。

妳的檢測結果顯示妳的起源地在中國。為了得到更為精確的結果，我們選用了生活在中國境內的 15 個族群作為參考族群。非洲移民遷徙至此，幾千年之後出現了中國。中國的遺傳多樣性表現出了明顯的南北差異，可能是由於移民到達中國的時間不一樣造成的。妳的檢測結果顯示妳的起源地在中國。

---

發送至：史丹利 · 陳
發送時間：6 月 15 日上午 3：19
主題：回覆祖先與 DNA

史丹利

我不是跟你說過我要睡覺了嗎？不過話說回來，我凌晨 3 點的時候還在看你寫的東西，由此可見你寫的東西對我而言還是很有意義的。不過，你的網站還是一團糟。在「我的起源」那部分，把我起源於中國的結果重複了兩遍。我之前照鏡子的時候就知道了，而且我媽也跟我講過這個。那幅圖倒是挺有意思的，我很喜歡。看到閃邁人居住的那個深紅色區域了嗎？我就說吧。我已經聽到了原始的呼喚。我敢打賭他們也是母系社會，愛好和平、喜歡送禮的通常都是母系社會（因為男人都是豬頭）。

莉莉

--------------------------------------

發送至：陳莉莉
發送時間：6 月 15 日上午 3：27
主題：回覆祖先和 DNA

莉莉

我承認我還沒有看到妳的起源檢測結果。不過我拿妳的帳號登入進去之後，我就明白了。我會盡力解決這個問題的。這個版塊整體上還比較雜亂，希望能有優秀的工程師幫我完善一下。我的網站現在面臨的一個關鍵問題就是如何同時處理多種遺傳資訊，如果一個人同時擁有德國和蘇格蘭的血統，怎麼在一張地圖上顯示出來？起源儀是我想到的第一個辦法，它會根據參考族群的平均值來預估妳的起源地，然後再根據妳與參考族群的相似性來劃定某個起源地。對於那些起源於相鄰地區的人來說，如北歐地區，這種方法效果還不錯，但是對於起源地比較分散的人來說，這種方法就有點奇怪。後來我就在原來的基礎上做了改善，如果兩個或者兩個以上的族群表現出了很強的匹配性，那麼起源儀就能夠確定兩個起源地。就妳的情況而言，匹配性較強的兩個不同族群都起源於中國。因為我使用了 15 個中國族群的資料作為參考，所以這個結果可信度較高。我自己可是個徹頭徹尾的漢族人（中國的主要民族），所以效果挺好的。因為我沒有單獨描述那兩個參考族群，所以出現了重複的結果。我來看看能不能改一下。

但是畫給妳的地圖好像是對的。從地圖上來看，妳應該是漢族人血統（這點我知道，因為我也是這樣的），可能還有一些中國南方人、東南亞人血統，可能就是妳說的閔邁人血統。我們之前也討論過，如果妳的祖先經常遷徙的話，那麼根據粒線體分析的結果只能發現妳的小部分祖先。如果是這樣的話，妳的母系祖先可能就不是漢族人。這樣也很神奇啊。現在去睡覺吧。

# Note. 29 別樣的回憶

## 6月16日

嘿，親愛的上帝，你猜怎麼著？你已經聽到了我在日誌裡寫的所有怨言，雖然伯特說這是冥想的一部分，但是你應該明白，我的生活真的是一團糟。不過，前兩天倒是挺好的。怎麼做到的？花更多時間冥想嗎？不是。向別人傾訴？不是。諒解他人？不是。愛他人？除了家人之外，我不太可能去愛別人了。給予？也不是。原諒別人嗎？恐怕我不會有這個念頭。在永恆中死亡或者重生嗎？也不是。其實，昨天和今天我花了大量的時間讀阿嘉莎·克莉絲蒂的小說，就坐在門口的台階上讀。我完全沒有想到其他任何人，也沒有給其他人任何理由來想到我。井水不犯河水，這樣大家都開心。其實，來這裡的第一天，我原本打算坐在門口一邊喝伏特加一邊讀小說的，但是我實在受不了伏特加的味道，嘗起來有點像消毒水。不是這個牌子的伏特加不好喝，就是我缺乏俄羅斯人的基因。總之，我以後都不想喝伏特加了，還是好好讀小說吧。

跟上班相比，我發現坐在陽光下除了看書之外什麼都不做簡直太享受了，這算不算某種頓悟？這個頓悟是不是違背了伯特的教導？麻煩給個答案吧，上帝。我覺得這就算是一種頓悟了，因為我此刻正躲在一個森林的小屋子裡，別人告訴我說這間屋子可以用來冥想，如果在這個地方都沒有頓悟的話，那在其他地方也就不可能有了。

事情是這樣的：愛德華努力破壞我的生活，給我敲了一記警鐘，除了我自己之外，我不能把我的生活交給任何人操控。倒不是說我自己掌控得有多好，起碼我不會毀了自己的生活，也不會讓自己進牢房。就算我真的這樣做了，我也得按照自己的方式來做。

我剛剛去應門了，出現了一點小波折。「嚇死我了」，這可是馬克的口頭禪。我還以為警察來抓我了呢，就去開了門。只發現了三個年輕人，典型的農村穿著，那些衣服肯定不是新買的，說不定被洗過不下一千次了。一想到除了警察在追捕我之外，他們可能還派了一些當地的土匪來謀殺我，我就覺得細思極恐。

雖然不清楚到底發生了什麼事，但是好像一切都還好。他們應該是以為那個俄羅斯人回來了，所以來找他一起去打獵。他們來的路上早就打到了一隻兔子，想把那隻兔子送給我。我當然是拒絕了，那可是一具毛茸茸的動物屍體啊。但是他們直接把兔子放在門口就走了，所以我現在還有一隻兔子。如果我不做點什麼的話，牠的靈魂可能都無法安息。不管怎樣，雖然我對叢林生活不太了解，但是起碼的生活常識我還是知道的，如果不冷藏的話，兔子肉很快就會發臭。在想出更好的辦法之前，我只好用唯一的刀子把兔子給宰了。我完全沒有想到一隻死兔子會有這麼重的味道，只好把門開著。現在我得想想怎麼燒這隻兔子了，這口鍋能裝得下一整隻兔子嗎？

說到哪裡了？哦，最近發現太多想要破壞我生活的人了。愛德華公然挑釁我，其他人根據我的工作和思維方式來判斷我是誰，他們都操控著我的生活。就連這篇日誌也只是伯特用來訓練我、幫我找回生活重心的一種方式。有時候我會覺得寫日誌也是別人用來支配我的一個藉口。沒錯，說的就是你——上帝！

我並沒有那麼痴迷於掌控自己的生活，我覺得自己無法掌控任何事物。我也不想掌控任何事物。但是有些事情還是需要控制的，對吧？我把這個題目分成以下幾種情況，看能不能跳出思維的局限。我知道你更喜歡定性分析，而不是定量分析，更像是一個文學學士而不是科學學士，但是你的確寫了《十誡》，所以你應該可以接受的。

誰掌控著莉莉的生活？

第一種情況：我可以自力更生，沒人可以打擾我。這種情況比較少見，但要是你遇到了，你就會明白了。這種情況像是某種瀕臨滅絕的珍稀動物，需要好好保護。如果綠色和平組織能夠接手這項事業的話，我會自薦去替他們拍宣傳片的。

第二種情況：我可以自己處理好這件事，但總有人想要插一腳，搞砸所有事。這比較常見，也完全就是我的人生寫照。愛德華，我說的就是你。這個世上肯定還會有很多愛德華這樣的人。這種情況唯一的可取之處就是敵方很明確（就是愛德華），一旦他離開了，那肯定就是去航行了。所以這個問題至少有一個答案：殺了愛德華。這與下面的一種情況正好相反。

第三種情況：我無法處理這個，但是真的也不能怪任何人。有時候生活就是這樣，不過還是希望自己可以把責任都推卸給你，誰叫你是無處不在的呢。生殺大權不都掌握在你的手中嗎？還是由演化決定？不太確定你們是怎麼分工的。反正也沒有什麼辦法。出了問題連個承擔責任的人都沒有。牆頭草隨風倒，而我就是那根牆頭草。也可能是水吧，我都忘了自己應該是什麼了。

第四種情況：我無法處理好這個問題，都是你的錯。因為「你」是個什麼都不知道的蠢蛋，從我手中搶走了控制權，隨便攪亂了整個世界。也許這個傢伙（是的，通常是個男的）根本沒想過打亂我的生活，但是……事情就這樣發生了，也太可悲了。國稅局的一些會計認為稅法的規定有點模稜兩可，就改寫了第 32 條規定，光是判斷對自己房屋的持有權是主動還是被動就得花上半個小時的時間。還有那些基因學的東西。前一分鐘我還坐在這裡，對於自己未來的健康狀況和體內的生物運作過程毫無頭緒。然後史丹利發送了一封郵件，為我打開了一扇新世界的大門。現在我已經了解癌症，還有一些我沒辦法應付的疾病，這個和那個的載體狀態，還有我對大量藥物的反應可能與其他人不一樣。史丹利怎麼幫我解決問題的呢？一個網站。史丹利，真的是謝謝你全家。

史丹利攪亂了我的生活，他肯定沒有意識到這一點。我完全可以忽略他，對吧？現在看來是可以的。在所有人都使用這種資訊、這種資訊成為某種標準之前，我還是可以忽略它的，不然就太奇怪了。唉，史丹利太無辜，我不應該挑他的毛病。另一個例子是什麼呢？把有線、數位電視作為一個例子怎麼樣？好吧，拿電視舉例太老套了。如果不喜歡，你大可以關掉電視。這又不是為了信仰犧牲自己，非得把某人釘在十字架上，或者在他身上插滿箭。談到別人怎麼剝奪我對生活的控制權時，我總會拿有線電視和網際網路當例子。不過我還沒有完全弄清楚，所以，上帝啊，跟我一起學吧。

現在就要說到數位電視這種東西了。以前，數位電視可以輕易融入流行文化。我成長的那個小鎮上就有5家電視台，其中有一個只會重播三大主要網路電台之前播放過的電視劇，很難跟上潮流，所以不算數。成為流行文化其實很簡單，每天發生的也就是那些事情。一般來說，不管是新聞、娛樂還是藝術，傳播的速度都差不多。

現如今，我們有幾百個電視頻道，還有無數個網站。網站上的一些內容非常好，但是也只有少數行家才知道（《螢火蟲》，總有一天，整個世界都會為你的早逝而默哀）。所有人都知道的往往是那些不怎麼常見的事物，而且往往不怎麼好。所以很多情況下，我們的文化是分裂的，分裂成為成千上萬個互不相同的利益群體，為了在社會這個複雜的網路中把它們聯繫在一起，可能就得借助一些非常糟糕的程序。與之前的相比不一定更糟糕，但肯定是不一樣的。我們的文化不得不適應新的潮流，摒棄過時的發展方式，發掘新的管道。關鍵是，這不是誰要求的。沒有人說，「有一個調節社會的新方法，就是有線電視！我們要不要試試看嗎？」他們直接這樣做了，還留給了我們。這種態度簡直……我又開始聞到兔子的味道了，我要去弄一下。我是不是應該試著把兔子切成小塊的，然後放在鍋裡煮？啊，我知道該怎麼做了。這會成為經典的，記得告訴基普。

好了，我回來了。我準備把這隻兔子放在火上烤，基普（和馬克）肯定會覺得很意外的。是的，你媽媽我正在一片森林中躲避警察，還用火烤兔子吃呢。除了瓦斯爐，我都不記得自己以前有沒有用明火煮過東西了。我覺得應該弄一個像樣的柴火堆，等木柴燒成炭的時候，再把烤架支起來。所以我找了一個之前好像點過火堆的地方，弄了一個火堆，不過要吃到那隻兔子，大概還要等很久。

我說到哪了？

啊，有線電視是一切痛苦和荒謬的源頭。重點是有時候我們會被迫改變自己的生活。電腦、網路、汽車、飛機以及家家戶戶都在使用的電，它們已經完全取代了我們過去的生活方式，取代了文化和傳統的產生方式。而且它們並不會產生新的傳統，也不會為我們提供新的生活方式。這都得靠我們自己。不僅僅要技術，還要層出不窮的新思想，有一些很好，有一些特別好，有一些就……很與眾不同。民主，「進步」，女權主義，演化，還有我過去參與過的「貿易自由化」，這些觀點以星火燎原之勢迅速傳播，所經之處寸草不生。然後我們就不得不重組和重建。

這應該就是史丹利在做的事情吧，圍繞一個新的觀點重建我們的世界，迫使我們改變自己去適應那個全新的世界。我現在大概可以理解伯特的那首詩了，準確來說應該是聖弗朗西斯的詩，我知道它是怎麼幫助我們調節自我了。它告誡我們去關注自身能夠發揮的作用以及自己能做的事情。我可以去愛別人，努力去理解別人，可以慰藉別人，可以給予，但是我不能控制別人，不然他們也會用同樣的方式對我。但是我可以擺脫以前的自我主義，與整個宇宙連結在一起。這就是膨脹。但是這並不能否認我們必須保持理智的生活方式這一事實，這不是一種選擇，因為人們會喜歡史丹利及其帶來的變化。

我現在得去看看火了。

真是太好了，我本來想拍張照片的，可惜手機沒電了。可以用 USB 線在電腦上充電嗎？不管怎樣，我在電腦上畫了一張圖（我自認為這幅圖畫得挺好的）。

我用竹子做了一個烤肉叉，竹子還是青的，這樣就不太容易會被點燃，而且竹子非常符合中國特色。我試著把竹子穿進兔子的兩條腿中，這樣會烤得比較均勻，但是幾何並不適用於兔子。現在兔子還在火上烤著，我應該結束這篇日誌了，這樣我才能去幫兔子翻面。我倆已經聊完了吧？

是的，差不多了。我說過了，我不需要你，因為我有阿嘉莎·克莉絲蒂的小說，我完全可以將精力集中在自己身上，讓這個世界見鬼去吧。其實阿嘉莎·克莉絲蒂的小說漸漸沒那麼有趣了，她只是在不斷重複，她好像不希望自己的所有書籍被別人一次性看完。我為什麼會覺得迷茫，原因之一就是我的生活掌控在太多人的手中了。其實我自己也可以做到，而且有了那首詩之後，我可以活得更好、更開心。把注意力轉移到其他事物上，我就可以稍稍放下自我了，我覺得這也很重要。但是總有一些是我無法控制的，由其他人控制著。其中一些人很善良，例如史丹利。但是他們總會製造麻煩事，所以有時候我真的很想逃離一切。

我現在得去看看兔子烤得怎麼樣了。

## 6 月 16 日

真的已經非常非常晚了，但是我還是想說一下：烤兔子的味道真的太好了！不過烤的過程真是一團糟。因為覺得這樣烤太費時間了，我就試著把烤肉叉放低一點，但是我發現把它抽出來之後根本就無法放回去，兔子掉進了灰裡，我使出吃奶的力氣想把它弄乾淨，然而根本沒什麼用。所以最後這隻兔子不光烤焦了，還一股炭灰的味道，完全無法下嚥。

後來那三個人又回來了。其實他們並沒有去打獵，也沒有帶槍，他們只是帶回來一些死兔子。他們說的應該就是這個意思吧。他們剛剛又帶回了兩隻兔子，好像又想給我，但是我跟他們講「不要，不要，我沒有用」的時候，他們肯定沒理解我的意思，因為他們三個人直接衝進了小屋裡，拿出了刀，還有錫紙、食用油和香料，都不知道在哪裡找到的。他們身手很快，幾分鐘的時間裡，就把兔子弄乾淨了，用錫紙裹好之後就放進了炭火堆裡。他們吃了一點我烤的兔子，大概只是出於禮貌吧，不過他們烤的兔子真的很美味。傍晚的時候，天氣漸漸涼爽，我們就在外面吃烤兔子，他們用錫紙做成了簡易的碗，共用一把刀，每個人都用一次性的筷子，包裝都還在呢。然後我拿出伏特加給他們喝，他們都很喜歡。在痛飲了大約三口之後（我們這種人不需要杯子），我開始覺得伏特加的味道其實也挺好的。看到他們把伏特加當水喝的架勢，我又拿出了一瓶。伏特加應該不貴吧？過了很久，他們才離開，走之前還幫我加了點火柴。也不知道他們是不是興盡而返。不管了。說不定他們現在就睡在哪棵大樹底下呢。我從沒想過在中國還能發生這樣的故事，不過也挺好的。

# Note. 30 對抗整個世界

發送至：陳莉莉
發送時間：6 月 17 日上午 2：59
主題：最新進展
抄送：斯圖爾特·羅恩；愛德華·龍

親愛的莉莉：

為了避免因為此事而與警方交涉，我希望妳能親自解釋清楚這件事情。北京的調查人員要求愛德華提供大量跟財富律師事務所相關的交易資訊。他們似乎在暗示事情遠不止妳所說的那麼簡單，可能妳想建立一個第三方的公司，自己持有。這次妳越坦誠，妳以後可能面對的麻煩就越少。

期待妳的合作！

阿西伯納爾·羅恩
Pantheon 投資有限公司 CFO

---------------------------------------

發送至：阿西伯納爾·羅恩
發送時間：6 月 17 日上午 7：33
主題：回覆：最新進展
抄送：斯圖爾特·羅恩；愛德華·龍

敬愛的羅恩：

首先，去你 O 的。我從前面的句子中刪掉了一個字，因為我還是很善良的，但是如果您想自己補充完整的話，請隨意。提示：是一個ㄇ開頭的字。您應該知道我的意思了吧。

總之，我與財富律師事務所討論的所有事項都已經告知你們了，我的目的只有一個，就是增強 Pantheon 為投資者開闢中國市場的能力，跟我個人完全沒有關係。我收到的所有郵件都轉發給您了，發送郵件的時候也會為您抄送一份。您應該都看到了。

但是出了問題之後，您就讓我自生自滅，讓愛德華幫您善終。警察來了，您不僅不支持我，還威脅說要起訴我的家人，中美境內的所有家人。我不需要隱瞞任何事情，也沒有什麼需要隱瞞的。我一直為 Pantheon 投資有限公司那麼賣命，現在想來顯然是因為我腦袋進水了。

您還記得我是怎麼寫第一句話的嗎？那是個錯誤：去你 O 的。（我還是做不到，我太善良了。所以您還是自己補充這個句子吧。）

莉莉

---------------------------------------

發送自：愛德華·龍
6 月 17 日上午 8：32

莉莉，我知道妳想做些什麼，不管妳說什麼，那些警察都不會買帳的。弄成現在這樣完全是妳自己造成的，不是我。

發送自：陳莉莉
6 月 17 日上午 8：35

愛德華，我完全不明白你在說什麼。

---------------------------------------

發送至：陳莉莉

發送時間：6 月 15 日上午 1：29
主題：回覆：對抗整個世界

莉莉：

妳知道嗎，當時我請你們當這個基因組測試的小白鼠，我想的是我可以採集妳的唾液，遇到問題的時候，妳可以幫忙提一些建議。但是因為妳的那些郵件，我開始慢慢思考基因檢測技術背後隱含的哲學問題，對這個世界而言，我到底是一股正能量，還是一股負能量呢？我媽之所以對我說「你為什麼不能像你的堂妹莉莉一樣呢？」，肯定是因為她沒有看過妳「質疑自身存在的意義」的郵件。

說實話，以前的我真的不會去思考技術背後的哲學問題。我一直以為自己是基因行業的領頭人，我也很喜歡搶在其他人前面想出某個新方法。現在使用的那些新技術本身就是自然界的一部分。就好比，我們不會盯著一棵樹，然後問「為什麼這些是樹」、「它們是好還是壞」，我也不會問「為什麼會有手機／網路／有線電視之類的東西」。他們就是……這樣的，所以我才用它們啊。我從沒有想過這到底有沒有意義。

不過妳已經提到了基因事業的一部分，而基因事業對我來說非常重要。把 DNA 大夫網頁設計為一個百科性質的網站、一個人人都可以編輯的網站，其中有一個原因就是想使網站擺脫基因組學老師或者講解員的角色。我擔心這會拉大客戶與自身基因組之間的距離，會讓他們誤以為自己需要一個專家來講解這些基因組資料。基因是個人的，基因的意義由個人自己決定，既不是由我決定的，也不是由某家製藥公司決定的，更不是由政府部門決定的。

另外，人體內的基因肉眼是看不見的，就算妳盯著自己的手掌看一輩子，妳也無法看到醛脫氫酶基因序列。大多數人想要看到基因序列就必須利用某種幫助，不是解讀資料方面的幫助，就是收集資訊方面的幫助。但是在使用基因資訊和基因代碼的時候，我們不需要任何人的幫助，也不需要任何人的指令，這種非常私密的資訊應該由我們自己掌管。基因支配我們的生活，沒人能教妳如何使用基因資訊。妳只能在生活中學習，然而除了妳之外，沒有人能過妳的生活。

是的，我的網站現在還做不到這一點，目前網站還只是一系列靜態的頁面，顯示一些基因組相關的資訊。我不是一個網路編程師，很多細節都不太清楚，但是一直很努力，希望自己能夠成為一名合格的網路編程師。雖然我覺得網站上應該有一些不能自主修改的內容，但是大部分內容還是應該對使用者開放。我希望網站的開放性不僅僅展現在頁面底部的評論功能上。這個網站應該存在兩個層次：策劃層次和開放層次。最開始這兩種層次是一樣的，但是隨著時間的推移，因為使用者會對內容進行編輯，開放層次會發生變化，而策劃層次則相對保持不變。開放層次應該是默認的，附帶一些現實情況的補充，以免開放層次失控。一些人可能會在網站上尋求使用藥物的建議，所以應該加上公司的標誌，但是我真的從沒有想過設計這樣的網站會帶來怎樣的法律責任。

我真的不知道，這一切都有點瘋狂。我希望憑藉自己的力量完成網站大部分的內容和資料庫，然後再去僱用一個正式的編程人員，討論一下完成這項事業還需要做些什麼事情。我覺得妳一直以來說的都是：各種技術被強加給我們，即使我們不想要，也不需要。我們被迫去適應這些技術，卻不能使技術來適應我們。這有點像馬素・麥克魯漢所說的那樣了。我不知道妳有沒有聽說過這個人，他已經去世近四十年了，但是他貌似成了網路的守護神，或者說是一個創造者。他談到了技術決定論，主要是當技術與媒介聯繫在一起的時候。長話短說，他的觀點就是技術不僅是有用的，更重要的一點是，技術可以展示和構建我們生活的世界。雖然我們使用這些技術的方式不一定是最合適的，但是這些技術還是塑造了我們的世界觀，因此，這些技術在我們的生活中並非充當著被動的參與者角色，而是積極主動的決策者角色。我不想做那個，我不想為別人搭建世界，所以才有了「Wiki」網站。我希望人人都能成為使用這項技術的一部分，而不是讓這項技術來塑造我們。

其實這個網站有點像是潘朵拉的盒子。妳知道這個典故吧？普羅米修斯的弟弟艾比米修斯，被贈予了一個新娘，也就是王后潘朵拉。艾比米修斯有一個盒子還是罐子，我不記得是為什麼了，只記得他告訴潘朵拉永遠別打開。當然，按照故事常見的發展情節，她打開了盒子，然後世間所有的邪惡力量就都從盒子裡跑出來害人。她迅速關上了盒子，但還是晚了一步，只有希望被留在了盒子裡。所以說基因學可能有點像是潘朵拉的盒子。現在它正在把痛苦和罪惡強加給我們，但是我們還是心懷希望。我們希望能夠同心協力想出一種使用這種資訊的好方法，最終改善我們的生活方式，而不是在全新的世界中苟且偷生。這樣說能理解嗎？在妳看來我還是個壞人嗎？

史丹利

----- 原始郵件 -----
來自：陳莉莉 [mailto：lchen@pantheoninvest.com]
發送時間：6 月 15 日上午 8：34
發送至：史丹利 · 陳
主題：對抗整個世界

史丹利：

我從日誌裡複製貼上了一些內容到郵件裡，這樣你就會明白你是怎麼造成這些糾紛的了。

（進入咆哮模式）前一分鐘我還坐在這裡，對於自己未來的健康狀況和體內的生物運作過程毫無頭緒。然後史丹利發送了一封郵件，為我打開了一扇新世界的大門。現在我已經了解癌症，還有一些我沒辦法應付的疾病，這個和那個的載體狀態，還有我對大量藥物的反應可能與其他人不一樣。史丹利怎麼幫我解決問題的呢？一個網站。史丹利，真的是謝謝你全家。

你攪亂了我的生活，而且你肯定覺得自己一點責任都沒有。我可以完全忽略你說的那些話，對吧？現在看來是可以的。在所有人都使用這種資訊、這種資訊成為某種標準之前，我還是可以忽略它的，不然就太奇怪了。然後我以及其他所有人、整個文化體系都不得不適應新的潮流，摒棄過時的發展方式，發掘新的管道。關鍵是，這不是誰要求的。沒有人說，「有一個調節社會的新方法，就是有線電視！我們要不要試試看？」他們直接這樣做了，還留給了我們。這種態度簡直了。

其實不僅僅是你。很多人都會迫使我們改變自己的生活。電腦、網際網路、汽車、飛機以及家家戶戶都在使用的電，它們已經完全取代了我們過去的生活方式，取代了文化和傳統的產生方式。而且它們並不會產生新的傳統，也不會為我們提供新的生活方式。這都得靠我們自己。不僅僅要技術，還有層出不窮的新思想，有一些很好，有一些特別好，有一些就……很與眾不同。民主，「進步」，女權主義，演化，還有我過去參與過的「貿易自由化」，這些觀點以星火燎原之勢迅速傳播，所經之處寸草不生。然後我們就不得不重組和重建。

這就是你所從事的個人基因事業，圍繞一個新觀點來重建我們生活的世界，好讓我們澈底改變自我去適應那個從潘朵拉盒子裡冒出來的新世界。（結束咆哮模式）

好吧，我感覺好多了！用你的技術霸權論去打自己的臉吧。

愛你的莉莉

-------------------------------------

發送至：史丹利 · 陳
發送時間：6 月 15 上午 1：55
回覆：對抗整個世界

史丹利：

我知道有一些人是我應該知道的，麥克魯漢就是其中之一，但是實際上我一點都不了解他。當然是在此之前。而且我並沒有把你當做惡人，不然我就會問你把斗篷藏哪裡去了。如果連斗篷都沒有的話，你是無法成為惡人的。還有你的手下在哪裡呢？如果你想成為邪惡力量的話，就必須有一群手下啊。可能你只是惡人的爪牙，這樣聽起來是不是好多了？我知道我不應該這樣打擊基因學。在我看來，基因學似乎是一種特例。讓我們擁有基因和基因突變的並不是你，而是上帝，也有可能是達爾文。不，我現在想起來了，是孟德爾，那個種豌豆的牧師。

但是，非常直白的說，靠一個 Wiki 網站來緩解技術上的壓力，這種想法有點天真。很可愛，但是很天真，甚至有點荒謬。因為 Wiki 網站也可以算是一種新技術了。我知道，創建 Wiki 網站可以促使我們主動去了解如何使用這種資訊，去發現這些資訊蘊含的意義，而不是被動的接受這種資訊，或者被迫使用這些資訊。所以我承認創建這個網站很重要，而且很有必要。日後使用這種資訊的時候，大家都會需要幫助的。但是怎麼建立與自身基因的聯繫呢？這個問題太籠統了，一個小小的網站無法給出完整的答案。

所以答案是什麼呢？我也不知道。每一種新技術都會帶來某種影響，每一種新技術都應該提供自願退出的選項，或者讓我們參與其發揮作用的過程中。但是，我也不懂自己在說些什麼，這個社會似乎需要一種全新的操作模式來幫助我們更好的解決進步和技術的問題。那些文化、語言和傳統少說也有成百上千年的歷史了。雖然技術變革產生的衝擊只有一兩百年的歷史，但是技術正在加速發展，我們根本沒有時間去製造應對技術變革所需的文化工具。

好吧，我可能對你太苛刻了。上個月我過得不太順心，只好拿你出氣了。追溯祖先的技術很酷，好像我之前就想過這種技術，對它有一種莫名的熟悉感。就像一把我用過很多次的槌子。我不是什麼修理店女師傅，但是我在北京已經慢慢學會怎麼使用一些基本的家庭維修工具，而且我跟你講，沒有什麼比一把新槌子更糟糕的了：不符合平衡原理，柄的感覺也很奇怪，說明書也都是用中文寫的。但是健康行業並不是新興的行業。就像你經常說的，這跟了解自己的家族病史並沒有太大的差別。如果媽媽說克萊爾阿姨患有甲狀腺疾病，沒有人會因為技術的壓力而破口大罵，對吧？

你只會記住這件事情，等到哪天你覺得自己好像得了哪種病，才會想起去關心一下克萊爾阿姨的女兒，那個跟藝術家去了紐約、還把頭髮染成綠色的女兒。

而且尋祖還讓我明白了一些其他的東西，就是建立聯繫。我最近一直在背誦一篇禱告文，我受到的一點啟發就是，我需要先對別人伸出雙手，而不是等著別人對我伸出雙手。但是祖先和親人不一樣，這種聯繫是自然而然產生的。因為體內存在相同的基因，我們也就能夠坦然接受這種聯繫，倒不是因為他們做過什麼好事。這完全是一種恩賜，是不勞而獲的。那麼其他的基因會不會促使我們去做同樣的事情呢？

莉莉

---------------------------------------

發送至：陳莉莉
發送時間：6 月 15 日上午 2：30
主題：回覆：對抗整個世界

真是太好了，我已經從「惡人」升級成了「惡人的爪牙」。這應該是降級吧，不過妳說了算。妳說的沒錯，一個 Wiki 網站並不是所有的答案。完整的答案應該是社群網站上各式各樣的評論，妳應該也清楚社群網站的力量。

我只是在開玩笑，不過我覺得妳好像當真了。但是這就是計畫的一部分。再次聲明，這跟 Wiki 網站一樣，都是不完整的。但是我們在某些社群論壇上也可以找到破解遺傳資訊的方法。希望我的公司以後能夠推出一種利用遺傳編碼資訊造福社會的方法。

怎麼才能實現呢？還需要繼續研究。目前還沒有到這一步，我還在探索這項事業的本質。不過，我覺得妳想要的是一種建立人與人之間聯繫的方法，是一種實現更高程度的統一的方法。但是問題在於人類的基因組太龐大了，新的資訊層出不窮，僅僅依靠自身的力量很難建立正確的聯繫。

還有一個重要的問題，就是人類的基因資訊必須絕對保密，不允許任何個人和公司隨意猜測與獲取。

我想到的一個方法是，讓人們在一個大型的開放網站上隨意發文。然後系統根據一系列關鍵字自動分類這些文章，挑選與個人基因組關聯最為密切的文章顯示在網頁上。當然妳也可以搜「乳癌」，直接看其他人發過什麼相關的文章。類似的方法有很多，但真正讓我興奮的是如何讓別人想出更好的方法。這就有點像是妳討論的問題了，怎麼讓大家參與應用該技術的決策？我希望越來越多的人能夠參與決策，說出自己的心聲，但是與此同時也要確保個人資訊的安全。有些人會在網路上公開自己的信用卡帳號，但是誰會在網路上公開自己的基因序列呢？

好了，我說完了。我真的無法回答妳的那些問題，不好意思。

史丹利

---------------------------------------

發送至：馬克·索恩
發送時間：6 月 15 日上午 2：39
主題：我像是灰熊亞當斯，但是沒有鬍子，也不是灰熊

親愛的馬克：

我好像跟史丹利說了「去你媽的」這句話。其實我不想的，我今天就是無法控制自己的嘴，一直在說這句話。我對我的前任老闆羅恩也說了這句話，所以今天晚上我已經說了兩遍！但是發郵件之前我還是把「媽」這個詞給刪掉了，不然也太幼稚了。好吧，你可能又要擔心我是不是精神錯亂了。沒事，不用擔心。至於那些兔子獵人，我並沒有歧視他們的意思，也不想裝什麼清高，但是實話實說，他們真的對肥皂劇一竅不通，有點掃興。除了這個，雖然我在千里之外的小屋裡，我還是想著你和孩子的，我還是一個稱職的妻子和母親。

總之，我不會在這裡待太長時間的。我今天收到了一些莫名其妙的簡

訊，讓我有點好奇 Pantheon 公司發生了什麼事，所以我應該會盡快回去的。而且阿嘉莎·克莉絲蒂的小說也快讀完了。我準備在這裡再待上一天，整理整理自己的思路，後天回家。前提是每天都有去北京的火車，我還是不懂那些時刻表。

# Note. 31 俄羅斯夫婦

莉莉打量著從哈爾濱開往北京的火車臥鋪車廂。仔細想想，也沒有那麼糟糕。今天能到家就行，其他的都不重要。莉莉第一次坐長途火車，覺得很新奇，甚至有點復古的意味，阿嘉莎·克莉絲蒂應該會喜歡的。車廂的窗戶上還掛了窗簾，旁邊還有一個個小小的摺疊桌子，火車的設計師似乎想設計出家的溫馨。莉莉心想，這大概就是「住在貨車車廂裡的孩子」才會有的體驗吧，只是火車車廂裡菸味更大。

目前車廂裡還只有莉莉一個人，所以莉莉理所應當享有睡上鋪的權利了。莉莉把行李扔到離她最近的床上，心想現在都 9 點多了，應該沒人會上車了，難道她要一個人睡這個車廂了嗎？

她從北京到小屋只花了一天的時間，但是回北京的時候就沒有那麼幸運了。來的時候莉莉請伯特朋友的朋友晚上 11 點在宜春汽車站接她，然後送她去小屋，可能剛好趕上了他跟朋友喝完酒回家的時間，所以非常順利。離開的時候，莉莉請他早上 6 點去小屋接她，可能是因為要睡懶覺，所以他一直到中午的時候才現身，以至於莉莉無法當天到家。

不過，如果一個人過著躲警察的日子，他應該沒什麼心思抱怨誤了火車吧？當時莉莉在火車站，一聽說自己只能坐晚上的火車時，她就開始猶豫自己要不要訂一張「硬臥」的車票。實際上她並不知道硬臥是什麼樣子的，她只知道一般旅遊指南都不建議買硬臥。然而她喜歡「硬」這個字，聽著有一種莫名的成就感。

莉莉正在努力拉上大背包的拉鍊，這個時候車廂的門被打開了。進來的明顯是兩個俄羅斯人。

在北京逛街的時候，她很喜歡玩一個遊戲——「尋找俄羅斯人」。這個遊戲其實很簡單，因為在北京只有三種俄羅斯男性：50 多歲，身形魁梧，一言不合就會把人捏個粉碎；30 歲左右，身形比前一種小得多，但是明顯也差不了多少；不到 20 歲，通常穿著一件廉價的皮夾克，身上散發著一種黑幫氣質，堅信暴力才是王道。俄羅斯女性就更容易發現了，往往就是那些瘦高的金髮女郎，不管天氣如何，總是穿得特別單薄。年紀稍長的，通常是第一種男性的妻子，就像之前基普模仿俄羅斯口音時所說的那樣，「壯得像頭牛」。身為一個專業的統計工作者，她不得不承認她自創的辨別俄羅斯人模型並不適用於那些長相普通的人。她知道，她的方法有過人之處，只是還無法做到隨機應變。不管怎麼樣，此時進入臥鋪車廂的肯定屬於第一種俄羅斯男性。他身後緊跟的那位俄羅斯女性則屬於第二種。莉莉再次看過去的時候，他們正在反覆檢查車廂號和自己的車票，女人之前整整齊齊的頭髮有點凌亂了，憂慮的神情同時出現在兩個人的臉上，跟自己一樣，他們也都是迷失的旅客。

那個男人對著莉莉點點頭。「窩們也去北京啊。」他說。莉莉的臉突然就紅了。他是在對她說俄語嗎？驚訝了一會兒之後，莉莉意識到原來他說的是「我們也去北京啊」。

「噢，呃，好，我也去，請進。我的中文不太好，不要介意。」莉莉回答道。

「啊，沒事，我的中文也不怎麼樣。這是我的妻子。」這時他指了指這個女人，她正在從他身邊擠過去，想要守住車廂對面的兩個鋪位。「她的英語不太好，但是她聽得懂。」

這個女人用俄語嘰哩呱啦插了一句話。

「是的，她說，只有聽懂了才會知道我哪裡說錯了。差不多就是這樣子的，」這個男人補充道，「我叫 Grigory，這是我的妻子 Lada。」這個時候，

Lada 轉過身來對莉莉笑了笑，然後坐在了下鋪上，她剛剛才把一個破舊的箱子扔到了那張床上。

「我是莉莉，很開心能在這裡遇到你們。你們經常這麼晚坐火車嗎？還有，你的英語說得很好，我可是一句俄語都不會講。」

「這麼晚坐火車的次數不多，偶爾才會這樣。我在北京上班，哈爾濱的分公司出了點問題，需要花點時間解決，所以 Lada 就跟著去了。要是我離開太久的話，她肯定會跟女僕吵起來。至於我的英語，因為我有一個表哥在紐約，我之前去那裡幫了他三年忙，而且我們在學校裡也學英語。就算是在中國，不會說英語也很難做生意。妳呢，妳一個人坐這麼晚的火車嗎？」

「是的，就我一個人。」莉莉停頓了一下，不確定跟這個萍水相逢的室友講多少事情比較合適。「有一些事情必須做。」她補充道。「在宜春附近，」她繼續說道，Grigory 和 Lada 就這樣安靜的聽著，「靠近邊境。我愛那些樺樹和松樹。」莉莉還是不確定應該講些什麼，就從下鋪起身，說道：「我還是爬到自己的上鋪去吧，免得第四個人進來的時候發現我還坐在他們的床上。」

「不用擔心，」Grigory 說，揮手示意讓她坐下來。「下鋪本來就是用來坐的。我去打點熱水，Lada 泡點茶，然後我們就可以睡了。第四個人有可能還在別的車廂喝酒呢，不會那麼早過來的。聽，發車了。」

莉莉看向窗外，燈光不停倒退，車輪摩擦鐵軌帶來的震感漸漸強烈。但是那一刻莉莉感受到的卻是一種安寧。接下來的 8 個小時裡，她的世界被濃縮進一個放著四張床的小車廂，除了自己，就只有兩個身材魁梧的俄羅斯人了，他們看起來不像是壞人，是那種典型的中年夫婦，大部分的精力都放在孩子和孫子身上。接下來的 8 個小時裡，窗外就是漆黑的風景，偶爾閃現微弱的燈光，伴隨著不規律的震感。此時此刻，莉莉暫時將生活和工作中的麻煩事拋諸腦後，只是靜靜享受火車的速度。

Grigory 回來了，用寬厚的肩膀頂開了車廂的門，一隻手裡拿著一個橙色的大保溫瓶，另一隻手裡拿著 4 個杯子。單手拿 4 個杯子並不容易，他只好把手指放進杯子了，用手指夾著杯壁。他把手裡的東西放在摺疊桌上，也不知道跟 Lada 用俄語說了些什麼，講完之後就坐到莉莉對面的床上。「喝點茶吧，」他說。「還有，」他補充道，轉身去打開身邊的袋子，「喝茶必須來點吃的。在哈爾濱的時候，我們經常去市場買這種餅乾。」說著他就從袋子裡掏出了一個印著斯拉夫字母的彩色包裝袋，放在略顯擁擠的摺疊桌上，同時 Lada 拿出了一盒立頓茶包和一袋用塑膠袋裹著的方糖，不得不說，莉莉有點失望。Grigory 從她手中接過那一盒茶包，在 3 個杯子中各放了一個茶包，拔下保溫瓶的棕色大木塞，把熱水倒進杯中。「妳去了哈爾濱的北部，對嗎？在森林裡？中國人也有別墅？是用來休假還是用來做生意的？」

「別墅？」莉莉回答道。「好吧，可以算是別墅吧。其實只是一間小木屋，是一個朋友的朋友的。不用來做生意，只用來休假，讀讀書，看看郵件。」

「郵件？哦，現在的人總想跟其他人保持聯絡，只是沒有用對方式。所以妳休假的時候其實也在工作。我也差不多，休假的時候總是在打電話、接電話、收郵件、回郵件。吶，Lada 也點頭了。」

「工作？不不不，我沒有在工作，這個星期我都要離工作遠一點，也有可能是工作想離我遠一點。」莉莉突然意識到這句話資訊量太大，他們不一定能聽懂，急忙解釋道：「也可以算是在工作吧。我的堂哥準備開一家個人基因服務公司，所以我在與他討論產品。」所謂的討論其實就是對史丹利隨意發洩自己的不滿，莉莉覺得自己像極了一個騙子。不過他們的確討論過產品，不是嗎？我們這種人談生意不就是這樣嗎，上層操心預算，管理層負責市場預期調查。

「基因啊。對這個我也了解一些。」Grigory 說道。

莉莉小小抿了一口後就放下手中的茶杯，沒錯，就是立頓茶的味道。「你還知道基因？怎麼知道的？不對，應該說你為什麼會知道？」

Grigory 空出一隻大手。「是因為我的表哥，我阿姨的兒子，他也是做這個生意的。Lada，妳認識的，就是那個，用英語說，是修理工嗎？」Grigory 笑了，「我們都叫他 Velikiy Kombinator，對吧，Lada ？」莉莉看了看 Lada，Lada 翻了翻白眼。「是的，他後來也有了這個想法，」Grigory 繼續說道，「他並不了解基因學，但是他在大學裡有門路。我幫他介紹了一家我知道的實驗室，這樣我就不用投資了。倒不是因為這個行業沒有投資前景，可能還是有前途的，只是這個行業在俄羅斯太前衛了。人類基因背後蘊含著大量的哲理，我也很喜歡，帶有濃厚的俄羅斯哲學色彩。」

「哲理？」莉莉問道。難道這個國家淨是些思想家、哲學家，所有人都比我有深度嗎？然後她就想起了馬克，還有他平常買的那些東西和歌單，感覺好了很多。「基因學裡也有哲學嗎？一直以來，我都覺得基因學只是一門科學。」Grigory 準備開口，但是莉莉舉起了一隻手示意讓他先別說話，同時她又喝了一口茶。「不過，你還跟基因學打交道？我認識的每個人好像都了解基因學，這是不是什麼陰謀？」

Grigory 聳聳肩。「生活本來就是一系列的……呃，『巧合』？」莉莉點了點頭，他繼續說道，「我們在黑龍江的火車上相遇是一個巧合，妳穿的外套和 Lada 的圍巾顏色一樣是一個巧合，這都是巧合。有時候我們注意到了，就會說『真巧啊！』，大多數時候我們都沒有注意到這些巧合。」

Grigory 伸手拿了一塊餅乾，然後繼續說道，「總之，如果妳對現代俄羅斯足夠了解的話，就不會那麼驚訝了。蘇聯解體之後，俄羅斯的確比較蕭條，就像活在大冬天裡，人們到處找食物，但是又什麼都沒有。現在不同了，一般人都可以接觸到多個行業，如果妳提到別的東西，我也能想出某個跟這個有關的親戚。」

此時 Lada 打斷了 Grigory 的話，說著帶英語口音的俄語，然後 Grigory 解釋道：「Lada 說我應該這樣描述，『冬天在平原上四處奔走的狼群』，『四處奔走』？」他重複了一下那個詞，對 Lada 的話表示懷疑，但是這個時候 Lada 點了點頭。

「四處奔走，」Grigory 緩緩重複著這個詞，「誰知道對不對呢？」Lada 似乎被 Grigory 的迷糊樣子逗樂了，往莉莉的杯子中倒了更多的茶。「Lada 不太喜歡說英語，但是她看書的時候學了一些，」Grigory 繼續說道，「上個星期妳糾正我的什麼？當時我們正在跟一個澳洲人討論哈爾濱有多少家俄羅斯貿易公司，我說當地人很排斥俄羅斯人，然後妳說……說了什麼？」

「我們處於不公平的地位。」Lada 說，口音雖重，但是表達清晰。莉莉心想，沒想到她的聲音如此清亮。

「是的，『不公平』。聽起來很奇怪，對吧？就像我表哥知道基因學一樣，但是並沒有多大的意義。」Grigory 把餅乾袋遞給莉莉，做了一個誇張的手勢，好像想把剛剛說的所有話都裝進袋子裡。「但是話說回來，沒錯，萬事萬物都是有哲理的。至於基因學，俄羅斯有一個詞我覺得很有趣，就是 sobornost。」

「sobornost ？」

「意思是『統一體』？還是『共同體』？」

這時候 Lada 又打斷了他的話，他們說話的時候莉莉就這樣看著。他們好像在爭論什麼，但是看起來又很輕鬆，莉莉注意到，在她拿了一塊餅乾之後，Lada 就把餅乾袋子遞給了 Grigory。要是兩個人結婚很多年了，吵架的時候大概就是這樣吧。這算不算一件好事呢？

Grigory 繼續說道：「Lada 總說，就算我說的是俄語，她也聽不懂我們在聊什麼。她看書的時候學會了一些英語，可能沒有學會俄語。現在的大多數人都忽略了文化，一般俄羅斯人也不會覺得 sobornost 多有趣。我們喜歡賺大錢，買奢侈品，開豪車……」這時 Lada 又打斷了他，Grigory 揮手示意讓她別說話。「是的，買手錶，我也是這樣的，所以我很清楚，我買了很多手錶。我們之所以會在這輛火車上，也是因為我們來中國做生意。但是這並不意味著我們不能想想別的東西，對吧，Lada ？我覺得沒錯。」

「所以，」他繼續說道，「sobornost，我們是一個整體的意思。我們有很多興趣，很多想法，很多想要得到的東西，這都是人與人之間的差異。但是從本質上來說，我們是一樣的，真正的自由不是發自個人的野心，而是發自發現……怎麼說來著，在俄語中有很多詞可以表示這個意思……集體的重要性。」

「公社。」Lada 哼了一聲。

「是的，Lada，應該就是公社。如果有人被逼成了公社的一員，那麼他就會覺得公社不好。公社，」Grigory 繼續說道，再次面對著莉莉，「就是所有農民一起工作的共同體。現在已經不流行了。sobornost 還帶點宗教色彩，認為所有人都屬於一個集體？群體？被個人欲望連接在一起。」

「可能吧，」莉莉說，「我不希望自己變得太物質。這讓我想到一個人，史賓諾沙。史賓諾沙曾經說過，我們的自由不能超越神的意志，不過，康德覺得這完全是無稽之談。」

「史賓諾沙是個猶太人，總覺得自己的思想跟上帝的一樣深刻。」Grigory 反駁道，看了看莉莉臉上的表情，繼續說道，「Lada 也是一個猶太人，所以我可以這樣說。」這個時候 Lada 又打斷了他的話，莉莉非常確定她完全不用翻譯就可以聽懂，Grigory 補充道：「Lada 說，就算這是真的，我也不能這麼無禮。」

莉莉笑了笑，「好吧，我其實不應該提到史賓諾沙的，這跟基因學也沒有什麼關聯。」

「我表哥告訴我，透過遺傳學，人可以更好的了解自己的身體。人體的不同部位看起來好像都一樣，但是他的公司知道哪裡是不一樣的，有點像是在沙灘上找一粒與眾不同的沙子。」

「是不是每個人都有個這樣的表哥？」莉莉問道，「我的堂哥也在做同樣的事情。如果我沒有記錯的話，他說人的基因 99.9% 都是一樣的。」

「對的，妳也發現了吧。但是那些遺傳學家沒有意識到，不是說找到了幾個細微的差異，我們就會更了解自己了，我們想要的是一次性觀察所有的 DNA。不管 Lada 怎麼說，公社都是真實存在的，因為我們都是一樣的。」

「我覺得我聽懂了。很深刻，感覺自己又回到了大學宿舍，又開始聊哲學的問題了。」看到 Grigory 臉上出現了不解的表情，她繼續說道，「有深度，我不知道這個用俄語怎麼說。大概的意思就是你說的話有多重涵義。我堂哥的公司關注的是發現和解釋造成人與人之間差異的位點。你說遺傳學上最重要的發現就是人幾乎都是一模一樣的。」

「是的，這就是事實。如果我是統計學家，我肯定會說差別就在於……」這時 Grigory 動了動自己的手，好像在抖掉外套上的灰塵。他肯定是個老菸槍！

「『統計學家』？其實我勉強可以算是一個統計學家，」莉莉說道，「我們把偏離常態的、沒有意義的資料稱為『噪音』。如果你用多個標準去重複衡量同一事物，那麼肯定會有資料是不一樣的。這些都不是真正的資料，只是……噪音。但是在遺傳學領域，遺傳學家關注的這些差異並不是噪音，它們是可再生的。我們知道它們是真實的，這些差異代代相傳，也就是那些所謂的遺傳性狀。」

「是的，我知道。」Grigory 說道，暫時不理會莉莉說的那些話。「如果去衡量那些差異的話，也會發現其中的一些意義。」他說「意義」的語氣好像那是個令人反感的詞。「但是這並不能表示它們很重要，對吧？我可以數數妳頭上有多少根頭髮，然後告訴妳，妳有上百萬根頭髮，但是我不會說妳的髮型師很棒或者妳很漂亮。這只是一種資訊，但是並沒有什麼用。」

「我覺得這種資訊有沒有用還是取決於你看待這種資訊的角度和你的目的吧。」

「不，妳只是被那些噪音分心了。妳說說看，每個人最怕的是什麼？」

「每個人最怕的？我不知道，呃，卑鄙無恥的同事？北京的警察？不，那只是我最害怕的。」

「我覺得我開始慢慢了解妳為什麼會出現在西伯利亞邊境的小屋裡了，

對吧？不是，我們最害怕的是孤獨的死去。Lada，我說得沒錯吧，是不是？」Lada 聳聳肩沒說話。

「孤獨的死去？這不是什麼好事，但是我也不確定……」

「這是真的。但是遺傳學家是怎麼解釋的呢？我們並不孤獨。我們甚至都不是自己。我是妳，妳是我。妳不會死，因為還有 60 億個其他的，不好意思，我忘了妳叫什麼了……」

「莉莉。」

「是的，很好。世界上還有 60 億個其他的莉莉。聽著還不錯，是不是？這種解釋還帶有政治意義呢。要是妳覺得哪個國家或者哪個人不好，想要弄死他們，這個時候妳就得三思而後行了。因為現在已經有證據顯示所有人都是一個整體。」

「所以你覺得那不重要，只是因為世上還有 60 億個其他的人與你剛剛炸死的那個人一樣。」莉莉反擊道。

Grigory 思考了一小會兒。「我說的就是這個意思，」他承認。「但是我並不贊同這種做法。不管一個人是否與其他人相同，生活還是有意義的。殺死自己的父母難道不是最惡毒的罪行嗎？」

「沒錯。殺死自己的母親肯定是最嚴重的罪行。但是史丹利，也就是我的堂哥，他的遺傳學觀點非常明確，非常科學，有點像是宗教的觀點。」

「可能吧。但是宗教並沒有對錯之分，那句話怎麼說來著，理性的思考？」

「好的想法？理性的？難道宗教不是非理性的嗎？」

「對，就是理性的。托爾斯泰說過，妳知道托爾斯泰，對吧？」

「當然知道。」莉莉趕緊回答。一定不要當著一個俄羅斯人的面否定托爾斯泰的理論。

「太好了。托爾斯泰之前就說過，信仰的使用是非常理性的。他說如果我們只相信理性，如果我們問科學『生活的意義何在？』，科學只會回答……」Grigory 停了下來，用他的手指壓了壓自己的太陽穴。「Lada 比我更了解托爾斯泰，」他又開始說道，「我問問她那句話到底是怎麼說的。」

Grigory 和 Lada 說話的時候，莉莉則在思考，在這樣的旅途中跟陌生人討論這種哲學問題是很有意義還是很奇怪。

Grigory 繼續他的解釋。「如果我沒有記錯的話，托爾斯泰之前說過我們所謂的『生命』，根據科學的解釋，只是一個微小的碎片組成的點的臨時群組。這些群組有時候會相互影響，也就形成了我們所說的生命。直到某一天，這種相互影響瓦解了，那麼我們所謂的生命也就結束了，我們對生命的疑問也會隨之結束。科學也有科學的原則，對我們的生命也就無法給出更多的解釋。不過，我們的問題並不在這裡。我們問，『生命的意義是什麼？』，我們並不是想知道人體由什麼構成。科學可以給出很多明瞭但零散的解釋，但是並不能解決這個問題，還有很多其他的問題。所以，托爾斯泰說，儘管信仰不是……理性的。」這時 Grigory 臉上流露出了失望的表情。「信仰不是理性的，」他繼續說道，「但是信仰的使用是理性的。」他著重強調了「是」這個詞。「它洞察到生命的意義，如果我們想要理解那種意義，我們除了相信宗教，沒有任何其他的辦法。」

「理性的，好吧，我明白了。但是我不明白你是怎麼利用這個來賺錢的。」Grigory 盯著莉莉看了很久，久到讓莉莉開始懷疑自己是不是說錯了話，他才說道：「不知道妳指的是利用這個賺錢非常明智，還是非常邪惡，還是非常有趣。」

「我只是覺得那樣很累。我遇到過一些人，他們總是把現金流作為衡量這個社會的指標。我來這裡的一部分原因是想擺脫那種想法，但是我現在要回去了。我的堂哥想要創建一家公司來普及基因資訊。他需要傳播可以定價的東西，那種別人看到之後會說『為這個花再多錢也值得』，而且會『再次購買』的東西。我認為你說得沒錯，遺傳學可以發現人的本質，同時使用總體和個體的方法，但是如果沒有辦法使人們心甘情願掏錢的話，那麼基因資訊還是很難普及。」

「沒錯，妳很聰明。我同意，這是一個資本主義的問題。我現在從事的是貿易行業。以前，我們把貨物運到中國；現在，我們把貨物從中國運到俄羅斯。每個國家都有大量的物資可以供給其他國家，但是我們只能運輸有價值的東西。」Grigory 這時替每個人的杯中倒了點熱水，首先是 Lada 的，然後是莉莉的，最後才倒給自己。「但是生活有時候很複雜。我做服裝貿易，有點無聊，也很簡單。如果我做書籍貿易，雖然我只需要關心每箱書的價格，但是總有些人會在意書的內容。對讀者來說，我就是他們讀到這些內容的一個管道。」

「是的，我堂哥也說過差不多的話。他現在正在考慮怎麼設立一個平台，讓使用者可以自主添加內容。可以理解為『基因組民主化』。」

這時 Lada 哼了一聲，對 Grigory 說了些什麼。「Lada 並不相信民主。」Grigory 翻譯道，「這些年，民主在俄羅斯沒有發揮任何作用。不過我懂妳堂哥的想法，也很欣賞他的勇氣。如果我有錢投資的話，我可能會為他多投點錢。」Lada 又打斷了他的話，然後 Grigory 點了點頭。「Lada 說現在很晚了，我們明早到站，所以得早點休息了。我覺得我們的討論非常有趣。」

討論結束之後，莉莉去最近的洗手間用牙刷和一瓶水簡單完成了洗漱工作，然後也準備睡覺了。她回到自己的床鋪上，伴隨著車輪摩擦軌道的節奏進入夢鄉，暫時不去想明天要面對的一切。第二天早上，她回到了他們位於奧林匹克公園附近的公寓，基普的校車才離開不久，艾瑪可能早就到了 8 號樓的私立托兒所，保母總喜歡帶她去那個地方。想到回去之後不用馬上見到他們，莉莉鬆了一口氣，然後又因為有這種想法覺得很罪惡。不過，就算見到了，又該說些什麼呢？

莉莉從計程車中出來，立刻就被 6 月中旬空氣的溫暖和潮溼給包圍了。雖然時間還早，但是陽光已經很強烈了，知了在枝頭開始唱起慷慨激昂的歌。晚些時候應該還會更熱吧。昨天離開森林的時候還是早春，回到北京，卻過上了酷暑的日子。現在已經快 7 月了。在小屋的那幾天似乎違背了四季規律，有點奇怪。今天要不窩在沙發看一上午雜誌好了，經過咖啡店的時候帶上一杯咖啡就更好了。

突然莉莉感受到了手機的震動，是簡訊，是馬克發來的簡訊。警察又來了，問有沒有妳的消息，我該怎麼辦？糟糕。喝杯咖啡的念頭轉眼煙消雲散。我要不要打個電話給馬克？還是在他緊張得滿頭是汗的時候給他一個驚喜？生活這場戲已經夠狗血了，就別找什麼刺激了吧。莉莉按下回覆的按鍵，回家的腳步漸漸加速。

莉莉將書房厚重的滑動玻璃門關上，想著監獄的門是不是這樣關的，以前看電影的時候好像見過類似的場景。如果白領犯罪了，是被關在一般的牢房裡，還是被關在帶把手的牢房裡？透過玻璃門，她看見了馬克臉上緊張的笑容，他正在努力與坐在客廳的其他警官聊天。

「陳女士，不要誤會，跟您單獨談話並不是為了警告您。」向巡長開始說話。莉莉轉過身與他面對面，他從書桌上拿起了一個銅製的迷你起重機，把它翻過來，檢查著起重機的底部。難道是在找製造商的標誌？現在我又多了一項罪名：選小擺件的品味差。他小心把起重機放回原處，繼續說道：「實際上，我們調查的結果對您是有利的。我們已經找財富律師事務所的人談過了，也檢查了您的郵件，並沒有發現任何違法的現象。我們不準備繼續調查了，非常感謝您的配合。」真是太好了！但是莉莉還是有些顧慮，擔驚受怕了一個星期，現在卻聽到了這個消息。隨後她意識到自己正坐在沙發上，向巡長帶著擔憂的神情看著她。我剛剛不是站在門邊嗎？

「您還好吧？」他問道，「要不要喝點茶？」

「不用，不用，我肯定是……因為聽到這樣的好消息覺得有點難以置信，只是這樣而已。我知道自己沒有做什麼違法的事情，但是有時候別人的看法不一樣，特別是當那個人說謊的時候。我並沒有針對您的意思，」她趕緊解釋，「我指的是其他人，想搶我飯碗的人。」

「這就不關我的事了，目前我們還在調查您的那位同事，如果調查證明是他誤導了我們，那就值得深思了。但是現在也不大可能找到其他實質性的證據了。最後一次跟您前任老闆談話的時候，他就已經交代了所有的事情。」

「所以，這樣就算了嗎？我可以去工作了，還是……」

「因為我們不會繼續調查了，所以您的居民身份不會受到任何影響。您的簽證是透過 Pantheon 投資有限公司辦理的，但是聽他們說您的合約已經被終止了。如果是這樣的話，您的居民身份肯定會有變動。這不在我的工作範圍之內，但是如果您想繼續留在北京的話，可以考慮注冊一家顧問公司，透過這家公司去獲得新的居住資格。我發現這並不是很難。」向巡長一直保持前傾的姿勢，這個時候他站直了身子，問道：「我可以坐下嗎？」

「當然當然，我昨天坐晚上的火車回來的，沒睡好，現在有點糊塗。不過也沒什麼。請坐吧。」

「謝謝。」說完他選了辦公椅，將它轉過來，坐下來，背靠著椅子，盤著腿，手臂放在腿上。莉莉心想，在中國待了這麼長時間，她還沒有見過誰是這樣坐的，不過這也不重要。向巡長繼續說：「我之所以單純找您聊，是因為我想提點小小的建議給您。我們之前也聊過您在 Pantheon 做的那些事情，那次談話讓我印象深刻，特別是發現您沒有做錯什麼的時候，我很開心。我相信您這樣做只是為了幫助自己的公司和客戶，您為中國金融市場的發展所做的貢獻值得稱讚。」

他長得可真帥，不抓我的時候就更帥了。「向巡長，您太客氣了。我只是努力在做應該做的事情。」

「是的，我相信您。但是，」他繼續說道，「您差點就做錯了。還好您的郵件都寫得非常清楚。」

「差點就做錯了？如果只是差點就做錯了，您怎麼會知道呢？我不想鑽牛角尖，但是難道問題不是在於我有沒有做錯事情嗎？我有什麼意圖真的重要嗎？」

向巡長攤開自己的雙手，好像在請求什麼。看到莉莉準備開口說話，他停了下來，說:「意圖當然重要啊。可能這就是文化的差異了。在美國，強調目標明確、客觀。但是在中國，我們相信法律高於一切，因為法律是創建公平社會的保障。法律是嚮導，最終的目的是創建一個更美好的社會。所以在這種情況下，沒錯，您的意圖的確很重要。」

「但是，我的意圖是好是壞，有些人的觀點可能跟您不一樣。如果我遇到的是王巡長，而不是您向巡長，我說不定就有麻煩了呢。」

「這就是還有法院的原因。中國的法律體系由三部分組成：公共安全、調查和法院。我在證監會的工作就是在調查部門的協助下完成的。如果我認為存在違法行為，就會上交給法院處理。所以不管是王巡長還是我自己，您都是受保護的對象。」

「聽起來有點絕對。美國的法律系統不是更健全嗎？」向巡長聳聳肩，「不管您怎麼假裝，生活不安全，也不簡單。試想一下……廣告，還有您知道的遺傳學，還有『大數據』？」

「我的天，您不會也有一個準備創建基因公司的堂哥吧？」看到向巡長臉上不解的表情，莉莉打消了自己的念頭。「沒什麼。是的，我對遺傳學了解一點。但是這跟貿易安全法規有什麼關係呢？而且您是怎麼知道遺傳學的？這應該不屬於您的工作內容啊。」

「人人都有好奇心嘛。我在新聞看到的，中國現在已經完成了對首次人體定序的輔助工作，正在準備定序中國所有……我不記得那個詞了。中國境內的所有動物。如果對您定序，知道您的所有基因，那麼我就是了解您嗎？還有『大數據』，現在很多公司從網路上收集了所有與個人相關的資訊，亞馬遜等，瀏覽過的所有網站，搜尋的關鍵字，然後這些公司會利用這些來向我們投放廣告。但是他們了解真實的我們嗎？」

「我堂哥就是做這個的。好吧，差一點就做了，就是他的遺傳學事業。還不算是真正的定序，他的公司只會觀察可能突變的位點。但是，不，您不了解我，除非我罹患癌症的風險係數、酒精反應、藥物反應還有我在亞馬遜的購買紀錄可以代表我的全部。」

在短暫的停頓之後，以防自己說得不清楚，她補充說道：「這也不是我的全部。」

「我同意您的說法。就算我們了解每一個基因，還有您的每一條購買紀錄，我還是不了解您。」

「沒錯。我記得我堂哥在提到複雜性狀的時候說過這樣的話，人類的行為只有 50% 是由基因決定的，其他的則由環境、成長經歷和機遇等決定。」

「對的。所以廣告商覺得您在網路上的言行就代表您個人，還有您的基因決定您的全部時，他們就都錯了。這種想法未免太簡單了。照這樣說的話，社會等同於法律系統這種說法也是錯的。肯定還有其他的東西。如果說自己的生活只包括客觀存在的東西，那麼就是在說謊。您不僅僅是上網的您，我們的社會也不是只有法律。不要總想著過簡單的生活，生活真正的意義就在於它很複雜。」

莉莉的腦海中突然出現了其他的畫面，這段對話發生在晚上，光線分外柔和，還有上好的紅酒，向巡長的下巴上也冒出了黝黑的鬍渣……我的天吶，原來我一直在用嘴呼吸。「不好意思，我在聽。我同意您的說法，但是我以為今天不只是談話，還有其他的安排呢。或許我們……噢，天，發生什麼了？」莉莉起身，透過玻璃門看向客廳，她聽到警官和馬克談話的聲音越來越大。馬克拿著自己的 MP3 播放器，他和警官一人戴了一邊耳機，他們的頭靠得很近，這樣就可以一起聽音樂了。「我的天，」莉莉抱怨道，「馬克又在聊音樂了。我們最好去解救一下您的朋友。」

「是的，」向巡長表示同意。「根據我的經驗來看，我同事對於音樂的品味可能有點差，特別是流行音樂。」

# Note. 32 愛德華走了

發送至：陳莉莉
發送時間：6 月 22 日上午 9：38
主題：回覆：最新進展
抄送：阿西伯納爾·羅恩

親愛的莉莉：

我打過電話給妳，但是妳好像沒有接到，可以理解。但是我們也是整件事情的受害者，我為處理這件事情的方式感到非常抱歉。我們從北京當局那裡得到的最終結果是，調查被停止，同時終止與財富律師事務所的合作。實際上現在讓他們最不滿意的是愛德華，好像是愛德華誤導了他們。昨天，我們也跟他聊了很久，然後他提出了辭職的請求。

他的做法顯然讓我們的亞洲分公司陷入了窘境。我們目前的計畫是暫時停止在北京的活動，當然不是正式的。但是我們還有一些客戶對於中國市場非常感興趣。因為關閉辦公室的決定很突然，所以我們會提供妳 3 個月的薪資作為資遣費，希望妳能接受。明年，我們還是希望妳能擔任我們的承包商。這是一個中場職位，主要負責分析工作，所以可以在家裡完成，為此我們將會提供妳 1.75 倍的薪資，用以彌補妳的損失。

過去的一週時間裡發生了太多事情，我們的態度可能有點無理，對此我們很抱歉。對我們所有人來說，那段時間都不好受，希望我們能夠促成某種對妳和客戶都有利的解決方法。

祝好！

斯圖爾特·羅恩

發送至：斯圖爾特·羅恩
發送時間：6 月 22 日上午 9：55
主題：回覆：最新進展
抄送：阿西伯納爾·羅恩

敬愛的羅恩：

您寫的那封郵件真是太讓人感動了！就因為愛德華的花言巧語就炒我魷魚，現在為了避免被客戶起訴，又要我回去。當時您不是還威脅要起訴我嗎？如果是您犯了錯，那麼事情就沒那麼好玩了，是不是？起訴別人的樂趣是單方面的。為什麼我們不能找找對雙方都有利的解決辦法呢？就好比安撫小貓咪：您安撫小貓咪，貓咪得到安撫。這就是雙贏啊！之前我告訴您我沒有設立空殼公司，也沒有偷取客戶資訊，那個時候您應該認真聽的！

我還是很生氣！

莉莉

附：好吧，我知道，愛德華可能一直給您一種他做什麼都是對的觀念。這樣吧，給我 4 個月的資遣費，把薪資漲到現在的 1.8 倍吧，就這麼定了。

發送至：陳莉莉
發送時間：6 月 22 日上午 10：03
主題：回覆：最新進展
抄送：阿西伯納爾·羅恩

親愛的莉莉：

妳提的那些條件我們都可以接受，非常感謝妳陪我們度過這段艱難的時期。我會讓阿西伯納爾起草一份新的方案。如果可以的話，我可以讓其他想跟妳合作的同事與妳聯絡，順應中國市場的變化會帶來相當大的利益。新的方案定下來之後，妳會有更多的空閒時間，跟這些同事合作可能會讓妳的生活更加充實。

羅恩

附：妳的郵件可比愛德華的郵件有趣多了。

------------------------------------

發送自：陳莉莉

發送時間：6 月 22 日上午 10：11

愛德華，聽說你被迫辭職，真的很不好意思啊。但是我忘了怎麼用中文來表示同情。等等，我想起來了：去你媽的。

發送自：陳莉莉

發送時間：6 月 22 日上午 10：13

沒錯，我做到了，我成功罵了一個人。我真是太棒了。

發送自：陳莉莉

發送時間：6 月 22 日上午 10：25

我知道你看到了這些簡訊，我設置了簡訊送達提醒功能。好好看看這些簡訊裡的中文吧。你知道什麼最可怕嗎？就是我比你厲害得多。

發送自：陳莉莉

發送時間：6 月 22 日上午 10：28

好了，我說完了。順便告訴你，Pantheon 公司基本上已經把工作還給我了，還給了我一大筆賠償。不管你接下來做什麼，祝你好運。這並不是我的真心話，我希望你孤獨痛苦的死去。

發送自：陳莉莉
發送時間：6 月 22 日上午 10：33

馬克，我發現羞辱愛德華真是太享受了。

發送自：馬克
發送時間：6 月 22 日上午 10：37

妳就不能好好休息一下嗎？妳自己一個人還好吧？

發送自：陳莉莉
發送時間：6 月 22 日上午 10：38

我現在正站在人生的巔峰，也有可能是茶喝多了。我才發現原來櫃子裡放了那麼多茶葉，今天早上我把那些茶葉嘗了個遍。有個茶葉盒子上還印著一隻鴨子呢。

發送自：馬克
發送時間：6 月 22 日上午 10：39

不要一邊喝茶一邊發簡訊，發簡訊是喝酒的時候做的事。還有妳知道我現在應該在上班吧？

發送自：馬克
發送時間：6 月 22 日上午 10：39

還有，我並不是讓妳大中午的就開始喝酒。

發送至：陳莉莉
發送時間：6 月 22 日上午 10：18
主題：WikiLife

莉莉：

妳現在還在那個小屋裡嗎？希望妳工作上的問題都已經處理好了。我一直在思考妳提到的問題，就是妳說我是「邪惡勢力的爪牙」以及我的網站無法拯救世界的那個問題，我目前還沒有想出完整的解決方案，但是我一直在思考，我的新計畫是……一個新的標誌！是不是覺得很搞笑，但是我現在就只想到了這個。這就是大概的樣子：

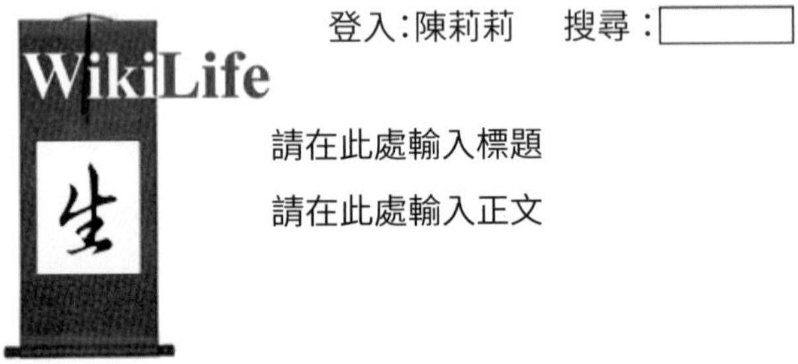

登入:陳莉莉　搜尋：

WikiLife

生

請在此處輸入標題

請在此處輸入正文

圖 32-1　新介面

新的標誌怎麼解決前面提到的問題呢？顯然，它無法解決。但是我一直在想妳寫的那些郵件，妳說的肯定有些道理，發明新技術的人真的應該負責解決可能出現的問題。但是關鍵在於現在我也不知道該怎麼做。完全沒有頭緒。這個時候，把網頁的標誌從「WikiHealth」改成「WikiLife」，其實只是為了讓自己時刻牢記網頁的發展方向，而且遺傳學對生活的影響遠遠大於對健康的影響。但是我現在還不知道怎麼達成這個目標。

其實我不應該把遺傳學對生活的影響畫出來的，最起碼不能只畫出對個人的影響。我的答案對妳而言不一定是個答案。我想做的就是將這家公司建設成一個平台，在這裡，所有人都可以為了解基因組做出相應的努力和分享。這個平台甚至應該對非客戶族群開放，但是隱私保護比功能多樣化更為重要，甚至高於我們對平台的設想。怎麼平衡隱私和功能？可能還得費點腦筋。

這就又回到了我們之前討論的內容，就是妳的冥想老師講到的哲學發展線索。從休謨到沙特，談論自由意志的本質。我拒絕把存在主義引入遺傳學領域，也就是人在定義自己的時候不應該引用遺傳學的觀點。基因學不是可以隨便貼的標籤，如「科學家」、「亂七八糟的」和「不值得投資的」（不好意思，今天早上跟一個投資者談得很糟糕），連「美國人」和「佛教徒」這種特徵明顯的標籤頁也不應該隨便貼在基因學上。不過，沙特並沒有讓我們扔掉那些簡單的標籤。他明確表示，「存在先於本質」。不管怎樣，我覺得他說這句話的意思都在於，人在定義自身的時候，經驗從根本上比本質和本性更為重要。西蒙·波娃，沙特的妻子和愛人，曾經這樣說過，女人不是天生的，女人是變成的。當然，她也沒有否認生理差異的存在。只是說如果社會沒有創造生理性別特徵，那麼它們就沒有任何意義，沒有任何價值。

這跟基因學有關係嗎？可能也有點關係吧。當然如果我有 CYP2D6 突變基因，讓我無法正常代謝可待因（Codeine），這就不是社會結構的問題了，絕對就是生理學的問題，然後我就應該考慮要不要嘗試 Robitussin-AC 的替代療法。我們可以根據智商、風險意識和壽命長短標準來對人群進行劃分，但是相應的標記物是什麼呢？對於那些跟基因組無關的性狀而言，它們的價值是社會賦予的。如果我是一個專業的社會學家，或者外星人類學家，當我想把主觀的價值判斷當做事實來陳述的時候，我應該可以在我倆的郵件裡找到不少例證。

這就是我想說的全部內容了。我知道這看起來只是一個小小的變化，甚至有點搞笑，但對我而言是一個全新的視角。記得告訴我，妳是怎麼解決工作上的問題的。我希望妳能繼續待在中國，這樣妳就可以繼續做我的小白鼠了。

史丹利

---------------------------------------

陳莉莉：嘿，史丹利，你在嗎？

上午 10：55

史丹利·陳：我剛坐下準備看郵件，然後就看見了妳發送的即時訊息。我現在只有妳一個聊天對象，妳若不是一個不折不扣的怪咖，就是我朋友太少了。

上午 10：59

陳莉莉：都不是，我不是怪咖，你也不需要那麼多朋友。倒不如養隻小倉鼠，基普最近養了一隻，挺可愛的。

上午 11：00

陳莉莉：我才剛看到你發的郵件。新標誌很棒。

上午 11：00

史丹利·陳：我知道。雖然有點可悲，但是這就是我目前能想到的最好的辦法了。我之前也說過，這更像我在鼓勵安慰自己，而不是在解決問題。還有就是我喜歡綠色勝過紅色。

上午 11：01

陳莉莉：我不是那個意思。好吧，是的，新的標誌並不會真正解決我們的所有問題。但是至少我覺得你理解了我的意思。

上午 11：02

史丹利·陳：如果妳的要求不太高的話，我完全可以滿足妳的期望。

上午 11：02

陳莉莉：不要這樣說自己。到目前為止，我已經連續上了幾個星期的冥想課，但是我也無法證明上帝聽到了我的心聲。也就是說，雖然我一直在背那首詩，但是卻沒有做到裡面所說的任何一件事情。

上午 11：02

史丹利·陳：我不清楚基督教是怎麼冥想的，但是我記得亞洲宗教裡的冥想更加注重聽從自己的心聲。

上午 11：03

陳莉莉：真是該死。

上午 11：05

陳莉莉：聆聽比被聆聽更重要。我冥想了幾個星期，最後只得到了這個結論，關鍵是我都無法理解這句話的意思。

上午 11：05

史丹利·陳：或許我應該去當一個宗教專家，而不是繼續基因學的事業。

上午 11：06

陳莉莉：宗教裡有很多禁食的規定，還必須穿涼鞋。你能接受嗎？

上午 11：06

陳莉莉：勃肯鞋不算哦。

上午 11：06

史丹利·陳：不能穿我的勃肯鞋嗎？那我還是繼續基因學事業好了。

上午 11：07

陳莉莉：這不就挺好的嘛。我剛剛也說了，你理解我說的那些話。如果有人想推行什麼新技術、新思想，我希望他們能把具體方法告訴我們，讓所有人都加入這個過程中。

上午 11：08

史丹利·陳：這是計畫的一部分，但是我現在還無法提供具體細節，以及大概的思路。但我還是覺得這項事業前景不錯，把 DNA 大夫打造成一個任何人都可以自主創造的平台，而不是一個科普遺傳學是什麼的大講台，這種設定有利於公司的發展。

上午 11：10

史丹利·陳：說到事業，妳的事業怎麼樣了？

上午 11：11

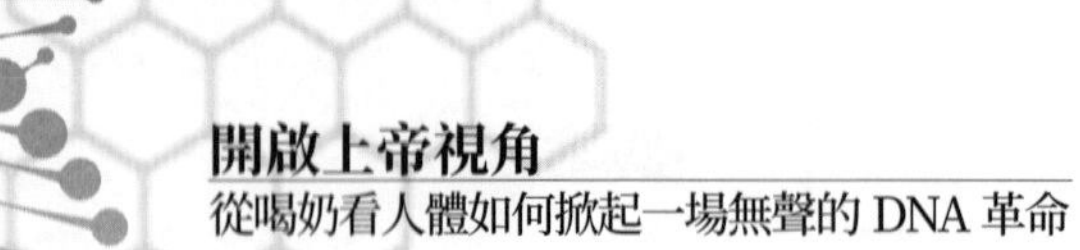


陳莉莉：我現在不在小屋裡了。至於工作，我算是被解僱了，但是我馬上就會在同一家公司擔任承包商的職位，薪資也更高。

上午 11：13

史丹利・陳：還是在北京嗎？

上午 11：13

陳莉莉：還是在北京。

上午 11：13

史丹利・陳：太好了。顯然我還得在網頁和檢測資料上多下點工夫。

上午 11：14

陳莉莉：沒錯。你的網頁設計還是很爛。

上午 11：14

# Note. 33 繼續

站在伯特的辦公室門口，莉莉有點猶豫。這個地方還是跟往常一樣，到處都是灰塵，令人不安。時間流逝，在那些國畫上留下了厚厚的灰塵。「搞不好這就是過去的人為什麼戴手套的原因，」莉莉心想，「好像在顯擺自己的手有多乾淨。」不過，這並不是她猶豫的原因，不敢進去，最重要的原因是她覺得自己是來接受批評的。她逃了一次課，弄亂了那些坐墊，還讓獵兔人喝掉了那麼多伏特加。那首詩雖然已經背了無數遍，此時此刻她的大腦卻是一片空白。好吧，她把所有的伏特加都給獵兔人喝了。但是好歹她把小屋打掃得非常乾淨啊。最後她還是敲了敲門，聽到裡面的人說「請進」，莉莉才扭開門把走了進去。房間還是跟之前一樣，文件、書和雜誌一堆堆放著，沒有開燈，只有窗外射進來的一絲光線。伯特不在房間裡，聲音從狹小的廚房傳來：「請坐，我泡茶。」原來在泡茶啊，喝茶挺好的，很正常，我就喜歡正常。這段時間，我已經受夠了那些不正常。

莉莉饒有興致的環視了一遍房間。雖然她只錯過了一次課，但是感覺上次來這裡已經是很久之前了。雖然不一定是伯特說的那樣，但是時間的確是相對的。要是她所謂的個人相對論也能成為一種物理現象，也挺不錯的。如果事情集中在某段時間內發生，時間會不會過得快一點？會有什麼影響？時間慢下來又會有什麼影響？不管怎樣，她自己覺得已經好幾個月沒有來這裡了，對伯特來說也就兩個星期的時間吧。但是見面的時候，兩個人的時間維度又不得不同步，這樣是不是很奇怪？如果她不能讓時間倒退，伯特就只能加快自己的時間進度，他的歲月可經不起這樣的折磨。除了那些不想開會的人，其他人應該也不會這麼想吧。

她坐在自己的位置上，看著伯特混亂的辦公室。應該是公寓吧，誰知道呢？她一直把成堆放著的雜誌當做日誌，其實那真的只是雜誌。居然還是《柯夢波丹》雜誌。

伯特終於過來了，手上端著一個托盤，上面放著茶杯和透明的茶壺。「今天我泡了一壺很有講究的茶。是另一個學生帶給我的，她說適合夏天喝。我對茶不是很了解，所以我相信她的話。」他倒了兩杯深褐色的茶。莉莉疑惑的看著那個茶壺，裡面明明裝著樹枝和樹葉之類的東西。

「這水像是從小樹林的坑坑窪窪裡弄來的。確定可以喝嗎？」

「太好了！我就說嘛，妳才剛從小木屋那裡回來，這種茶葉會讓妳想起那片森林，妳肯定會喜歡的。這種茶產自樹葉，妳以前沒有見過嗎？」

「呃，它……是用『書也』做的嗎？讓我想起冥想的嗎？我有一些事情要坦白告訴你，我不確定自己在小木屋裡有沒有冥想。除非算上阿嘉莎·克莉絲蒂，還有與獵兔人一起大口喝酒。等一下，您剛剛說的是樹葉，對吧？」

「是的，用樹葉做的，不過妳說得沒錯，嘗起來的確有水坑的味道。說不定現在我們會發現水坑裡的水味道也挺不錯的。我們以前浪費了太多嘗試的機會。」

「好吧，這倒是真的。不過就算有大把的機會，我也不會用這個機會去喝水坑的水。總之，我希望您不要介意我在小屋裡待了一個星期。事情發生得太突然了，那裡又是我唯一可以去的地方。我在那裡把屋子打掃得很乾淨，比剛去的時候乾淨多了。不過，很多伏特加都不見了。我給了那個開車載我進出城的人一些錢，讓他把酒補上，不知道他會不會補上。我都不知道他有沒有聽懂我說的話。」

伯特來回揮了揮手：「沒關係，我發現，酒精有一個好處，就是一個酒鬼會以為自己喝光了所有的酒，不怎麼喝酒的人就會忘了自己有多少酒。」

莉莉近距離盯著伯特，想猜一下伯特到底有多了解酒。「我明白了，您應該有過類似的經歷。總有一天我會弄清楚當年您為什麼會離開神學院。」

「我們有……一些意見上的分歧。不過這件事也沒有妳想像中那麼有趣。妳不用擔心酒的問題，我的朋友下次去的時候肯定會重新帶酒的，還會把妳補的酒都當成上天的恩賜。妳在小木屋裡待了一個星期，有沒有實現自己的願望呢？」

「我也不清楚。應該是實現了，反正我也沒有什麼願望。其實我更像是在躲什麼，倒不是去實現什麼。效果還不錯。因為我的確逃跑了，然後又回來了，就憑這一點我也得替自己加分。」

伯特點點頭，好像她說了什麼嚴肅的事情。「妳走了之後，妳先生還打過一次電話給我。他可能以為妳是跟我一起跑的。不過我都一把年紀了，跑也跑不動了，大概只能慢悠悠的走了。他說妳工作上出了點問題？」

「差不多吧。一開始我的確是在躲警察。現在一切都真相大白了，警察也不會抓我了。但是千萬別在小木屋後面挖什麼東西哦。」注意到伯特臉上不知是擔心還是迷惑的表情，莉莉繼續說道，「好吧，跟您開玩笑呢。小屋後面沒有埋什麼奇怪的東西。至少我沒有埋，至於您的俄羅斯朋友和那些獵兔人，我就不清楚了。我在小木屋的時候的確發了一些語氣不太好的簡訊。但是現在一切都好了，我還是保住了工作，我們還是可以留在北京。所以一切都很好。」

「總之，」莉莉稍作停頓之後繼續說道，「除了躲警察之外，我也不清楚自己在小木屋裡都做了些什麼。我看了幾本小說，去林子裡散步，還跟史丹利討論遺傳學和技術霸權的問題。好像就這些了。」

「技術霸權，」伯特重複道。「太有意思了。雖然我有時候連一個特別簡單的英語單字都記不住，但是『技術霸權』這個詞我倒是聽說過。1960

年代末，我們在加州就討論過這個。當時很多年輕人在山裡建立了公社。不對，其實也不多，但是如果一個人認識公社的人，他就會表現出一副很厲害的樣子。當時公社很流行，因為他們追求一種獨立的生活方式，不依賴企業，也不依賴政治軍事技術。」

「我們聊的差不多也是這些。我告訴我的堂哥，引進這種基因技術就相當於強迫每個人接受可能的變化。他的公司並不是中立的，他不能把新技術丟在我們面前，讓我們自己決定用不用。這個社會的運作方式不是這樣的，一旦新技術普及開來，那麼人們就不可能不用。我告訴他，我們應該掌握對技術的控制權，不應該受技術的控制，就像民主一樣，但願有個實際有效的系統。」

「所以妳的結論是？你倆找到方法了嗎？」

「沒有，這就是最糟糕的地方。史丹利開玩笑說他的解決方法就是改善自己的網站，不過他真的也就只有這個方法。我覺得他想得到的解決方法是讓所有人都加入科普基因組的過程中。但是這不是我真正想要的答案。」

「不，我可以理解。但是從某種意義上來說，這是一個基督教的答案。」

「基督教的答案？我覺得他要是知道了，肯定會大吃一驚的。」

「換句話說，就是跟我們上課的內容還有哲學思想相似的答案。也可以說那是一個佛教的答案。佛教裡有一個非常重要的觀點，就是這個世界本身就不完美，所以我們所看到的世界也是不完美的，但是這不妨礙我們成為更完美的自己。基督教則教導我們聽從生活的召喚，聽從世界的召喚。有點像佛教教導我們去接受不完美的人。耶穌曾經對他的門徒說，『悲慘的你會一直與你同在』，就算是這樣，他還是花了大半輩子的時間跟窮人待在一起。如果沒有任何希望，他為什麼要這樣做呢？我們經常說『沒辦法』，是不可能做到的。但耶穌說，有時候可能是沒辦法，但是不管怎樣還是得嘗試一下。基因學也是這樣，它暴露了我們的缺陷，正是因為這樣，我們才能夠繼續完善自己。妳堂哥的方法不一定完美，但是他的確盡全力了。

還記得我們之前聊過的一句話嗎，不要等著好事自己發生？」

「我想起來了。」

「在布道會上說這句話可能更有感覺。不過我真的很開心，因為妳認真聽了我的話。妳堂哥想的辦法只能解決他自己的問題，技術霸權又是另一回事了。你們聊天的時候有沒有提到雅克·埃呂爾[14]和伊萬·伊里奇[15]這兩個人？」

「呃，之前有人提起過托爾斯泰。還有馬素·麥克魯漢。」

「你們現在還會說到麥克魯漢嗎？真是太好了。在 1960 年代，麥克魯漢被認為是一個非常偉大的人，非常偉大。我還以為沒人會記得他呢。你們還聊了他？」

「嗯，跟我堂哥聊天的時候說起過。他說麥克魯漢認為技術不是被動的，而是……構建了人類生活的世界？我不太記得了。史丹利當時應該只是想表示他同意我的觀點吧，也就是說他從事的基因技術帶有破壞性。我提倡的是對社會基礎進行重組，不一樣。」

「雅克·埃呂爾跟麥克魯漢說過差不多的話。雅克是 1950、1960 年代的一位天主教牧師，不過他和教堂的關係有點尷尬，因為他的觀點比較激進。不過，他的哲學觀點還是跟基督教教義一脈相承，他認為在一個不斷提高生產力、增加產出的社會，人們是不會輕言放棄的。他還說，這就是現在社會存在的問題。至於技術，他說如果無條件接受所有技術會帶來諸多……中文是『不利』，英文是……不『壞』，咦……」

「危險？有害？是不是會出現邪惡的高科技技術，然後把我們都殺了，重新選舉統治者？」

「有害的，差不多，應該是危害吧？」

「我覺得您想表達的是有危害的。」

---

[14] 雅克・埃呂爾：(Jacques Ellul，1921-1994)，法國著名學者，當代最有影響的技術哲學家之一。

[15] 伊萬・伊里奇：(Ivan Illich，1926-2002)，生於奧地利首都維也納。是一位集神學、哲學、社會學及歷史學多種角色於一身的學者。

「沒錯，如果人們無條件接受所有技術會帶來若干危害。我這裡還有他的書的副本。」

說著伯特坐在椅子上往後靠，然後轉了過去，迅速從書架上抽出了一本薄薄的冊子。他找《聖經》的時候可沒這麼快。

「我們一起看看。他所謂的『擴大生產』會威脅人們一直以來對世界的使用權。」

「環境汙染，河流枯竭。不過，這也不算太激進吧。」莉莉打斷了伯特的話。

「雖然是老生常談，但也有些道理。他還說工業化威脅了人們『快樂工作』的權利。」

「快樂工作？工作並不快樂，就只是工作而已。如果您的同事是愛德華，根本沒有快樂可言，連跟他說話都會讓我起一身雞皮疙瘩。」

「埃呂爾說的這種快樂是指人們掌握控制權，怎麼使用工具來完成任務都由人們自主決定。妳看，現在有很多機器是我們人必須好好配合的。這跟妳和妳堂哥聊的內容有點關係，對吧？埃呂爾還說過，技術可能會變成『激進的壟斷者』，以往完成一件任務可能存在很多方式，但是技術出現之後，其他的方式就不復存在了。」

「我就是這樣跟史丹利說的，基因技術強迫我們去了解基因的意義，強迫我們去使用基因資料。有時候我覺得無知也挺好的，至少，我還有選擇當無知者的權利。」

「埃呂爾經常拿汽車舉例子。現在的都市都被建設得適合車輛行駛，而不是適合人們居住，這樣沒有車就很難生活。在北京這種現象特別嚴重，因為限號，所以就算買得起車，妳也無法成為有車一族。埃呂爾曾經說過，現在的道路不再是人們行走的工具，而是一種汽車資源。」

「說得沒錯。我每次從建外 Soho 來這裡，就只能一直走到國貿，然後再回去，根本無法直接過馬路，除非我不想活著過馬路。」

「埃呂爾應該會同意妳的說法。他還說過，技術會強迫我們去使用新技術去完成任務，這對傳統簡直就是沉重的打擊，這樣人類的語言文化和現有的一些風俗習慣都會被遺棄。」

「嗯，沒錯。史丹利總說基因組學不是什麼新鮮事物，還說我們早就習慣了。其實他就是在破壞以往處理基因技術的慣例。」

「但是埃呂爾關注的重點主要是社會上越來越普遍的物質變化，以及那些讓人們失去工作控制權的技術變革。至於他對現在發生的資訊變革有什麼看法，現在還不清楚，這對妳堂哥倒是一件好事。」

「說實話，伯特老師，您把埃呂爾說得有點像是馬克思主義者。」

「肯定有相似的地方。埃呂爾認為新技術的出現會導致社會階級化，馬克思認為正是因為社會階層的存在，工人才無法掌控自己的生活，特別是當技術出現之後。」

「所以史丹利的基因組學也是馬克思主義的觀點？不不不，等一下，埃呂爾是馬克思主義者，而埃呂爾不喜歡史丹利，那麼史丹利肯定就是個法西斯主義者。我有點糊塗了，我們到底在說什麼啊？」

「在說妳堂哥提到的技術霸權啊。不過，現在還不確定基因組學是不是陶然自得的工具。對於埃呂爾來說，關鍵問題在於由誰來控制技術的使用。是上級主管來控制，還是下層百姓？他認為陶然自得的工具就應該讓窮人和富人一樣，自己掌控自己的生活。這個工具怎麼用，完全由使用的人決定，別人無法決定，工具本身也無法決定。」

「好吧，我現在有點糊塗了。一開始，我發現史丹利在做一些取代傳統的事情，覺得很開心。但是您現在卻告訴我出現新技術不是壞事，就是說，技術改變人類行為也不是壞事，關鍵在於技術被誰控制著？史丹利做 Wiki 網站簡直蠢死了，不過他的出發點倒是好的，讓每個人都享有解讀基因組的權利。這樣就可以說史丹利是馬克思主義者了嗎？那耶穌不就可以算是左翼分子了？」

伯特聳聳肩。「耶穌和埃呂爾都不怎麼關心政治。埃呂爾並沒有指望市政府想出解決辦法。上帝為了解除羅馬的統計，想出了『凱撒的歸凱撒』的辦法。他們感興趣的是世上存在的個人和他們的日常生活，而且在埃呂爾看來，這種日常生活指的是自主決定生活方式的生活。基督教徒希望耶穌能夠指引以色列的政治變革，但是耶穌把注意力都放在了面前的那些人身上。《新約‧使徒行傳》裡，耶穌死後，他的追隨者繼續著他的道路，不是為了尋求政治變革，只是為了與公共領地內的人和物一起生活。埃呂爾就公地的重要性發表了很多看法，公地就是人們共同決定怎麼使用的地方。不過，歷史顯示公地往往會被搶走，被羅馬人控制。」

「所以現在存在一個基因學公地，美國醫藥協會想一個人獨占，只允許自己的專家用？」

「大多數專家應該都是這樣想的吧。可能只是因為基因學太複雜了，相關的資訊可能會被誤用。妳堂哥做的 Wiki 網站，雖然不算一個完美的解決辦法，起碼說明他已經意識到基因學應該是一片公地，一個每個人都可以控制的領地，不是某個醫療機構獨占和分配的資源。」當莉莉試著去領悟這句話的時候，伯特補充道，「妳還記得那首詩嗎？」

莉莉開始背起那首詩來，語速讓人忍不住發笑。

「嗯，妳應該是記住了，那妳覺得這首詩對不對呢？那首詩主要跟妳我有關，跟上帝、天堂和自我救贖之類的事情沒多大關係。基督教關注的是人與人之間的聯繫，不是人和統治者之間的關係。」

「最後『在死亡中我們得以永生』這句話就跟權力有關係。」

「人的信仰往往跟生活中重要的東西聯繫在一起。在教堂裡，我們說上帝既是無處不在的，也是無所不能的，好像在這裡，又好像在那裡。托爾斯泰，我們談過托爾斯泰了嗎？」

「沒有，我倆還沒有聊過他，但是我最近和一個俄羅斯人聊過了。他說了一些很奇怪的話，什麼宗教缺少理性，但是用宗教去解釋生活又是合理的。大概就是這個意思吧。當時還聊了俄羅斯人在火車上喝茶之類的事。」

「在火車上喝茶？」

「其實也沒什麼啦。」

「不過妳的俄羅斯朋友說出了我的心裡話。」伯特坦然的繼續說道，「托爾斯泰曾經說過理性認知只是日常事務之間的聯繫，無法實現日常事務和無限的聯繫。我忘了『無限』用英語怎麼說了。」

「無線嗎？信仰可以讓我們連上上帝的 Wi-Fi 嗎？哇，看來我得再讀一遍《安娜·卡列尼娜》。」

「不是，不是，不是『無線』，是『有限』的限，沒有局限的意思。」

「沒有局限？那麼有限就是有局限的意思。無限和有限？」

「沒錯，」伯特歡呼，拍了一下桌子。「托爾斯泰曾經說過信仰是連接『有限』和『無限』的唯一方式，這樣生活才有意義。我突然想起在史丹佛大學跟著卡瓦利 - 斯福扎博士一起研究遺傳學的短暫時光，我原本以為遺傳學也可以揭示這種跟有限的聯繫，超越我們自身。卡瓦利 - 斯福扎博士想借助這種遺傳差異來觀察人類的遷移，但是人類大多數的 DNA 是一樣的，有時候在人的 DNA 中很難找到任何差異。不過有了基因定序之後，我覺得應該會簡單得多。」

「史丹利之前給我看過一些資料，但是我不太記得了。大致就是說人與人之間有 99.9% 的什麼是一樣的。」

「沒錯。遺傳學主要揭示人與人之間的關聯，而不是人與人之間的差異。華人總說關係，就是一種社會關係，有時候為了建立這種關係會花上大半輩子的時間，但是在人的血液中，這種關係早就存在了。」

莉莉哼了一聲：「有些 F-O-B 的老外總喜歡吹噓自己有多少關係，我現在終於明白為什麼了，其實他們什麼都沒有。起碼沒什麼有用的關係。某人中文老師的爸爸是空軍，難道他就可以因此更快查到自己的營業執照嗎？」

「F-O-B ？」伯特問道。

「哦，就是『初來乍到』的意思，剛來中國的外國人。」莉莉解釋道，「好像扯遠了。您剛剛的意思好像是說，基督教和遺傳學就包括了我們一直在聊的所有話題，我發現有些事情不管怎麼解釋，就是說不清楚。」

「是的，妳說得沒錯，但是宗教是一個非常大的話題，包括大事小事。遺傳學可能也差不多。」

「這大概就是我們每個星期都應該去教堂做禮拜的原因吧，基督教的內容太豐富了，光看《聖經》和一些手冊根本行不通。不過，雖然我堂哥建議我每週都去參加遺傳學交流會，但是我也沒去。」

「每週去一次教堂並不是上帝的命令，因為有了安息日，每個星期去一次教堂好像就是自然而然的事情，但是這並不是上帝決定的。我覺得很奇怪的是，美國很多佛教徒每個星期天都去當地的寺廟，這裡的佛教徒都是等到有需要時才會去，並沒有定期的安排。關鍵還是在於這有沒有成為妳生活的一部分吧。遺傳學和宗教都算是籠統的哲學了，都是生活的一部分，只是形式不一樣，但是它們有一個共同點，就是揭示了我們自己和身邊的人，還把我們與超我的存在聯繫在一起。」

莉莉打斷了他的話，「我之前聽說有人建議用 LSD 來治療憂鬱症，LSD 療法會讓人忘記自我，只關注自己跟宇宙的關聯，這之所以有效是因為……自我是不好的？我忘了。基督教徒是不是不能說自我不好這種話，不應該是人性本善嗎？抑制自身的需求，以超我的視角看待事物，這樣就會有效果了，我們就可以發現那些關聯了。1960 年代，您在史丹佛大學肯定是從事 LSD 實驗的吧，您就是因為這個才被踢出神學院，對吧？」

「倒不如說神學院想把我留下來呢，」伯特的回答讓莉莉覺得很吃驚，「但是我真的沒做過這種實驗。我唯一做過的實驗就是拿水坑的水泡茶。妳懂了吧？」這時伯特往後靠了靠，莉莉則在努力弄懂伯特說的話是什麼意思，同時還在思考如果這個時候椅子解體的話，會撞到伯特頭部的哪個位置，這樣摔倒是不是很危險。椅子發出咯吱咯吱的響聲，打斷了她的思路。他繼續說道：「妳對在中國的生活好像已經有了新的見解，還需要繼續上課嗎？」

「我也覺得，但是我不確定生活有沒有發生變化。」莉莉停頓了一下，努力回想剛見到伯特時的自己有什麼感覺。「不過我的確覺得安心多了。我想我的確覺得安心多了。大概是有好事要發生了吧？耶穌的那首詩建議我們拋棄妻子去追隨他的腳步，以及克服遺傳因素對血緣關係的決定性影響，這兩件事要怎麼聯繫在一起？」

「嗯，我之前看到過一個新聞，講的是 HLA（human leukocyte antigen，人類白血球抗原）亞型研究，當時我們和卡瓦利 - 斯福扎博士還準備拿這個作為研究祖先的標記物呢，不過那時最常用的標記物是血型。研究發現可以透過氣味來檢測 HLA 亞型，這樣有助於判斷自己與某人是否會有親密的關係，說不定還會影響我們對配偶的選擇。」

「伯特老師，我只是在開玩笑呢。不過我覺得我們還得繼續上一段時間的課。」

「太好了，因為我們現在了解到的都是一些很淺的東西。人總希望自己能夠成為主宰者，但是實際上不是那樣的。妳要記住休謨和妳堂哥說的那些話。」

莉莉笑了笑，舉起手，想要打斷他的話：「您又準備把這個跟遺傳學掛鉤，對吧。」伯特假裝沒有聽到的樣子，繼續說。莉莉就讓他繼續說，順手拿起自己的那杯茶，嗅了一下茶的味道，表現出喜歡的模樣。

# 參考文獻

[001] Hume, David. (1777) An Enquiry Concerning Human Understanding. London: A. Millar.

[002] Kierkegaard, Søren. (1849) The Sickness Unto Death (Sygdommen til Døden)

[003] Sartre, Jean Paul. (1945) The Age of Reason (L'âge de raison)

[004] Ehrig et al. (1990) "Alcohol and aldehyde dehydrogenase." Alcohol & Alcoholism 25(2-3): 105-16.

[005] Tishkoff et al. (2007) "Convergent adaptation of human lactase persistence in Africa and Europe." Nat Genet 39(1): 31-40.

[006] Amos et al. (2008) "Genome-wide association scan of tag SNPs identifies a susceptibility locus for lung cancer at 15q25.1." Nat Genet 40(5): 616-22.

[007] Hung et al. (2008) "A susceptibility locus for lung cancer maps to nicotinic acetylcholine receptor subunit genes on 15q25." Nature 452(7187): 633-7.

[008] Shen L et al. (2012) Association between ATM polymorphisms and cancer risk: a meta-analysis. Mol Biol Rep. 39(5): 5719-25.

[009] Sun JZ et al. (2011) Genetic Variants in MMP9 and TCF2 Contribute to Susceptibility to Lung Cancer. Chin J Cancer Res. 23(3): 183-7.

[010] Maher B. (2008) Personal genomes: The case of the missing heritability. Nature 456: 18-21.

[011] Manolio TA et al. (2009) Finding the missing heritability of complex diseases. Nature 461.

[012] Gusev A et al. (2013) Quantifying missing heritability at known GWAS loci. PLoS Genet. 9(12).

[013] Willer CJ et al. (2009) "Six new loci associated with body mass index highlight a neuronal infl uence on body weight regulation."Nat Genet 41(1): 25-34.

[014] Thorleifsson G et al. (2009) "Genome-wide association yields new sequence variants at seven loci that associate with measures of obesity." Nat Genet 41(1): 18-24.

[015] Huang W et al. (2011) Combined effects of FTO rs9939609 and MC4R rs17782313 on obesity and BMI in Chinese Han populations. Endocrine. 39(1): 69-74.

[016] Lucia et al. (2006) "ACTN3 Genotype in Professional Endurance Cyclists." Int J Sports Med 27(11): 880-4.

[017] Niemi and Majamaa. (2005) "Mitochondrial DNAand ACTN3 genotypes in Finnish elite endurance and sprint athletes." Eur J Hum Genet 13(8): 965-9.

[018] Becker K et al. (2005) The dopamine D4 receptor gene exon III polymorphism is associated with novelty seeking in 15-year-old males from a high-risk community sample. J Neural Transm. 112(6): 847-58.

[019] Gebhardt C et al. (2000) Non-association of dopamine D4 and D2 receptor genes with personality in healthy individuals. Psychiatr Genet. 10(3): 131-7.

[020] Matthews LJ, Butler PM. (2011) Novelty-seeking DRD4 polymorphisms are

associated with human migration distance out-of-Africa after controlling for neutral population gene structure. Am J Phys Anthropol. 145(3): 382-9.

[021] Bearman, P. S. & Bruckner, H. (2002) Opposite-sex twins and adolescent same-sex attraction. American Journal of Sociology 107, 1179-1205.

[022] Långström N et al. (2010) "Genetic and environmental effects on same-sex sexual behavior: a population study of twins in Sweden". Arch Sex Behav 39 (1): 75-80.

[023] Mustanski BS et al.. (2005) A genomewide scan of male sexual orientation. Hum Genet. 116(4): 272-8.

[024] Hjelmborg, J et al. (2006) "Genetic infl uence on human lifespan and longevity". Human Genetics 119 (3): 312-321.

[025] Rietveld CA et al. (2014) "Common genetic variants associated with cognitive performance identified using the proxy-phenotype method". Proc Natl Acad Sci U S A. 2014 Sep 23;111(38): 13790-4.

[026] Spain SL et al. (2015) A genome-wide analysis of putative functional and exonic variation associated with extremely high intelligence. Mol Psychiatry. Aug 4.

[027] Oikkonen J et al. (2015) A genome-wide linkage and association study of musical aptitude identifies loci containing genes related to inner ear development and neurocognitive functions. Mol Psychiatry. 20(2): 275-82.

[028] Hippocrates. Of the Epidemics Bk. I, Sect. II. (c. 400BC) Loeb Classical Library No. 147: Ancient Medicine. Vol. Bk. I, Sect. II.: Harvard Univ Pr, 1923: 432.

[029] Lazarou J et al. (1998) Incidence of adverse drug reactions in hospitalized patients: a meta-analysis of prospective studies. JAMA. 279(15): 1200-1205.

[030] Moore N, et al. (1998) Frequency and cost of serious adverse drug reactions in a department of general medicine. Br J Clin Pharmacol. 45(3): 301-308.

[031] Einarson TR. (1993) Drug-related hospital admissions. Ann Pharmacother. 27(7-8): 832-840.

[032] Pirmohamed M et al. (2013) A randomized trial of genotype-guided dosing of warfarin. N Engl J Med. 369(24): 2294-303.

[033] Pilotto A et al. (2007) Genetic susceptibility to nonsteroidal anti-inflammatory drug-related gastroduodenal bleeding: role of cytochrome P450 2C9 polymorphisms. Gastroenterology 133: 465-471.

[034] Flockhart DA. (2007) "Drug Interactions: Cytochrome P450 Drug Interaction Table". Indiana University School of Medicine.

[035] Uhr M et al. (2008) "Polymorphisms in the Drug Transporter Gene ABCB1 Predict Antidepressant Treatment Response in Depression." Neuron 57(2): 203-9.

[036] Liu CL et al. (2013) Case-control study on the fibroblast growth factor receptor 2 gene polymorphisms associated with breast cancer in chinese han women. J Breast Cancer. 16(4): 366-71.

[037] Chen F et al. (2014) A single nucleotide polymorphism of the TNRC9 gene associated with breast cancer risk in hinese Han women. Genet Mol Res. 10;13(1): 182-7.

[038] Long J et al. (2010) Identifi cation of a functional genetic variant at 16q12.1 for

breast cancer risk: results from the Asia Breast Cancer Consortium. PLoS Genet. 6(6).

[039] Han MR et al. (2014) Evaluating 17 breast cancer susceptibility loci in the Nashville breast health study. Breast Cancer. Feb 9.

[040] van Oven M, Kayser M. (2009) "Updated comprehensive phylogenetic tree of global human mitochondrial DNAvariation". Human Mutation 30 (2): E386-94.

[041] Karafet TM et al. (2008) "New binary polymorphisms reshape and increase resolution of the human Y chromosomal haplogroup tree". Genome Research 18 (5): 830-8.

[042] Jacob S, et al. (2002) Paternally inherited HLA alleles are associated with women's choice of male odor. Nat Genet. 30(2): 175-9.

[043] Secundo L et al. (2015) Individual olfactory perception reveals meaningful nonolfactory genetic information. Proc Natl Acad Sci U S A. 112(28): 8750-5.

# 遺傳密碼解讀者：

## 開啟上帝視角，從喝奶看人體如何掀起一場無聲的 DNA 革命


**作　　者**：Brian Winston Ring（任博文）
**翻　　譯**：周慧君，楊巧
**編　　輯**：柯馨婷
**發 行 人**：黃振庭
**出 版 者**：沐燁文化事業有限公司
**發 行 者**：沐燁文化事業有限公司


**E-mail**：sonbookservice@gmail.com
**粉 絲 頁**：https://www.facebook.com/sonbookss/
**網　　址**：https://sonbook.net/
**地　　址**：台北市中正區重慶南路一段六十一號八樓 815 室
Rm. 815, 8F., No.61, Sec. 1, Chongqing S. Rd., Zhongzheng Dist., Taipei City 100, Taiwan
**電　　話**：(02)2370-3310
**傳　　真**：(02)2388-1990


**印　　刷**：京峯數位服務有限公司
**律師顧問**：廣華律師事務所 張珮琦律師





**定　　價**：420 元
**發行日期**：2023 年 08 月第一版
◎本書以 POD 印製

**國家圖書館出版品預行編目資料**

遺傳密碼解讀者：開啟上帝視角，從喝奶看人體如何掀起一場無聲的 DNA 革命 / [ 美 ]Brian Winston Ring（任博文）著 . 周慧君，楊巧譯 . -- 第一版 . -- 臺北市：沐燁文化事業有限公司 , 2023.08
面；　公分
POD 版
譯自 : Swallow and the genome
ISBN 978-626-97531-5-4( 平裝 )
1.CST: 基因 2.CST: 遺傳學
363.81　112011114

電子書購買

臉書

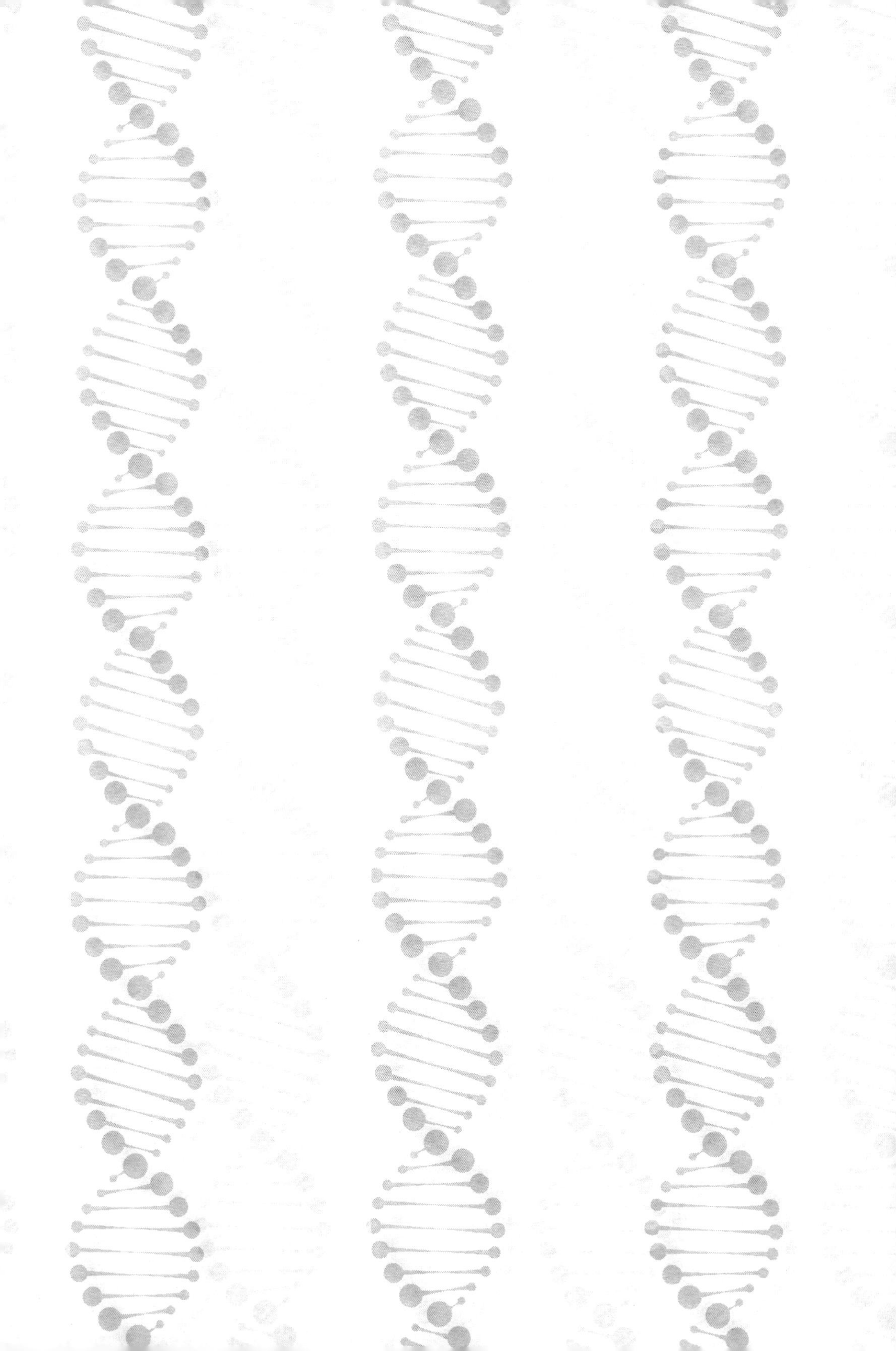

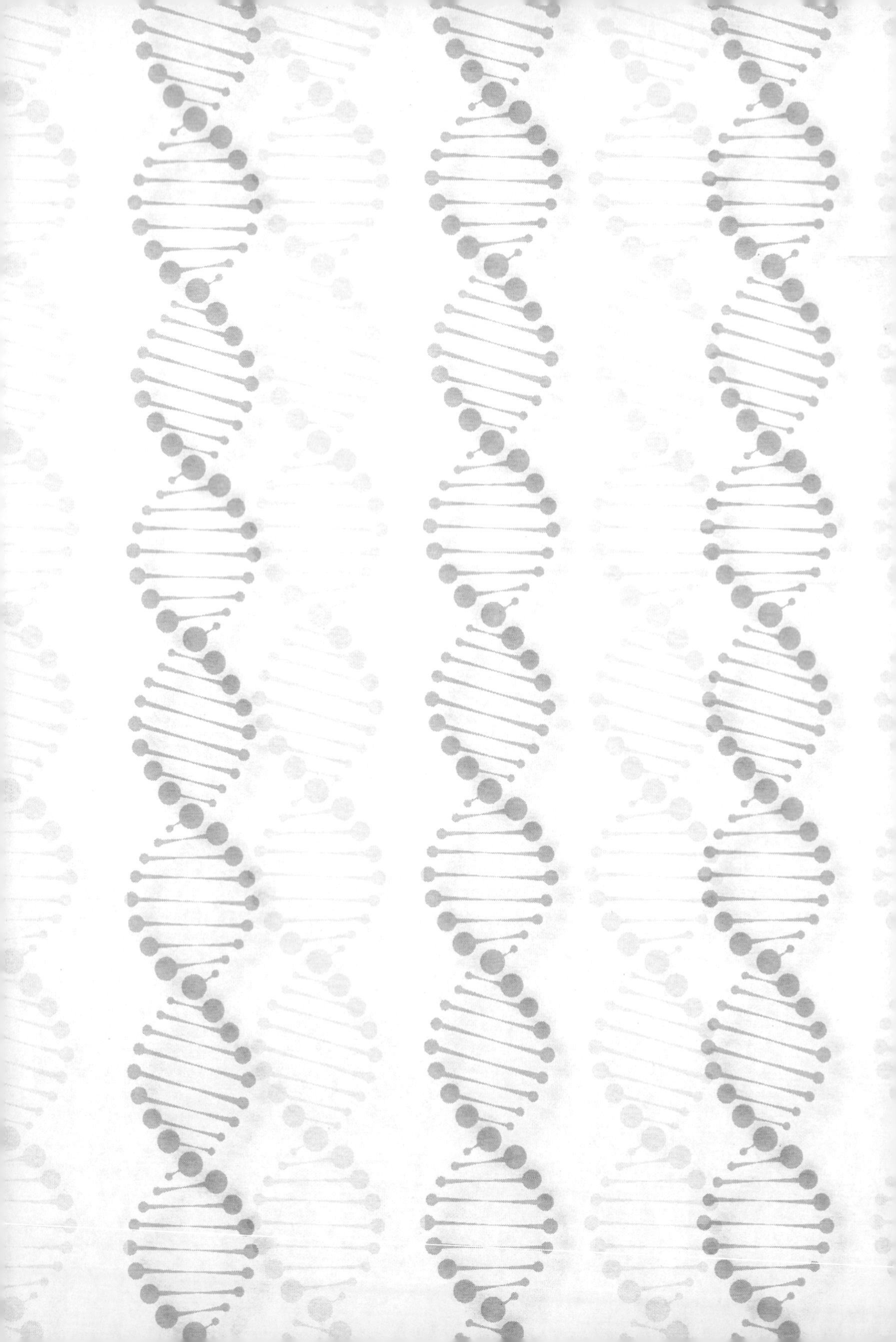